药用植物栽培技术

（供中药材生产与加工、中药学及相关专业用）

主　编　张建海

副主编　王向平　熊　凯　陈洪源　王化东

编　者　（以姓氏笔画为序）

王化东（四川中医药高等专科学校）

王文祥（重庆三峡医药高等专科学校）

王向平（河南省洛阳市洛龙区农业综合发展中心）

王志萍（河南省汤阴县菜园镇农业服务中心）

刘国顺（河南省汤阴县菜园镇农业服务中心）

李春材（重庆三峡医药高等专科学校）

张建海（重庆三峡医药高等专科学校）

陈洪源（重庆三峡医药高等专科学校）

周晓旭（重庆三峡医药高等专科学校）

贾　晗（重庆三峡医药高等专科学校）

熊　凯（重庆万力药业有限公司）

中国健康传媒集团
中国医药科技出版社

内容提要

本教材以高职高专药用植物栽培课程标准为依据，内容包括三个模块：模块一为药用植物栽培的基本知识，分为四个项目，主要讲述药用植物栽培区域分布及栽培制度、药用植物生长与环境条件的关系、药用植物产量与品质的关系、药用植物栽培现代农业知识；模块二为药用植物栽培的基本技能，分为四个项目，主要介绍药用植物形态观察及生长发育调查、药用植物繁育与播种技术、药用植物田间管理技术、药用植物采收与加工技术；模块三为药用植物栽培的综合技能，分为五个项目，主要介绍根及根茎类药材、花类药材、果实及种子类药材、全草类药材、皮类药材的规范化栽培技术。每个项目有教学目标，每个任务可分为基本概念、学习目标、基本知识、能力训练、课后作业等；每个模块配有目标检测，有助于加深学生对理论知识的理解，体现了高职高专课题教学的有效性。

本教材主要供高职高专院校中药材生产与加工、中药学及相关专业教学使用，也可作为从事中药材栽培的一线工作人员的参考资料。

图书在版编目（CIP）数据

药用植物栽培技术 / 张建海主编．—北京：中国医药科技出版社，2023.12

ISBN 978-7-5214-4369-1

Ⅰ.①药…　Ⅱ.①张…　Ⅲ.①药用植物—栽培技术—高等职业教育—教材　Ⅳ.①S567

中国国家版本馆CIP数据核字（2023）第233145号

美术编辑　陈君杞
版式设计　友全图文

出版　**中国健康传媒集团**｜中国医药科技出版社
地址　北京市海淀区文慧园北路甲22号
邮编　100082
电话　发行：010-62227427　邮购：010-62236938
网址　www.cmstp.com
规格　787×1092mm $^{1}/_{16}$
印张　18 $^{1}/_{4}$
字数　376千字
版次　2023年12月第1版
印次　2023年12月第1次印刷
印刷　北京印刷集团有限责任公司
经销　全国各地新华书店
书号　ISBN 978-7-5214-4369-1
定价　78.00元

获取新书信息、投稿、为图书纠错，请扫码联系我们。

PREFACE

前 言

为深入贯彻《国家职业教育改革实施方案》(简称“职教二十条”)《国务院关于加快发展现代职业教育的决定》《关于加强高职高专教育教材建设的若干意见》等文件精神，落实国务院关于教材建设的决策部署，推动高职药学专业教学标准在各院校落地实施，深化职业教育“三教”(教师、教材、教法)改革，更好地培养适应行业企业需求的复合型、创新型高素质技术技能人才，完成“双高计划”建设中“打造技术技能人才培养高地”的首要任务，切实做到专业设置与行业需求对接、课程内容与职业标准对接、教学过程与生产过程对接、毕业证书与职业资格证书对接、职业教育与终身学习对接，按照高等职业教育中药材生产与加工等专业的培养目标，在行业专家的指导下，确立本课程的教学内容并编写了本教材。

药用植物栽培技术是中药材生产与加工专业的一门核心课程，具有理论性、实践性、直观性的特点。本教材共有三个模块，分别介绍药用植物栽培的基本知识、药用植物栽培的基本技能、药用植物栽培的综合技能，每个项目有教学目标，每个任务分为基本概念、学习目标、基本知识、能力训练、课后作业等；每个模块配有目标检测，有助于加深学生对理论知识的理解，体现了高职高专课题教学的有效性。

本教材的编写分工如下：重庆三峡医药高等专科学校张建海(模块一项目一至项目四)、贾晗(模块二项目五)、李春材(模块二项目六任务6、任务7)、陈洪源(模块二项目七)、周晓旭(模块三项目十二)、王文祥(模块二项目六任务1至任务5)；重庆万力药业有限公司熊凯(模块二项目八)；四川中医药高等专科学校王化东(模块三项目九任务5至任务8)；河南省汤阴县菜园镇农业服务中心王志萍(模块三项目十一)、刘国顺(模块三项目九任务1至任务4)；河南省洛阳市洛龙区农业综合发展中心王向平(模块三项目十、项目十三)；附录部分由张建海、王向平、王志萍等收集整理。

本教材的编写得到了重庆三峡医药高等专科学校各级领导、老师和其他参编单位领导的大力支持，在此深表感谢；本教材参考了历版《药用植物栽培技术》《药用植物栽培学》等教材，在此对所参考教材的全体编者深表敬意和谢意；编写中还引用和借鉴了许多专家、学者的研究成果及论著，限于体例未逐一标注，在此一并表示衷心的感谢。

由于编者水平有限，书中可能存在疏漏和不足之处，在此特殷切期望使用本教材的读者存宽容之心并提出宝贵意见，以便修订完善，不胜感激。

编 者

2023年9月

CONTENTS 目 录

模块一 药用植物栽培的基本知识

模块二 药用植物栽培的基本技能

模块三　药用植物栽培的综合技能

模块一　药用植物栽培的基本知识

项目一　药用植物栽培区域分布及栽培制度

教学目标

▶ 知识目标：

1. 掌握　药用植物栽培技术的概念、研究任务和特点；药用植物复种的条件、种植方式。

2. 熟悉　药用植物栽培制度的概念；药用植物种植模式。

3. 了解　药用植物规范化栽培的发展方向。

▶ 素质目标：

具有质量意识、环保意识、安全意识、信息素养和创新思维。

▶ 技能目标：

1. 具备识别药用植物栽培模式的能力。

2. 具备区别不同种植方式的能力，并能根据实际情况进行探究学习、终身学习以及分析问题、解决问题。

任务 1　认知药用植物栽培及发展

一、基本概念

1. 药用植物　是指野生或人工栽培的能直接或加工后可以入药使用的植物，简言之，是指植物体内含防病、治病的生物活性成分的植物。

2. 药用植物栽培技术　是根据药用植物的生物学特性，选择或创造与之相适应的栽培环境条件，采取有效的栽培管理措施，使所栽培的药用植物正常生长发育的一门技术，也就是药用植物在选地、整地、播种、育苗、移栽、田间管理、病虫害防治、采收及加工等过程中有指导、推广价值的实用技术。

二、学习目标

1. 识记药用植物栽培的任务。
2. 识记药用植物栽培的特点。

三、基本知识

（一）药用植物栽培的任务

根据药用植物不同种类和品种的要求，提供适宜的环境条件，采取与之相配套的栽培技术措施，充分发挥其遗传潜力，探讨并建立药用植物稳产、优质、高效栽培的基本理论和技术体系，实现中药材质量“安全、有效、稳定、可控”的生产目标。

（二）药用植物栽培的特点

药用植物栽培以传统经验为基础，在其发展过程中逐渐融入现代科学理论和技术，主要涉及保证“植物-环境-措施”这一农业生态系统协调发展的各项农艺措施，具有其特殊的栽培特点。

1. 栽培种类和栽培技术多样化 药用植物种类繁多，植物学特征和生物学特征各异，全国中药材资源普查结果表明，我国可供药用的中药材资源有12807种，其中药用植物11146种。目前已经人工种植成功的药用植物有250余种，这其中既有木本植物，也有草本植物，既有温带植物，也有亚热带植物；药用部位既有营养器官，也有繁殖器官，既有地上部分，也有地下部分。因此，各物种之间，生长发育规律对环境的需求差异很大，栽培技术复杂，栽培难度大。

2. 药用植物栽培的道地性 道地药材是指具有特定的种质、特定的产区和特定的栽培技术及加工方法生产的中药材，多具有鲜明的区域性分布特性。如云南三七、吉林人参、宁夏枸杞、浙八味、四大怀药等。它们的道地性受地理环境、气候条件等多种生态因素的影响，这些因素不仅限定药用植物的生长发育，更重要的是影响药材的品质。道地药材产品质量好，形成了商品化的专业生产。

应当指出，并不是所有种类药材都有很强的道地性，有的种类是由于过去受技术、交通等原因限制而形成的，这类药材引种后生长发育、质量与原产地一致，均可药用，如山药、芍药、忍冬、菊花等。此外，由于受环境条件或用药习惯改变的影响，所谓的道地药材也会发生一定的变迁，如地黄、泽泻及人参等。随着科学研究水平的不断提高，在尊重传统道地药材的基础上，对中药材质量的评价将会有更加规范、科学的标准。

3. 注重产量，更重视质量 药用植物加工产品是用来治病防病的，其中所含有效成分的高低是药用植物加工产品质量优劣乃至临床疗效的主要决定因素，而有效成分受药用植物品种、栽培技术、采收加工方法及贮藏等多种因素的影响。因此，在药用植物栽培过程中不应忽视对其产品质量的重视。

4.药材市场的前瞻性　药材市场与一般农产品市场不同，服务的对象受到严格的限制。中药各单味药的功效、性味归经各不相同，不能相互替代。药用植物栽培过程中，要强调品种全，种类、面积比例适当，才能满足临床用药要求。因此，常用中药必须有一定规模的栽培面积，以保证供应。但栽培面积又不能过大，否则会造成积压、损失和浪费。所以，药用植物栽培应以市场为导向，具有较强的前瞻性，随时调整栽培种类和面积的比例，以最大限度地满足医疗、制药工业和国际市场对中药材的需求，创造最大的经济效益和社会效益。

（三）药用植物栽培的发展

我国药用植物栽培历史悠久，不同年代栽培的药用植物的种类和数量各不相同（表1-1）。

表1-1　我国药用植物栽培的发展历程

书名	作者	年代	说明
《诗经》	不详	公元前11世纪至公元前6世纪中期	记述了蒿、芩、葛、芍药等100多种药用植物，对枣、桃、梅等当时已有栽培记载，既供果用，又可入药
《神农本草经》	不详	公元1–2世纪	我国第一部药物学专著。记载药物365种，分上、中、下三品。其中植物药237种，并概括地论述了药材的生境、采集时间及贮藏等
《齐民要术》	贾思勰	北魏	记述了地黄、红花、吴茱萸、竹、姜、栀子、桑、胡麻、蒜等20余种药用植物的栽培法
《本草经集注》	陶弘景	南北朝·梁代	收载药物730种，多为植物药
《新修本草》(《唐本草》)	苏敬等	唐代	被称为我国第一部药典，收载药物844种
《证类本草》(《经史证类备急本草》)	唐慎微	宋代	由《嘉佑补注本草》与《图经本草》合并而成，载药1746种，为最早的最完备的药学著作
《本草纲目》	李时珍	明代	收载药物1892种，其中植物药1100种，附药图1109幅，附方11096条。我国本草史上的一部巨著，曾被外国人称为“中国植物志”
《植物名实图考》《植物名实图考长编》	吴其濬	清代	收载植物2552种，是一部植物论述的专著，附有精确的绘图及植物的形色、性味、用途和产地、生长环境等描述

自中华人民共和国成立以来，药用植物栽培事业也得到了迅速发展。1958年10月国务院发布了《关于发展中药材生产问题的指示》，将中药材生产纳入国家计划，使中药材生产开始有计划、有组织地进行。1999年以来我国启动中药现代化，

随后颁布《中药现代化发展纲要》(2002年至2010年)和《中药材生产质量管理规范》,2022年3月国家药监局、农业农村部、国家林草局、国家中医药局制订了新的《中药材生产质量管理规范》,使我国中药现代化和产业化得到了前所未有的发展。

四、课后作业

1. 简述药用植物栽培的特点。
2. 简述药用植物栽培的发展历程,并搜集相关的书籍进行资料汇编。

任务2　认知药用植物栽培制度

一、基本概念

1. 栽培制度　也称种植制度,是指一个地区或生产单位的植物布局和种植方式。植物布局是栽培制度的基础,它决定种什么作物、种多少以及种在哪里,复种或休闲等。

2. 复种　指在同一田地上一年内接连种植两季或两季以上作物的种植方式。

二、学习目标

1. 识记药用植物的种植制度的概念。
2. 识记药用植物复种的条件。
3. 识记药用植物的栽培模式。

三、基本知识

(一)耕地复种程度高低的表述方法

1. 复种指数　复种是在有限的土地上进行的,能够实现时间和空间上的集约化,充分利用自然资源,提高土地利用效率。耕地复种程度的高低,通常用复种指数来表示,即全年总收获面积占耕地面积的百分比。公式为:

耕地复种指数=(全年种植植物总收获面积 ÷ 耕地面积)×100%

2. 熟制　熟制是对耕地利用程度的另一种表示方法,它以年为单位表示种植的季数。一年三熟、一年两熟、两年三熟、一年一熟、五年四熟等都称为熟制。休闲是复种的反义词,是指耕地在可种植植物的季节只耕不种或不耕不种。

农业生产中,对耕地进行休闲是一种恢复地力的技术措施,可使耕地短暂休息,减少水分、养分的消耗，促进土壤潜在养分的转化，为后续种植作物创造良好的土壤条件。

（二）复种的条件

一个地区能否复种，受自然条件、生产条件以及技术条件等多种因素的影响。

1. 热量条件　一个地区能否实行复种或提供复种指数，热量条件是不可缺少的首要条件。复种所要求的积温，不仅是复种方式中各种作物本身所需积温的相加，而是在此基础上有所增减。一般情况下，积温在2500~3600℃之间，只能复种早熟植物，或套种早熟植物；在3600~4000℃之间，则可一年两熟，但要选择生育期短的早熟植物或者采用套种或移栽的方法；在4000~5000℃之间，可进行多种植物的一年两熟；在5000~6500℃之间，可一年三熟；大于6500℃，可一年三熟至四熟。

2. 水分条件　水分是复种可行性的关键条件，在热量条件能满足复种的地区，水分受到限制，则复种同样受到限制。例如热带非洲地区热量充足，可以一年三熟或四熟；但是一些地区由于干旱，在没有灌溉设施的条件下，不能进行复种，只能一年一熟。因此，降水量、降水分配规律、地上和地下水资源等因素都会影响一个地区的复种指数。

3. 地力与肥料条件　土壤肥力条件是影响复种产量高低的主要条件。土壤肥力高，有利于复种高产；地力不足，肥料少，往往出现两季不如一季的现象。

4. 劳力、畜力和机械化条件　复种主要是从时间上充分利用光热和地力，需要在作物收获、播种的大忙季节，保质保量地完成上季作物的收获、下季作物的播种以及田间管理工作。因此，劳力、畜力和机械化条件至关重要。

5. 技术条件　除了上述自然、经济条件外，还必须有一套相适应的耕作栽培技术，以克服季节与劳力的矛盾，平衡各作物间热能、水分、肥料等的关系，如作物品种的组合、前后茬的搭配、种植方式等。

（三）种植方式

1. 间作　指同一生长期内，在同一田地上分行或分带相间种植两种或两种以上生育季节相近的植物的种植方式。如在玉米、高粱地里，间作穿心莲、菘蓝、半夏等。间作使不同种植物在田间构成人工复合群体，可集约利用种植空间。

2. 混作　指在同一块田地上，同时或同季节将两种或两种以上生育季节相近的植物按一定比例混合撒播或同行混播种植的方式。混作与间作都是由两种或两种以上生育季节相近的植物在田间构成复合群体，从而提高田间密度，增加光能和土地利用率。两者在配置形式上存在差异，间作利用行间，而混作则利用株间。

3. 套作　指在前季植物生长后期的株行间播种或移栽后季植物的种植方式。如甘蔗地上套种丹参、沙参、玉竹等。与单作相比，套种不仅能阶段性地充分利用空间，更重要的是能延长后季植物对生长季节的利用，提高复种指数和年总产量。

4.立体种植 指在同一农田上，两种或两种以上的作物从平面、时间上多层次地利用空间的种植方式。如上层种植橡胶树，中层种植肉桂和罗芙木，下层种植砂仁。立体种植使能量、物质转化效率及生物产量均比单一纯林显著提高。

（四）种植方式的技术要点

在农业生产实际中，并不是粮药或林药随意间作就能提高药用植物产量，还应该掌握相应的技术要点。

1.品种搭配和植物种类选择合理 间（混）作、套作时，要从本地自然条件和生产条件出发，根据药用植物和其他农作物的形态特征、生长习性进行选择。要注意通风透光及对水肥的不同需要，选择适宜的植物种类搭配。考虑品种搭配时，在株型方面要选择高秆与矮秆、垂直叶与水平叶、深根与浅根植物搭配；在适应性方面，要选择喜光与耐阴、喜温与喜凉、耗氮与固氮等植物搭配；在品种熟期上，间作、套作中的主栽植物生育期可长些，副栽植物生育期要短些；在混作中，生育期要求要一致。此外，要注意植株间的他感作用及根系分泌物的影响。

2.采用适宜的种植方式 在确定种植方式和密度时，要从间套作的类型出发，考虑水肥条件，植物主次，不同植物对间、混套作的反应，以及田间管理和机械化的要求等。间混套作时，其植物要有主、副之分，通常情况下主栽植物应占较大的比例，其密度可接近单作时的密度，副栽植物占较小比例，密度小于单作，总的密度要适当，既要保证良好的通风透光条件，又要尽可能提高叶面积指数。

3.运用配套的栽培管理措施 在间、混、套作情况下，虽然合理安排了田间结构，但仍有争光、争肥、争水的矛盾。为确保稳产增产，必须提供充足的水分和养分，使间套作植物平衡生长。通常情况下，必须实行精耕细作，根据植物、地块增施肥料和合理灌溉，根据栽培植物品种特性和种植方式调整好播种期，加强间苗定苗、中耕除草等伴生期的田间管理，保证间套作植物都能获得丰收。

（五）种植模式

1.粮药、菜药间（混）作、套作模式 常见的有杜仲+油菜（花生、玉米、大豆）；玉米+麦冬（桔梗、山药、细辛、贝母、川乌）；芍药（牡丹、山茱萸、枸杞）+豌豆（大豆、小豆、大蒜、菠菜、莴苣、芝麻）；巴戟天+山芋（山姜、花生、木薯）等。

2.果（林）药间（混）作、套作模式 如人工营造林幼树阶段可间、混种龙胆、桔梗、柴胡、防风、穿心莲、苍术、地黄、当归、北沙参、藿香等；幼龄果树行间可间种红花、菘蓝、地黄、防风、苍术、穿心莲、知母、百合等；成龄果树内可间种喜阴矮秆药用植物，如辛夷等。

3.药材间间（混）作、套作模式 中药材种类较多，生长期株型各异，因此，可根据每种中药材的生长特点，进行合理的间（混）作、套作。如芍药间作元胡、贝母；白芷间套紫菀、菊花、板蓝根等。

（六）轮作换茬

1.轮作换茬概述　轮作是在同一田地上有顺序地轮换种植不同植物的种植方式，按照一定顺序，周而复始地进行轮换种植。一般用“→”表示。如一年一熟条件下的丹参→玉米→土豆三年轮作，南方的绿肥→莲子→泽泻→油菜→水稻→泽泻→小麦→莲子→水稻轮作，这种轮作由不同的复种方式组成，因而也称复种轮作。

2.轮作换茬的作用　在药用植物栽培过程中存在突出的连作问题，而绝大多数根类药材忌连作。连作的结果是使药材品质和产量均大幅度降低。因此在药用植物栽培过程中实行轮作换茬，其主要作用如下。

（1）减轻药用植物病虫害及杂草危害　药用植物的病原菌有一定的寄主，害虫有一定的专食性，有些杂草有其相应的伴生者或寄生者，在一块田地上连续种植同种作物，会导致病菌、害虫的侵染源增多，发病率、受害率增加。生产中利用抗病植物和非寄主植物与容易感染这些病虫害的植物实行定期轮作，可收到消灭或减少这些病虫害发生危害的效果。药用植物中，如大蒜、黄连等的根系分泌物有一定抑菌作用，而细辛、续随子等有驱虫作用，把这些作物作为易染病、易遭虫害的药用植物的前作，可以减少甚至避免病虫害发生。

（2）改善土壤理化性状，调节土壤肥力　禾本科药用植物残留于土壤中的有机碳较多，而豆科、十字花科等药用植物落叶量大，氮、磷含量较多，因此，禾本科、豆科药用植物轮作有利于调节土壤肥力平衡。此外，水旱轮作对改善药用植物田地土壤理化性状，提高地力和肥效有特殊的意义。

（3）用养结合，减轻地力消耗　不同药用植物从土壤中吸收养分的种类、时期、数量和利用率不同。叶及全草入药的药用植物需氮、磷较多，而豆类及十字花科植物利用土壤中难溶性磷的能力较强。因此，将吸收、利用营养元素能力不同而又具有互补作用的不同作物进行合理的轮作，可以协调不同作物对水分及养分的需求，维持土壤肥力均衡，充分发挥土壤潜力。

四、课后作业

1.调查本地药用植物的种植模式。

2.调查本地药用植物的复种条件。

3.调查本地药用植物种植模式与当地复种条件的关系。

项目二　药用植物生长与环境条件的关系

教学目标

▶ **知识目标：**

1. **掌握**　药用植物生长发育的概念。

2. **熟悉**　环境条件对药用植物生长发育的影响。

3. **了解**　依据环境条件的植物类型。

▶ **素质目标：**

1. 诚实守信、尊重生命、热爱劳动，履行道德准则和行为规范，具有社会责任感和社会参与意识。

2. 具有质量意识、环保意识、安全意识和创新思维。

▶ **技能目标：**

1. 能够识别常见药用植物各器官，并能说出各器官的发育过程。

2. 能够区分不同药用植物的生长发育与环境条件的关系。

任务1　认知药用植物生长与发育

一、基本概念

1. 生长　指植物在体积和重量上的增加，是一个不可逆的量变过程，是通过细胞分裂、伸长来实现的。

2. 发育　指植物在形态、结构和机能上发生的质的变化的过程，表现为细胞、组织和器官的分化形成。

3. 生育期　指药用植物从播种出苗到成熟收获的整个生长发育过程。

二、学习目标

1. 认知药用植物营养器官和生殖器官的生长与发育。

2. 认知药用植物生长发育的相关性。

三、基本知识

（一）药用植物器官分化发育

1.药用植物营养器官分化发育　药用植物的营养生长主要指植物的根、茎、叶的生长。生长的好坏，与植物体内以及外界环境条件有关，同时，植物各个营养器官的生长具有相关性，是紧密联系、不可分割的。

（1）根的发育　植物的主根由胚根发育而来。根的主要生理功能是固定植株，并从土壤中吸收水分和溶解于水中的无机盐类，供植物生长所用。生长和吸收功能良好的根系是药材高产、稳产的基本保障，常见的根类药材有人参、丹参、党参、三七、龙胆、何首乌等。

（2）茎的发育　茎由胚芽发育而成，胚芽顶端的细胞分裂和生长，长成茎，是植物体的营养器官，是绝大多数植物体地上部分的躯干。具有背地性，有输导、支持、贮藏和繁殖的功能。植物茎有地上和地下之分。地下茎是茎的变态，药用植物常见的地下茎的变态有根茎、块茎、球茎、鳞茎等；常见的地上茎的变态有叶状茎、叶状枝、刺状茎、茎卷须等。

（3）叶的发育　叶同样也由胚芽发育而成，胚芽顶端的部分细胞分化成幼叶，幼叶生长成植物的叶。叶是植物的重要营养器官，一般为绿色扁平体，具有向光性，主要的生理功能是进行光合作用、气体交换和蒸腾作用。常见的叶类药材有大青叶、艾叶、枇杷叶等。

2.药用植物生殖器官分化发育　当植物生长到一定时期，植物体受到外界条件的刺激（主要是日照和温度的季节性变化），生长锥发生花芽分化，然后现蕾、开花、结实形成种子。因此，花芽分化是营养生长到生殖生长的转折点。

（1）花的形成　大多数植物的花芽分化都是从生长锥伸长开始的，只有伞形科植物在花芽分化时，生长锥不是伸长而是变为扁平状。无论哪种情况，花芽分化时，生长锥的表面积都变大。但生长锥的形态变化是在成花诱导之后才发生的，逐渐分化形成若干轮突起，在原来叶原基的位置，分化形成花被原基、雄蕊原基和雌蕊原基。顶端分生组织在花芽分化的过程中，同时进行性别分化。大多数植物在花芽分化中，逐渐在同一朵花内形成雌蕊和雄蕊，称两性花，这一类植物称为雌雄同花植物；而有一些植物在同一植株上有两种花，一种是雄花，另一种是雌花，这类植物称为雌雄同株植物。雌花和雄花分别生于不同植株上的植物，称雌雄异株植物，如杜仲、银杏等。

（2）药用植物开花和传粉　不同的药用植物，其开花的龄期、开花的季节、花期和长短也不同。1~2年生草本药用植物一生只开一次花，多年生药用植物生长到一定时期才能开花。少数药用植物开花后死亡；多数药用植物一旦开花，便每年都开花，直到枯萎死亡为止。具有分枝（蘖）习性的药用植物通常主茎先开花，然后第

一、二级分枝（蘖）渐次开放。同一花序上的花开放的顺序也随花序的不同而异。

花开后，花粉粒成熟，借外力的作用，从雄蕊的花药传到雌蕊柱头上的过程，称传粉（表2-1）。

表2-1　传粉的方式

序号	类型	概念	举例
1	自花传粉	成熟的花粉粒落到同一朵花的柱头上的过程	半枝莲、茴香
2	异花传粉	不同花朵之间的传粉，在栽培学上常指不同植株间的传粉	薏苡、益母草、丝瓜
3	常异花传粉	异花传粉介于5%~50%的传粉方式	油菜、高粱

（3）果实和种子的生长发育　果实由子房或与子房相连的附属花器官（花托、花萼、雄蕊、雌蕊等）发育而来。多数果实是子房通过授粉、受精发育而来。果实的生长可分为三个时期：第一期是迅速生长期，受精后，子房壁、胚及胚乳的细胞分裂，使果实迅速增大；第二期是缓慢生长期，这时由茎叶运输至果实的营养物质主要供给胚、胚乳和果核的迅速生长，所以从外表上看，果实的体积增长较为缓慢；第三期是迅速生长期，这时果实不但体积增大，更主要的是重量的增加。

果实在生长末期发生一系列特殊的质变，称成熟。肉质果成熟时，呼吸作用和代谢发生变化，色、香、味也都发生变化，果肉也由脆变软。但有些植物的果实，特别是非肉质果，成熟时没有显著变化。

种子由子房内的胚珠发育而成。在自然成熟情况下，种子和果实的成熟过程同时进行。种子和果实在成熟时各有其独立的生理生化变化规律，当然，互相之间也会有影响。在种子形成初期，呼吸作用旺盛，因而有足够的能量供给种子的生长并满足有机物的转化和运输。随着种子的成熟，呼吸作用逐渐降低，代谢过程也逐渐减弱。多数药用植物的果实和种子的生长，时间较短，速度较快，此时若营养不足或环境条件不适宜，都会影响其正常生长和发育。因此，用果实、种子入药或选用种子繁殖的药用植物必须保证适宜的营养条件和环境条件，以利于果实和种子的正常发育。

（二）药用植物的生育期和生育时期

1. 药用植物的生育期　根据生育期的长短不同，可将药用植物分成以下类型（表2-2）。

表2-2　药用植物类型（根据生育期长短）

序号	类型	概念	举例
1	一年生药用植物	生育期在1年内完成的药用植物	薏苡
2	二年生药用植物	生育期需要跨越2年完成的药用植物	当归、菘蓝
3	多年生药用植物	生育期需要3年或3年以上时间的药用植物	人参、贝母、延胡索

2. 药用植物的生育时期　受自身遗传及外界环境条件的影响，药用植物的生长发育过程会在外部特征和内部生理特性上发生一系列的变化，特别是植物形态上的变化。根据这些变化所经历时间段的不同，可将药用植物的整个生育期划分为若干个生育时期，不同的药用植物生育时期的分化也不同。

（三）药用植物生长发育的相关性

药用植物的生长发育是一个统一的整体。药用植物的生长区域在体内有一定的布局，器官的出现有主次、依从关系，各器官具有特殊的生理机能，彼此之间存在着相互联系。任何一个器官在生长过程中都会受到其他器官的影响。植株体内不同器官之间相互依存、相互依赖、相互制约的这种关系称为生长的相关性。在药用植物生产上，常用肥水管理、合理密植及修剪、摘心、整形等措施来调整各部分间生长上的相互关系，以达到丰产、高产的目的。

1. 地上部分与地下部分的相关性　药用植物的地上部分与地下部分存在相互促进、相互制约的相关性，“根深叶茂”就是地上部分与地下部分相互促进、协调生长的典型现象。一般情况下，根系生长旺盛的植物，地上部分枝叶也多；地上部分生长良好，又会促进根系生长。一般情况下，用植物根冠比来表示两者的相关性，即地下部分重量与地上部分重量（鲜重或干重）之比。这一比例关系称为根冠比（*R/T*）。

地上部分与地下部分相互制约的一面，主要表现在它们对水分和营养的竞争上，可以通过根冠比反映出来。地上部分与地下部分相互制约受土壤水分、营养状况、温度、光照等因子的影响。

植物地上部分生长消耗大量水分，主要依靠根系供应，因此，增加土壤有效水的措施必然有利于地上部分生长，而地上部分生长旺盛，消耗大量光合产物，使输入根系的光合产物减少，又会削弱根系生长，从而使根冠比减小。干旱时，由于根系的水分环境比地上好，根仍能较好地生长，而地上部分则由于缺水而生长受阻，光合产物就可能输入根系，有利于根的生长，使根冠比增大。所谓“旱长根，湿长苗”就是这个道理。

凡能增加糖类含量的措施，都有利于根的生长，使根冠比增大。如果增加光强，则光合产物增加，晚上输出也多，有利于根部生长，使根冠比增大。

薯蓣、白芷、地黄等以收获地下器官为主的药用植物，在栽培过程中，根冠比对产量的影响很大。以薯蓣为例，在生长前期，以茎叶生长为主，需要大量叶片进行光合作用，故需充足的氮肥，以促进地上部分生长，根冠比较低；当薯蓣生长进入生长中期以后，应使茎叶生长缓慢或停止，让地下根茎迅速长大，根冠比提高；到后期，则以薯蓣中的淀粉积累为主，此时如果茎叶生长旺盛，会消耗大量光合产物，不利于生长。因此，应减少氮肥供应，增加磷、钾肥（磷肥有利于光合产物运输，钾肥有利于淀粉积累），以促进地下根茎膨大，使根冠比达到最大值。

总之，地上部分和地下部分生长的相互影响主要是通过物质的分配来实现的，而这种物质的相互调剂有时受环境条件的影响。在药用植物的生产中，适当调整和控制根和地下茎类药物的根冠比，对药用植物产量的提高有很大帮助。在生长前期，以茎叶生长为主，根冠比达到较低值。所以，根和地下茎类药物在生产前期要求较高的温度、充足的土壤水分和适量的氮肥；而到了生长后期，就应适当降低土壤温度，施足P肥，使根冠比增大，从而提高产量。

2.营养生长与生殖生长的相关性 药用植物的营养生长是指根、茎、叶等营养器官的生长；生殖生长是指花、果实、种子等生殖器官的形成与生长。药用植物的营养生长与生殖生长既是互相依赖的，又是互相对立的。

开花结实是药用植物生活周期的重要阶段，只有经营养生长长到一定的大小，积累了充足的光合产物，生理上达到一定的成熟度，药用植物才进入开花结实阶段。所以，营养生长是生殖生长的基础。按照开花结实的情况，可将药用植物分为一次开花植物和多次开花植物。

一次开花植物一生中只开花结实一次，一旦开花，全部营养运到生殖体，营养器官就会衰老死亡，如菘蓝、决明、薏苡等。

多次开花植物的一生中，年复一年开花结实，如果实类药材（枳实等）。它们经常出现大小年，如果今年开花结实太多，形成大年，则会消耗过多的养分，削弱枝叶的生长并影响来年花芽的形成，另外，幼果和种子中产生的大量赤霉素，抑制来年花芽的分化，所以大年必须接着一个小年。为了使产量稳定、质量好，维持结实年代长，应适当疏花疏果，避免大小年。

3.顶芽与侧芽、主根与侧根的相关性 药用植物的顶芽和侧芽在生长发育过程中有着相互制约的关系。药用植物主茎顶端在生长上占有优势地位，会影响侧芽的生长，这种植物主茎的顶芽制约侧芽或侧枝生长的现象称为顶端优势。如果剪去顶芽，侧芽就可萌发生长。顶端优势的情况，决定了侧芽是否萌发生长、侧芽萌发生长的快慢及侧枝生长的角度。

很多植物的根也有顶端优势。主根与侧根的关系也和茎相似，主根生长旺盛，使侧根生长受到抑制。一般侧根在距主根根尖一定距离处斜向生长，当主根生长受到抑制时，侧根数量增多。去掉主根，侧根生长速度则加快。育苗移栽时，主根受伤或被截断，可使侧根生长加快，肥水吸收更多，有利于地上部分生长，这对培育壮苗是很重要的。

在生产上，有时需要利用和保持顶端优势。例如，玄参打顶使侧枝大量萌发而耗费营养，增产不明显。有时则需要消除顶端优势，以促进分枝生长。例如，菊花摘心，可增加分枝数，以提高花的产量。

4.极性与再生 极性是指植物体器官、组织或细胞的形态学两端在生理上具有的差异性（即异质性）。极性产生的原因与生长素的极性运输有关。由于生长素在茎中极性运输，集中在形态学的下端，使形态学下端的生长素/细胞分裂素的比值较大，从而促使下端发根，上端发芽。另外，由于不同器官生长素的极性运输强弱不同，茎>根>叶，不同器官的极性强弱也相应不同。由于茎的极性强，扦插繁殖时，应注意将形态学下端插入土中，而不可倒插。

再生能力是指植物体的离体部分具有恢复植物体其他部分的能力。不仅植物的器官具有再生能力，利用组织培养技术，也可使植物的单个细胞或一小块组织再生出完整的植株（或先诱导出愈伤组织，再由愈伤组织诱导出植株）；甚至用分化程度很高的生殖细胞（花粉）也能诱导出完整植株。生产上的扦插、分根等无性繁殖，就是植物再生能力的实际应用。

四、课后作业

1. 调查当地常见的栽培药用植物开花传粉的方式。
2. 简述药用植物生长发育的相关性。
3. 调查当地栽培药用植物中存在顶芽与侧芽、主根与侧根相关性的植物种类。

任务2　认知药用植物生长与环境的相互关系

一、基本概念

1. **春化作用**　指由低温诱导而促使药用植物开花的现象。
2. **光周期**　指昼夜周期中光照期和暗期长短的交替变化。
3. **需水临界期**　指药用植物一生中对水分最敏感的时期。

二、学习目标

1. 认知温度对药用植物生长的影响。
2. 认知光照对药用植物生长的影响。
3. 认知水分对药用植物生长的影响。
4. 认知土壤对药用植物生长的影响。

三、基本知识

药用植物生长发育与环境条件是辩证的统一。环境条件又是经常变化的。不同环境，同种药用植物的形态结构、生理、生化等特征不一样；相同环境，不同药用植物的特征也不相同。因此，掌握药用植物栽培与环境条件的关系，对获得高产、稳产、优质、高效的中药材是极其重要的。

环境条件是指药用植物生存空间的一切因素的总和。从环境条件中分析出来的因素称为环境因子。环境因子中对药用植物起作用的因子称为生态因子，主要包含光照、温度、水分、土壤等，诸多生态因子对药用植物生长发育的作用程度并不等同。药用植物各生态因子之间是相互联系、相互制约的，它们共同组成药用植物生长发育所必需的生态环境。若某些因子发生改变，其他因子和生态作用也会随之而变化。对于药用植物的生长，每一个因子都有一最佳适应范围，以及忍耐的上限和下限，超过了这个范围，药用植物就会表现出异常，造成药材减产、品质下降甚至绝收。因此，只有采取科学的"应变"措施，才能处理好药用植物与环境条件的相互关系，既要让植物适应当地的环境条件，又要使环境条件满足植物的要求，从而达到优质、高产、稳产、高效的目标。

（一）温度与药用植物生长发育

温度是药用植物生存和进行各种生理活动的必要条件，与药用植物的生命活动密切相关，是重要的生态因子之一。因此，温度的变化对药用植物的各个生长发育及其分布具有极其重要的作用。药用植物的生长和发育都要求一定的温度范围，而且在这个范围内，各种温度对药用植物的作用是不同的。我们通常所讲的温度三基点，是指某一个生长发育过程所需要的最低温度、最适温度和最高温度。在最适温度范围内，药用植物各种生理活动进行旺盛，药用植物生长发育最好。随着温度的升高或降低，药用植物的生命活动减弱，生长发育减慢；超过药用植物所能忍受的最低和最高温度点，药用植物的生命活动将遭到破坏，引起药用植物生长不良甚至死亡。

1. 春化作用对植物生长的影响　春化作用是指由低温诱导而促使药用植物开花的现象。需要春化的药用植物有冬性的一年生植物（如冬性禾本科药用植物）、大多数二年生植物（当归、白芷）和一些多年生植物（菊）。

药用植物春化作用有效温度因药用植物种类或品种的不同而有所不同。另外，不同药用植物对春化作用的低温所要求持续的时间也不一样，一定范围内，冬性越强，要求的春化温度越低，春化天数也越多。药用植物通过春化的方式有两种：一种是萌动种子的低温春化，如芥菜、大叶藜等；另一种是营养体的低温春化，如当归、白芷、牛蒡、菊花等。对于萌动种子春化处理，掌握好萌动期是关键，控制水分法是控制萌动状态的一个有效方法。营养体春化处理需在植株或器官长到一定大小时进行，没有一定的生长量，即使遇到低温，也不进行春化作用。在药用植物栽培生产中，应根据栽培目的合理控制春化的温度及时期。例如，在当归栽培中，若要采收药材，则要防止"早期抽薹"现象，可通过控制温度和水分，避免春化；若要采种，则需进行低温春化处理，促使其开花结实。

2. 药用植物的温度生态类型　药用植物对温度的要求及与其生长发育的生理关系，是获得高产优质的重要依据。依据对温度的要求的不同，一般可将药用植物分为四类（表2-3）。

表2-3　药用植物的温度生态类型

序号	类型	特点	举例
1	耐寒药用植物	一般能耐-2~-1℃的低温，短期内可以忍耐-10~-5℃的低温，最适生长发育温度为15~20℃	人参、细辛、百合、平贝母、大黄、羌活、五味子
2	半耐寒药用植物	通常能耐短时间-1~2℃的低温，最适生长发育温度为17~23℃	菘蓝、黄连、枸杞、知母
3	喜温药用植物	最适生长发育温度为20~30℃，花期气温低于10~15℃则不宜授粉或落花落果	枳壳、川芎、金银花
4	耐热药用植物	对温度的要求最高，最适生长发育温度多在30℃左右，个别药用植物可在40℃下正常生长	槟榔、砂仁、苏木、丝瓜、罗汉果、刀豆

温度对药用植物的影响主要是气温和地温两方面。一般气温影响药用植物的地上部分，而地温主要影响地下根部。气温在一天当中变化较大，夜晚温度较低，白天温度逐渐升高。地温变化较小，距地面越深，温度变化越小。根与根茎类药用植物地下部分的生长，受温度影响很大，一般根系在20℃左右生长较快；地温低于15℃，生长速度减慢。

3. 极端温度对植物生长发育的影响　极端高低温差、升降温速度和高低温持续时间等非节律性变温，对药用植物有极大的影响。

（1）低温对药用植物生长发育的影响　温度低于一定数值，药用植物便会因低温而受害，这个数值便称为临界温度。在临界温度以下，温度越低，药用植物受害越重。

低温对植物的伤害，主要是指冷害和冻害。冷害是指温度在零度以上仍能使喜温药用植物受害甚至死亡，即零度以上的低温对药用植物的伤害。冷害是喜温药用植物北移的主要障碍，是喜温药用植物优质高产的主要限制因子。冻害是指冰点以下的低温使药用植物体内形成冰晶而造成的损害。

（2）高温对药用植物生长发育的影响　当温度超过药用植物适宜温度上限后，会对药用植物产生伤害作用，使药用植物生长发育受阻，特别是在开花结实期最易受高温的伤害，并且温度越高，对药用植物的伤害作用越大。高温可减弱光合作用、增强呼吸作用，使药用植物的这两个重要过程失调，药用植物因长期饥饿而死亡。高温还可破坏药用植物的水分平衡，加速生长发育，促使蛋白质凝固和导致有害代谢产物在体内的积累。因此，高温不仅降低生长速度，妨碍花粉的正常发育，还会损伤茎叶功能，引起落花落果等。

（二）光照与药用植物生长发育

药用植物的生长发育是通过光合作用储存有机物来实现的，因此，光照强度对药用植物生长发育的影响很大，直接影响药用植物光合作用的强弱。药用植物的生长发育就是靠光合作用提供所需的有机物质。另外，光可以抑制药用植物细胞的纵向伸长，使药用植株生长健壮。依靠光来控制药用植物的生长、发育和分化，称光的形态建成。光质、光照度及光照时间都与药用植物生长发育密切相关，从而对药材品质和产量产生影响。

1.光照强度对药用植物生长发育的影响 药用植物的光合速率随光照度的增加而加快；但超过范围后，光合速率随着光照强度的增加而转慢，当达到某一光照度时，药用植物的光合速率就不再增加了，这种现象称为光饱和现象，此时的光照度称为光饱和点。在光照较强时，光合速率比呼吸速率大几倍；但随着光照度的减弱，光合速率逐渐接近呼吸速率，最后达到一点，即光合速率等于呼吸速率，此时的光照度称为光补偿点。不同的植物，其光饱和点与光补偿点各不一样，根据各种植物对光照度需求的不同，通常分为阳生植物、阴生植物和中间型植物。

（1）阳生植物（喜光植物） 生长在阳光充足的地方。若缺乏阳光，药用植株生长不良，产量低、品质差。例如地黄、红花、北沙参、菊花、芍药、山药、枸杞、薏苡及知母等。

（2）阴生植物（喜阴植物） 生长在阴湿的环境或树林中。如果光照充足，药用植物的植株生长缓慢，甚至死亡。例如人参、三七、西洋参、黄连、石斛、细辛及淫羊藿等。

（3）中间型植物 处于喜阳和喜阴之间的植物。在日光照射良好的环境中能生长，但在微荫蔽情况下也能较好地生长。例如麦冬、天门冬、豆蔻、紫花地丁及大叶柴胡等。

在自然界，药用植物各部位受光照度是不同的，一般情况下，植物体外围茎叶受光照度大，植株内部茎叶受光照度小。群体条件下，受光照度问题比较复杂，在同一田间，药用植物群体光照强度的变化因种植密度等条件的不同而发生变化。光照强度的不同，直接影响光合作用的强度，此外，也影响叶片的大小、多少、厚薄以及茎的节间长短、粗细等。这些因素都关系到药用植株的生长及产量的形成。因此，群体条件下，种植密度必须适宜。某些茎皮类入药的药材，种植时可稍密些，使株间枝叶相互遮蔽，就可减少分枝，使茎秆挺直粗大，从而获得产量高、质量好的茎皮。

同一种植物在不同生长发育阶段对光照度的要求不同。例如厚朴幼苗期或移栽初期忌强烈阳光，要尽量做到短期遮阴，而长大后则不怕强烈阳光。黄连虽为阴生植物，但生长各阶段的耐阴程度不同，幼苗期最耐阴，但栽后第四年则可除去遮阴棚，使之在强光下生长，以利于根部生长。一般情况下，植物在开花结实阶段或块茎贮藏器官形成阶段需要的养分较多，对光照的要求也更高。

2.光周期的作用 光周期是指昼夜周期中光照期和暗期长短的交替变化。光周期现象是生物对昼夜光暗循环格局的反应。大多数一年生药用植物的开花取决于每日日照时间的长短。除开花外，块根、块茎的形成以及叶的脱落和芽的休眠等也受到光周期的控制。某些药用植物要求经历一定的光周期才能形成花芽，但其他生理活动也受光周期的影响。

按照对光周期的反应，可将药用植物大致分为三类（表2-4）。

表2-4　药用植物类型根据（根据光周期反应）

序号	类型	特点	举例
1	长日照药用植物	日照长度必须大于一定时数（一般12小时以上），或者暗期必须短于一定时数才能开花的植物	当归、牛蒡、萝卜、紫菀
2	短日照药用植物	日照长度短于一定时数（一般12小时以下），或者暗期必须超过一定时数才开花的植物	紫苏、菊花、穿心莲、苍耳、大麻及龙胆
3	日中性药用植物	对日照长短不敏感，任何日照长度下都能开花的药用植物	地黄、蒲公英及千里光

许多药用植物开花有明确的极限日照长度，即临界日长。长日照药用植物的开花需要长于某一临界日长，而短日照药用植物则要求短于某一临界日长，这些药用植物称为绝对长日照药用植物或绝对短日照药用植物。但是，还有许多药用植物的开花对日照长度的反应并不十分严格，它们在不适宜的光周期条件下，经过相当长的时间，也能或多或少地开花，这些药用植物称为相对长日照药用植物或相对短日照药用植物。可以看出，长日照药用植物的临界日长不一定都长于短日照药用植物，而短日照药用植物的临界日长也不一定短于长日照药用植物。因此，重要的不是它们所受光照时数的绝对值，而在于长于还是短于其临界日长。

药用植物的光周期反应要在有一定的温度、植株的生长状态和营养条件等的环境下才能进行正常。温度是影响光周期反应的重要因素。例如，萝卜、芥菜等长日照药用植物，将其播种在高温长日照环境中，它们仍不能开花，这是因为高温足以抑制长日照对发育的影响。因此，从事生产时，必须把光周期与温度结合起来；同理，还要与植株生长状态、营养环境等因素结合起来。

我国南北各地由于纬度相差很大，同一生育季节里的温度、湿度、每天的日照时数等也不尽相同，因此同一药用植物的生长发育进程也不一致，也就是说，同一药用植物在各地进入光周期的早晚或通过光周期的时间长短也不相同。一般短日照药用植物在低纬度下进入光周期早，通过的时间也稍短；而长日照药用植物在高纬度下进入光周期早，通过时间也短。另外，短日照药用植物从北向南引种时，营养生长期缩短，开花结实提前。在药用植物栽培中，常利用这一特性将北方短日照品种送到南方夏种秋收，争得一茬收成。

在药用植物栽培上，我们的祖先很早就懂得通过改变播期来调整药用植物生长发育时期的日照条件和温度条件，从而达到抑制或促进生长发育的目的。如春播萝卜（中药莱菔子）采籽，秋播萝卜收肉质根。光周期不仅影响药用植物花芽的分化与开花，同时也影响药用植物营养器官的形成。如慈姑、荸荠球茎的形成都要求较短的日照，而洋葱、大蒜鳞茎的形成则要求有较长的日照。

认识和了解药用植物的光周期反应，在药用植物栽培中具有重要的作用。在引种过程中，必须首先考虑所要引进的药用植物是否在当地的光周期诱导下能够及时地生长发育、开花结实；栽培中应根据植物对光周期的反应确定适宜的播种期；通过人工控制光周期，促进或延迟开花，这在药用植物育种工作中可以发挥作用。

（三）水分与药用植物生长发育

在药用植物的生长发育过程中，水分是不可缺少的因子之一。在光照和温度等条件满足的情况下，水分便是农业发展和产量水平的限制因子。药用植物对水分的要求，可分为地下部分的土壤水分和地上部分的空气湿度。大气降水和人工灌溉使水分贮存于土壤中，供药用植物根系吸收，保证药用植物的生活要求。因此，降水多少、降水时间的分配及灌溉条件的优劣等，都直接影响着药用植物生长发育所需要的土壤水分。降水及灌溉的适时适量是药用植物稳产、高产、优质的重要条件。

1. 药用植物的需水量和需水临界期　药用植物生长发育过程中需要大量的水分，但是不同时期对水的需求量不同。

（1）需水量　药用植物在一生的生长发育期间，由于蒸腾作用要消耗大量的水分，所蒸腾的水量约占总耗水量的80%，蒸腾耗水量称为植物的生理需水量，以蒸腾系数来表示。蒸腾系数是指每形成1g干物质所消耗的水分克数。植物种类不同，需水量也不一样，一般野生药用植物的蒸腾系数是125~1000g，而大部分种植的药用植物的蒸腾系数是100~500g。同一种药用植物的蒸腾系数也因品种和环境条件的变化而变化。药用植物在不同的生长发育阶段对水分的需求也不同。总的来说，前期需水量少，中期需水量多，后期需水量居中。

药用植物需水量的大小还受其他外界条件和栽培措施的影响。低温、多雨、大气湿度大，蒸腾作用减弱，则需水量减少；反之，高温、干旱、大气湿度低、风速大，蒸腾作用增强，则需水量增大。密植程度与施肥状况也使耗水量发生变化。密植后，单位土地面积的个体总数增多，叶面积大，蒸腾量大，需水量随之增加，但地面蒸发量相应减少。

（2）需水临界期　是指药用植物一生中对水分最敏感的时期。该期水分亏缺，造成药材产量的损失和质量的下降，后期不能弥补。

药用植物从种子萌发到出苗期虽然需水量不大，但对水分很敏感，这一时期若缺水，会导致出苗不齐、缺苗；水分过多，又会发生烂种、烂芽。因此，此期就是一个需水临界期。多数药用植物在生育中期因生长旺盛，需水较多，其需水临界期多在开花前后阶段。例如，薏苡的需水临界期在拔节至抽穗期，而有些药用植物如黄芪、龙胆等的需水临界期在幼苗期。

2. 药用植物的水分生态类型　根据对水分的要求及适应能力的不同，药用植物大致分为以下几类（表2–5）。

表2-5　药用植物的水分生态类型

序号	类型	特点	举例
1	水生药用植物	易生活在水中，根系不发达，根的吸收能力很弱，输导组织简单，但通气组织发达	泽泻、莲、芡实、满江红
2	湿生药用植物	生长在过度潮湿的环境中，根系通常不发达，蒸腾作用弱，抗旱能力极差，水分不足就会影响生长发育，以致萎蔫甚至死亡	水菖蒲、毛茛、半边莲
3	中生药用植物	介于旱生药用植物和湿生药用植物之间，绝大多数陆生的药用植物均属此类，其抗旱与抗涝能力都不强	枳壳、金银花
4	旱生药用植物	在较为干旱的气候和土壤环境中维持正常的生长发育，具有高度的抗旱能力	芦荟、麻黄、凹叶景天

除了水生药用植物要求有一定的水层外，其他药用植物主要靠根系从土壤中吸收水分。当土壤处在适宜的含水量条件下时，根系入土较深，构型合理，生长良好；在潮湿的土壤中，根系不发达，多分布于浅层土壤中，易倒伏，生长缓慢，而且容易导致根系呼吸受阻，滋生病害，造成损失；在干旱条件下，植物根系将下扎，入土较深，直至土壤深层。因此，在药用植物栽培过程中要加强田间水分管理，保证根系的正常生长发育，从而获得优质、高产药材。

3.极端的水分条件对药用植物的影响　极端的水分条件主要包含干旱条件和涝害条件。

（1）干旱对药用植物生长发育的影响　药用植物旱害是指药用植物体内水分亏缺而受害的现象。其影响因素主要如下：一是土壤干旱，即土壤中缺乏有效水分，致使药用植物生长受阻或完全停止；二是大气干旱，即空气过度干燥（相对湿度低于20%）或是大气干旱伴随高温。干旱引起药用植物强烈蒸腾失水，导致药用植物体内水分收支不平衡，缺水受害。

药用植物对干旱的反应主要表现在两种，即暂时性萎蔫和永久性萎蔫。暂时性萎蔫是指短时间内，由于药用植物叶片蒸腾大于根系吸水而使叶片缺水萎蔫的现象。当蒸腾降低时，药用植物很快恢复正常。例如在夏季中午前后，药用植物叶片由于高温而引起的暂时性萎蔫。永久性萎蔫是指药用植物较长时间处于水分收支不平衡状态或土壤中缺乏有效水分，药用植物难以吸到足够的水分而引起萎蔫的现象。这种萎蔫经过夜晚仍不能恢复正常，只有及时灌水或降雨，经数天后长出新根后，药用植物才能逐渐恢复正常。永久性萎蔫与暂时性萎蔫的根本区别是：永久性萎蔫已造成药用植物细胞原生质脱水，茎尖或根尖生长点已程度不同地受到伤害。如果永久性萎蔫保持过久，药用植物的生理机能和结构就会受到严重伤害，甚至死亡。

药用植物对干旱有一定的适应能力，这种适应能力称为抗旱性。例如知母、甘草、红花、黄芪等抗旱的药用植物在一定的干旱条件下，仍有一定产量；如果在雨量充沛的年份或灌溉条件下，其产量可以大幅度地增长。

（2）涝害对药用植物生长发育的影响　是指药用植物在低洼、沼泽或洪水积聚的情况下，由于土壤积水或土壤过湿而造成的伤害。受害原因是多方面的，包括：土壤渍水使药用植物根部氧气不足而阻碍根的代谢；土壤厌气化引起养分有效化改变和导致CO_2、有机酸、硫化氢、亚铁化合物等有害物质积累等。

药用植物规范化栽培过程中，应根据药用植物不同生长发育时期的需水规律及气候条件、土壤水分状况，适时、合理地灌溉和排水，保持土壤的良好通气条件，以确保中药材产量稳定、品质优良。

（四）土壤与药用植物生长发育

土壤是药用植物栽培的基础，是药用植物生长发育所必需的水、肥、气、热的供给者。因此，创造良好的土壤结构，改良土壤性状，不断提高土壤肥力，提供适合药用植物生长发育的土壤条件，是成功进行药用植物栽培的基础。

1.土壤的组成与土壤质地

（1）土壤的组成　药用植物生长发育的土壤是一个复杂的整体，由固体、液体、气体三部分物质组成，这三部分不是孤立存在的，也不是机械地混合，而是相互联系、相互制约的统一体。固体部分是土壤的“骨架”，是土壤最主要、最基本的部分，主要包括矿物质颗粒、有机质、微生物等。土壤矿物质占据土壤固体部分的绝大部分，支撑着整个土壤。土壤有机质为植物残体、枯枝、落叶、残根等，能调节土壤的水、肥、气、热，满足植物生长发育需要。土壤微生物主要包括细菌、真菌等，能够对有机质和矿质营养元素进行分解，为植物生长发育提供营养。液体部分主要指可溶性养分的土壤溶液，是植物生长发育所需要的营养物质的载体。气体部分主要指土壤中的空气，能为种子发芽、根系的生命活动以及好气性细菌的分解活动提供所需要的氧气。

（2）土壤质地　根据土壤的特点，土壤按质地可分为砂土、黏土和壤土（表2-6）。

表2-6　土壤质地的类型

序号	类型	特点	举例
1	砂土	土壤颗粒直径在0.01~0.03mm之间，并且占据50%~90%的土壤。这种土壤通气透水性良好，耕作阻力小，土温变化快，保水保肥能力差，易发生干旱	仙人掌、北沙参、甘草和麻黄
2	黏土	土壤颗粒直径小于0.01mm，并且占据80%以上的土壤。这种土壤通气透水能力差，土壤结构致密，耕作阻力大，但保水保肥能力强，供肥慢，肥效持久、稳定	泽泻
3	壤土	介于砂土与黏土之间的一种土壤，是最优良的土质。这种土壤质地疏松，容易耕作，透水良好，又有相当强的保水保肥能力	人参、黄连、地黄、山药、当归和丹参

2.土壤酸碱度　土壤酸碱度（pH）对药用植物的生长发育非常重要，影响药用

植物的产量和质量。大多数药用植物适合在中性或弱酸性土壤中生长，但是也有一些药用植物例外，如药用植物荞麦、肉桂、黄连、槟榔、白木香和萝芙木等比较耐酸，药用植物枸杞、土荆芥、红花和甘草等比较耐盐碱。土壤pH可以改变土壤原有养分状态，并影响植物对养分的吸收。土壤pH在5.5~7.0之间时，植物吸收N、P、K最容易；土壤pH偏高时，会减弱植物对Fe、K、Ca的吸收量，也会减少土壤中可溶态铁的数量；在强酸（$pH<5$）或强碱（$pH>9$）条件下，土壤中铝的溶解度增大，易引起植物中毒，也不利土壤中有益微生物的活动。总之，选择或创造适宜药用植物生长发育的土壤pH，是获取优质高产的重要条件。

3. 药用植物与土壤养分　药用植物的土壤养分是药用植物生长和产量形成重要的营养保证。药用植物生长发育所需的营养元素有C、H、O、N、P、K、Ca、Mg、S、Fe、Cl、Mn、Zn、Cu、Mo、B等。这些营养元素除了空气中能供给一部分C、H、O外，其他元素均由土壤提供。其中N、P、K的需要量很大，通常土壤中N、P、K的含量不足以满足植物生长发育的需要，必须通过施肥补足，而微量元素并非十分缺乏。不同药用植物对土壤养分组成的要求不同，同一种药用植物不同生育期对营养元素的种类、数量和比例的要求也不同。根与根茎类入药的药用植物，幼苗期需较多的氮、适量的磷及少量的钾；根茎器官形成期，则需要钾增加、适量的磷及少量的氮。花、果实及种子入药的药用植物，幼苗期需较多的氮、较少的磷、钾，而生殖生长期需磷较多、需氮较少。因此，在药用植物生产过程中，应根据药用植物的生长发育所需特点和土壤本身的供肥能力，进行测土配方，确定施肥重量、数量和时间。

四、课后作业

1. 调查当地适宜栽培药用植物的土壤的类型。
2. 调查当地适宜栽培药用植物的分布及类型。
3. 调查当地适宜栽培药用植物生长发育的环境条件。

项目三　药用植物产量与品质的关系

教学目标

▶ 知识目标：

1. 掌握　栽培药用植物产量及其构成因素。

2. 熟悉　栽培药用植物品质形成及其调控措施。

3. 了解　药用植物的生育模式。

▶ 素质目标：

1. 诚实守信、尊重生命、热爱劳动，履行道德准则和行为规范，具有社会责任感和社会参与意识。

2. 具有质量意识、环保意识、安全意识和创新思维。

▶ 技能目标：

1. 能够分析常见栽培药用植物的产量构成因素。

2. 能够根据栽培药用植物品质形成的原因进行调控措施的选择。

任务1　认知药用植物产量及其构成因素

一、基本概念

1. 产量　指有经济价值的药材的总量。

2. 生物产量　指在整个生育期间通过光合作用产生和积累的干物质总量，即根、茎、叶、花和果实等整个植株的干物质总量。

3. 经济产量　指所需要的有经济价值的主产品的数量。

二、学习目标

1. 认知生物产量与经济产量的关系。

2. 认知产量的构成因素。

3. 认知提高药用植物产量的途径。

三、基本知识

（一）生物产量与经济产量的关系

栽培药用植物的目的是获得较多的有经济价值的药材，一般所说的产量是指有经济价值的药材的总量。最大持续产量是指不危害生态环境，可持续生产（采收）的最大产量。实际栽培药用植物的产量分为生物产量和经济产量。

经济产量的形成是以生物产量为物质基础。通常经济产量的高低与生物产量的高低成正比。在一定的生物产量中，究竟有多大的经济产量，取决于生物产量转化为经济产量的效率，这种转化效率称为经济系数，即经济产量与生物产量的比率（经济产量/生物产量）。经济系数的高低表明光合作用的有机物质转运到有主要经济价值的器官中去的能力，并不表明产量的高低，只有在提高生物产量的基础上提高经济系数，才能达到提高经济产量的目的。现代育种技术大大提高了植物的经济系数，通常根、根茎类药材的经济系数在0.7~0.85之间，种子、果实类药材在0.3~0.5之间，说明不同药用植物的经济系数差异很大，这与人们所利用的产品器官及其化学成分有关。一般来说，凡是以营养器官为收获对象的（如根、根茎类药材），其主产品的经济系数较高；凡是以生殖器官作为收获对象的（如种子、果实），其主产品形成过程要经历生殖器官的分化发育直到结实成熟，同化产物要经过复杂的转化和再合成过程，因而经济系数较低。

药用植物与其他作物一样，经济产量的形成包括营养生长阶段和生殖生长阶段。前期光合同化产物主要用于营养体建成，为后期经济产品器官的发育和形成奠定物质基础：进入后期，光合同化产物则主要用于生殖器官或储藏器官的形成，即形成产量。因此，药用植物生长发育后期的光合同化量与经济产量的关系更为密切。在栽培上，保持后期有较大的绿叶面积和较强的光合能力，是提高其经济产量和经济系数的关键所在。

（二）产量的构成因素

1.药用植物的生育模式　药用植物产量是植物体在生长过程中利用光合作用器官将太阳能转化为化学能，将无机物转化为有机物，最后形成一定数量的有经济价值的产品的过程。

药用植物的个体和群体的生长（干物质积累）和繁殖（个体的增加）过程均按Logistic曲线的生长模式进行。干物质的积累过程可分为：缓慢生长期、指数增长期、直线增长期和减缓停滞期几个阶段。通常在药用植物生长期间，干物质的积累与叶的面积成正比，株体干物质的增长取决于初始干重、相对生长率（即干重增长系数）和生长时间的长短。这种关系可用指数方程表示：

$$W=W_o\mathrm{e}^{Rt}$$

式中，W为株体干重，W_o为初始干重，R为生长率，t为时间，e为自然对数的底。

药用植物种类或品种不同，生态环境和栽培条件不同，其生长和干物质积累速度、各个阶段所经历的时间以及干物质积累总量也各不相同。因此，选择优质的类型（品种）、适宜的生态环境条件、配套的综合栽培技术措施，可优化生长模式，促进干物质的积累。

2.干物质积累与分配 药用植物在生育期内通过绿色光合器官，将吸收的太阳能转化为化学能，将从周围环境中吸收的二氧化碳、水及矿质营养合成糖类，然后再进一步转化形成各种有机物，最后形成有经济价值的产品。因此，药用植物产量形成的全过程包括光合器官、吸收器官和产品器官的建成以及产量内容物的形成、运输和积累。从物质生产的角度分析，药用植物产量实质上是通过光合作用直接和间接形成的，取决于光合产物的积累与分配。药用植物光合生产的能力与光合面积、光合时间及光合效率密切相关。光合面积，即叶片、茎、叶鞘及繁殖器官能够进行光合作用的绿色表面积。其中，绿叶面积是构成光合面积的主体；光合时间是指光合作用进行的时间；光合效率指的是单位时间、单位叶面积同化CO_2的毫克数或积累干物质的克数。一般来说，在适宜范围内光合面积越大、光合时间越长，光合效率就较高，就能获得较高的经济产量。

药用植物生长初期，植株较小，叶片和分蘖或分枝不断发生，并进行再生产。此期干物质积累量与叶面积成正比。随着植株的生长，叶面积增大，净同化率因叶片相互荫蔽而下降，但由于单位土地面积上的叶面积总量大，群体干物质积累近于直线增长。此后，叶片逐渐衰老，功能减退，群体干物质积累速度减慢，同化物质由营养器官向生殖器官转运，当植株进入成熟期后生长停止，干物质积累亦停止。由于植物种类、生态环境和栽培条件的不同，各个时期所经历的时间、干物质积累速度和积累总量均有所不同。

干物质的分配随物种、品种、生育时期及栽培条件而异。生育时期不同，干物质分配的中心也有所不同。以薏苡为例，拔节前以根、叶生长为主，叶片干重占全干重的99%；拔节至抽穗，生长中心是茎叶，其干重约占全干重的90%；开花至成熟，生长中心是穗粒，穗粒干物质积累量显著增加。

（三）提高药用植物产量的途径

Mason等在1928年提出了植物产量的“源库”学说。从植物生理学角度分析，源是指能够制造或输出有机物质的组织、器官或部位；库则是指接纳有机物质用于生长消耗或贮藏的组织、器官或部位；从有机同化物形成和贮存的角度看，源应当包括制造光合产物的器官——叶片以及吸收水和矿物质的根，根还能吸收NH_4^+合成氨基酸，吸收CO_2形成苹果酸，向地上部分输出合成的激素等。广义的库包括容纳和最终贮存同化物的块根、块茎、种子、果实等，也包括正在生长的需要同化物的组织或器官，如根、茎、叶、花、果实、种子等；狭义的库专指收获对象。流是指源库之间的有机同化物的运输能力。同一株植物，源和库是相对的，随着生育期的演进，源和库的地位有时会发生变化，有时也可以相互替代，如起输导作用的器官可以暂时贮存和输出养料，兼具源和库的双重作用。从生产上考虑，要获得优质高产，必须要求库大、源足、流畅。

1. 满足库生长发育的条件　药用植物库的贮积能力取决于单位面积上产量容器的大小。如根及根茎类药材产量容器的容积取决于单位土地面积上根及根茎的数量和大小的上限值；种子、果实类药材产量容器的容积取决于单位土地面积上的穗数，以及每穗实穗数和籽粒大小的上限值。在自然情况下，植物的源与库的大小和强度是协调的，源大的时候，必须建立相应的库，以提高贮积能力，达到增产的目的。

2. 协调同化物的分配　植物体内同化物的分配方向总是由源到库。由于植物体本身存在许多源库，各个源库对同化物的运输分配存在差异。从生产角度来讲，应通过栽培技术措施（如修剪、摘顶等）使光合同化产物集中向有经济价值的库分配。如根及根茎类药材可采取摘蕾、打顶等措施，减少光合养分消耗。例如白术种下后，常从基部长出分蘖，影响主茎生长；抽薹开花，会过多消耗营养。生产中用除蘖、摘花薹方法，可使白术根茎增产60%左右。

3. 保证流畅　植物同化物由源到库是由流完成的，如果流不畅，光合产物运输分配不到相应的库或分配受阻，经济产量也不会高。植物体中同化物运输的一个显著特点就是就近供应，同侧优先。因此，许多育种工作者都致力于矮化株型的研究。现代的矮化新良种经济系数已由原来的30%左右提高到50%~55%，这与矮化品种源、库较近，同化物分配输送较畅和输导组织发达有关。

四、课后作业

1. 简述栽培药用植物构成产量的因素。
2. 调查当地影响栽培药用植物产量的因素。
3. 简述提高药用植物产量的途径。

任务2　认知药用植物品质形成及其调控

一、基本概念

1. 品质　指产品药材的质量，包括内在质量和外观性状两部分。

2. 内在质量　指有效成分或指标性成分含量的多少、有无重金属、农药残留物含量是否超标等。

3. 外观性状　指药材的色泽（整体与断面）、质地、形状、大小等。

二、学习目标

1. 认知栽培药用植物品质的概念。
2. 认知栽培药用植物品质形成的因素。
3. 认知栽培药用植物品质提高的途径。

三、基本知识

（一）品质的形成及其调控

1. 品质的形成

（1）品质形成的生理生化条件　药用植物在生长过程中，经过一系列新陈代谢活动，形成积累了各种各样的化学物质，从而构成药用植物所获经济产品（药材）品质的内涵。药用植物的品质与产量构成，主要来源于光合作用产物的积累、转化和分配，并通过药用植物个体的生长发育和代谢活动及其他生理生化过程来实现。由光合作用产生的初生代谢产物如糖类、氨基酸、脂肪酸等通过体内一系列酶的作用，形成结构复杂的一系列次生代谢产物。前者是维持细胞生命活动所必需的。后者往往是一些并非生长发育所必需的小分子有机化合物，是药用植物在长期进化中对生态环境适应的结果，它的产生和分布通常有种属、器官组织和生长发育期的特异性，是药用植物有效成分的主要来源。次生代谢产物的生源与生物合成途径主要有莽草酸途径、多酮途径和甲瓦龙酸途径。另外，亦有代谢产物是由混合生源途径产生的。

药用植物品质的形成除由植物个体遗传特性所决定外，还与外界环境条件有着密切关系。如在栽培中，合理地加强磷、钾营养和给植物创造湿润环境等措施，可促进药用植物体内的糖类代谢过程，提高油脂等物质的积累量等；合理而适时地加强氮素营养和给植物以适度干旱条件等措施，可促进药用植物体内的蛋白质和氨基酸转化，可加速生物碱等有效成分在植物体的积累。

（2）农药残留物及有害重金属等外源性毒物　农药及有害重金属残留等已成为影响中药材品质的突出问题，且日益受到国内外高度重视。在药用植物栽培过程中，对病虫害的防治应采取综合防治策略，尽量不用或少用农药，必须施用农药时，应按照《中华人民共和国农药管理条例》的规定，采用最小有效剂量并选择用高效、低毒、低残留农药，以降低农药残留污染。现行版《中华人民共和国药典》（以下简称《中国药典》）一部对其限量规定如下：六六六（BHC）≤0.1mg/kg，滴滴涕（DDT）≤0.1mg/kg，五氯硝基苯（PCNB）≤0.1mg/kg，艾氏剂（Aldrin）≤0.02mg/kg；砷（As）≤2.0mg/kg，镉（Cd）≤0.3mg/kg，汞（Hg）≤0.2mg/kg，铅（Pb）≤5.0mg/kg，铜（Cu）≤20.0mg/kg。若含量超标，即为禁用药材。

（3）药材的形状、大小、质地与色泽　形状是指药材干燥品的外观形态（块状、圆柱状、圆锥状、球形、肾形、椭圆形等）、纹理情况、有无槽沟、弯曲或卷曲、突起或凹陷等，是传统用药习惯遗留下来的商品性状。

大小是指药材的长短、粗细或厚薄，通常用直径、长度等表示，一般群体中不同个体的大小有一定的变异幅度，常归为不同等级，绝大多数药材均以个大者为佳。

质地是指药材的质感特征，有坚硬性、韧性、柔软性、松泡性、粉性等，有的质感特征常作为等级区分的形状特征。

色泽是指药材表面或内部的颜色和光泽，是药材外观性状之一，每种药材都有自己的色泽特征。有些药材的表面色泽能反映出某些药用有效成分，如小檗碱、蒽苷、黄酮苷、花青苷等。

（二）影响品质形成的因素

影响药材品质的因素很多，概括起来主要有以下几个方面。

1. 药用植物的种或品种　药用植物的种或品种对品质的影响归结于其遗传特征。目前，从传统的药用植物中选育出一些优良类型，如红花、枸杞、地黄等。如享有盛誉的宁夏枸杞，以大麻叶类型品质佳、果大、肉厚、汁多、味甜，其他类型远不及。有些中药系多基原品种，它们在质地、产量、含量等性状上差异较大。这些差异大多是遗传基因决定的，如内蒙黄芪［*Astragalus membranaceus* Bge. var. *mongholicus*（Bge.）Hsiao］的茎直立性差，根部粉性足；而膜荚黄芪［*A. membranaceus*（Fisch.）Bge］茎挺直，根部粉性差。

2. 生态环境条件　药用植物有效成分的形成与积累，除受遗传因素影响外，也受生态环境的影响。

在植物生长期间，适宜的温度和湿润的土壤或高温高湿的环境，可促进糖类以及脂肪的合成，不利于生物碱及蛋白质的合成；相反，空气干燥和高温条件可促进蛋白质及其他含氮物质的形成，不利于碳水化合物和油脂的形成。据报道，武都产当归挥发油含量为0.5%，四川产为0.25%。武都属半干旱气候，当归在多光干燥的环境下生长，挥发油含量高，色紫气香而肥润，力柔而善补；而生长于少光潮湿的四川，挥发油含量较低而碳水化合物糖类等组分高，质地尾粗坚枯，力刚善攻。

海拔高度的影响，在不同的药用植物有差异。如在一定的海拔高度内，山莨菪中的山莨菪碱、肉桂中的桂皮油及桂皮醛的含量随海拔的升高而有增加的趋势，据报道，山莨菪在海拔2400m、2600m、2800m时，山莨菪碱含量分别为0.109%、0.146%、0.196%。垂盆草中的垂盆苷含量则随海拔的升高而有降低的趋势，据报道，垂盆草在海拔630m（黄山温泉）、1680m（黄山玉屏）时垂盆苷含量分别为0.622%、0.013%。

大多数药用植物的有效成分含量在光照充足时增加，如薄荷中的挥发油和油中的薄荷脑含量均随光照增强而升高，晴天比阴天含量高；其他如穿心莲中的穿心莲内酯、毛地黄叶中的毛地黄毒苷等，在阳光下均有利于形成和积累。

矿质营养对植物体内有效成分的含量影响很大。在肥料三要素中，磷、钾有利于碳水化合物和油脂等物质的合成，氮素有利于生物碱与蛋白质的合成。如曼陀罗叶、根中的总生物碱含量，随氮的增减而增减，氮、磷、钾含量相等时最有利于叶、根中总生物碱含量的增加。又如适宜的氮肥或磷肥可以提高萝芙木生物碱含量，尤以施氮肥更明显。其他微量元素，如施锰肥可使蛔蒿花蕾中的山道年含量增高。

不同的土壤和土温对药材的外观品质也有影响。如黄芪种植在砂性土壤上，常因土壤深层地温高，表层干燥，根系入土深，表层支根少而细，其产品多为鞭杆芪；若种植在黏性土壤上，土壤通透性差，根系入土浅，支根多而粗，产品多为鸡爪芪。其他如人参、丹参、白芷等根茎类药用植物都有类似情况。

3.栽培技术 在栽培过程中所采用的各项栽培技术或措施对药用植物品质的影响很大。如灰色糖芥在北京采用秋播，来年生长良好，苷含量高；若春播，则当年不能开花结实，且苷含量降低。尤其应重视的是收获期的确定，这对药材产品品质的影响尤为明显。如红花以花冠入药，商品以花鲜红、有油性为佳，采收若偏早，花干后色黄而不鲜红，品质降低；采收偏晚，干后紫红或暗红，无油性。

4.加工技术 加工方法和技术也是影响药材质量的重要因素之一。对一些易变色或含挥发性成分的药材，采收后不能强光暴晒，必须置于阴凉通风处或弱光下缓慢干燥。如经晒干或阴干的当归，其色泽、气味、油润等均不如用湿柴烟火慢慢熏干的好。四川中江丹参晾晒至半干变软后，需堆闷发汗2~3天，使根内部变黑，再摊晾至全干，否则商品断面不是黑褐色。有些药材含淀粉、糖类较多，不易自然干燥，需进行烘烤干燥，其烘烤温度对品质的影响也很大，一般控制在50~70℃，温度过高，干燥速度虽快，但易出现焦心、枯心等现象。红参烘烤温度以55~75℃为好，超过110℃，皂苷含量下降。

（三）提高药材品质的途径

1.良种选育 药材的品质主要取决于药用植物本身的遗传特性，应该重视品种选育工作。

在品种的选育工作中，应将选育工作和良种繁育工作结合起来，侧重于品质育种。许多植物个体间成分含量差异较大，应注重品种的选育工作，同时应借助现代化的生物技术手段，提高药材品种的有效成分含量水平。有些药用植物由于长期的无性繁殖，造成某些优良性状的退化。因此，进行品质选育工作应与良种提纯复壮结合起来。

2.栽培技术措施的优化 栽培技术措施的优化是为药用植物全生育期各个发育阶段提供良好的外界环境条件，以达到优质高产的目的。

（1）适宜的种植模式　在栽培过程中应建立合理的轮作、间作、套种等种植模式，充分利用地力，改善土壤结构，提高光能利用率，如乔—灌—草种植模式，喜阳与耐阴中草药的间作与其他作物间作、套种等。

（2）技术措施的优化　是否选取适宜的播种期、种植密度、施肥管理和采收期等对药用植物的产量和品质影响很大。如红花对播种期敏感，适宜晚秋播种，若早秋播种会早抽薹，影响越冬；早春播种，生长发育健壮、病害少，产花产子量高、质量好；当归早播，抽薹率高；天麻、贝母、细辛播种晚了，不发芽或发芽率很低；平贝母适当密植可提高产量，但多数药用植物密植后，通气透光不良、生长发育受到影响，且易感染病害。早期增施氮肥，可提高以茎叶为收获目的的药用植物的产量，亦可促进生物碱、蛋白质等物质的生物合成，提高药效。适当增施磷、钾肥可促进根茎类药材碳水化合物如淀粉、糖类等物质的合成。

3.加工工艺技术的改进　药材的加工工艺和技术直接影响药材的品质。目前，许多药材的产地加工工艺和方法大都停留在传统的手工阶段。随着现代科学技术的发展和进步，在保证加工质量的基础上，可运用现代化的工艺和技术对传统的工艺和方法加以改进，实现加工机械化和自动化。如药材干燥，过去有晒干、阴干和土炕烘干等，现在利用烘房、烘炉、烘箱、远红外干燥和微波干燥等现代化手段进行药材干燥，可大大改善药材的质量。

四、课后作业

1.简述栽培药用植物品质构成的因素。

2.简述栽培药用植物品质的组成。

3.简述提高栽培药用植物品质的途径。

项目四　药用植物栽培现代农业知识

教学目标

▶ 知识目标：

1. 掌握　栽培药用植物组织培养的类型及培养基的类型。

2. 熟悉　栽培药用植物无土栽培技术；栽培药用植物现代设施栽培技术；栽培药用植物生长调节剂的应用。

3. 了解　组织培养在药用植物栽培中的应用。

▶ 素质目标：

1. 诚实守信、尊重生命、热爱劳动，履行道德准则和行为规范，具有社会责任感和社会参与意识。

2. 具有质量意识、环保意识和创新思维。

▶ 技能目标：

能够识别和应用栽培药用植物现代农业技术。

任务1　认知药用植物组织培养技术

一、基本概念

1. 植物组织培养　指将离体的植物器官（如根尖、茎尖、叶、花、未成熟的果实、种子等）、组织（如形成层、花药组织、胚乳、皮层等）、细胞（如体细胞、生殖细胞等）、胚胎（如成熟和未成熟的胚）、原生质体（如脱壁后仍具有生活力的原生质体）培养在人工配制的培养基上，给予适宜的培养条件，诱发产生愈伤组织或潜伏芽等，或长成完整的植株的技术。

2. 培养基　是人工配制的，组织培养中离体材料赖以生存和发展的营养物质。

二、学习目标

1. 认知栽培药用植物组织培养的类型。

2. 认知栽培药用植物组织培养的培养基。

3. 认知栽培药用植物组织培养的应用。

三、基本知识

植物组织培养是根据植物细胞具有全能性的理论，近几十年来发展起来的一项无性繁殖的新技术。组织培养不受地区、气候的影响，比常规繁殖方法快数万倍到数百万倍，为快速获得药用植株提供了一条经济有效的途径。用于离体培养进行无性繁殖的各种植物材料，如从植物上取下来的部分组织或器官称为外植体。将外植体置于培养基上，使外植体中的细胞进入分裂状态，这种由一个成熟细胞转变为分生状态的过程称为脱分化。经历了脱分化后的细胞能通过再分裂和再分化，重新形成一个完整的植株，称植物细胞的全能性。

药用植物组织培养的研究与应用是中药现代化及中药产业发展的一个重要手段和内容，对于因病毒病害严重影响产量和质量的药用植物、靠有性繁殖提供种子而种子发育不完善或种子成本高的药用植物、靠无性繁殖提供“种子”而无性繁殖系数低且种子需求量大的药用植物，以及珍稀或濒危药用植物的引种驯化以保护植物资源等，都具有重要的科研和生产意义。

（一）植物组织培养类型

植物组织培养的分类方法有多种，根据培养对象主要可以分为以下6类。

1. 完整植株培养　指对具有完整植株形态的幼苗或较大的植株进行离体培养的方法。

2. 胚胎培养　指对植物成熟的或未成熟胚进行离体培养的方法。常用的胚胎培养材料有幼胚、成熟胚、胚乳、胚珠、子房，可用于研究胚胎发生以及影响胚生长的因素；用试管受精或幼胚培养可获得种间或属间远缘杂种；胚乳培养是研究胚乳的功能、胚乳与胚的关系，以及获得三倍体植株的一个重要手段。三倍体植株往往表现为无籽，在种子和果实类药材中进行三倍体育种，培养出无核或无籽的品种可给其加工利用带来极大的方便。

3. 器官培养　指对植物根、茎尖、叶、花及幼小果实等器官的全部或部分或者器官原基进行离体培养的技术。如根端的离体培养是研究生物合成的一种有效手段；取茎尖做外植体培养用于进行植物的无性系繁殖，具有加速繁殖和去除病毒等优点。

4. 组织培养　对植物体的各部分组织，如茎尖分生组织、形成层、木质部、韧皮部、表皮组织、皮层组织、胚乳组织、薄壁组织和髓部等，或由植物器官培养产生的愈伤组织进行无菌培养，二者均通过再分化诱导形成植株。利用愈伤组织培养在理论上可以阐明植物细胞的全能性和形态发育的可塑性，还可以诱导产生不定芽或胚状体而形成完整的再生植株（或称再生苗、试管苗）。

5. 细胞培养　是在一定条件下，通过人工供给营养物质和生长因子，在无菌状态下使离体植物细胞生长繁殖的方法。常用的细胞培养材料有叶肉细胞、根尖细胞、韧皮部细胞等。

（1）植物细胞悬浮培养　是指将离体的植物细胞悬浮在液体培养基中进行的无菌培养。也指在液体培养基中保持良好分散状态的单个细胞和小的细胞集聚体的培养。

（2）单细胞培养　是指从植物器官组织或愈伤组织中游离出的单个细胞的无菌培养。单个细胞培养的后代基因是一致的，对植物优良品种的纯化和改良有重大意义，但单细胞培养的难度比多细胞培养的难度要大得多。单细胞培养是随着更有效的营养培养基的发展，以及从愈伤组织和悬浮培养物中分离单细胞的专门技术的建立而实现的。可用于取得单细胞无性系及进行突变体选育。

（3）植物细胞固定化培养　植物细胞可以像微生物细胞一样在瓶中或发酵罐中培养，细胞包埋于支持物内，呈固定不动的状态。

6. 原生质体培养　指对除去植物细胞壁后裸露的原生质体进行离体培养的方法。原生质体培养易于摄取外来的遗传物质、细胞器以及病毒、细菌等，常应用于体细胞杂交或外源基因导入等方面的研究。此外，通过原生质体培养能得到由单细胞衍生出来的体细胞克隆细胞系，这是药用植物筛选高产、稳定细胞系的较好途径。

（二）培养基的类型

培养基的成分主要有水分、无机化合物、有机化合物、植物生长调节剂及其他成分。根据营养水平的不同，培养基可分为基础培养基和完全培养基。基础培养基只含有大量元素、微量元素和有机营养物。完全培养基是在基本培养基的基础上，根据试验需求的不同，增加一些物质，如植物生长调节剂和其他复杂有机物等。基础培养基的配方种类很多，根据其成分及其浓度特点，主要分为以下四类。

1. 高盐成分培养基　特点是无机盐浓度高，尤其钾盐、铵盐和硝酸盐含量较高；微量元素种类较全，浓度较高，元素间的比例较适合；缓冲性能好，营养丰富，不需再加入水解蛋白等有机成分。包括MS、LS、BL、BM、ER培养基等，其中MS培养基营养成分和比例均比较合适，应用最广泛。

2. 硝酸盐含量较高的培养基　这类培养基除含有较高的钾盐外，还含有较低的氨态氮和较高的盐酸硫胺素。包括B5、N6、LH和GS培养基等。

3. 中等无机盐含量的培养基　特点是大量元素含量约为MS培养基的一半；微量元素种类少而含量高；维生素种类比MS培养基多。包括H、Nitsch和Miller培养基等。

4. 低无机盐类培养基　特点是无机盐含量很低，一般为MS培养基的1/4左右；有机成分含量也很低。多用于生根培养。包括改良White、WS（Wolter和Skoog，1996）、克诺普液和HB（Holly和Baker，1963）等。

（三）植物组织培养在药用植物栽培中的应用

1. 药用植物良种选育　我国利用人参、地黄、平贝母等的花药培养，成功获得了再生植株。利用离体胚培养和杂种植株选育出一批高抗病、抗虫、抗旱、耐盐的优质品系或中间材料，从而扩充了植物的基因库。通过体细胞诱变、细胞融合和突变体筛选获得了突变品系、有价值的新品系或育种上有用的新材料。如对龙葵、曼陀罗、颠茄、明党参通过体细胞的杂交方式获得种间杂种和种内杂种植株，创造了自然界尚没有的新植物类型。

2. 药用植物种质保存　将离体培养的药用植物器官、组织和细胞在常温下或超低温下保存，建立集约化的细胞库，可作为种质保存的一种形式，并在需要时可以随时取出利用。近年来，利用组织培养技术和超低温保存技术保存药用植物种质材料及其种质库的建立取得了重要进展。超低温种质保存就是将植物材料保存在液氮（-196℃）中，在这种温度下，活细胞内的物质代谢和生长活动几乎完全停止，最大限度地抑制了生理代谢强度；当恢复到正常状态时，细胞能保持正常的活性与特性。超低温植物材料的保存可以减少培养物的继代次数，节省人力物力，保存时间长，解决了培养物因长期继代培养而丧失形态建成能力的问题。一般认为，采用有组织结构的材料如茎尖、幼胚和小苗等作为保存材料，其遗传性较为稳定，易于再生。目前，已成功实现茎尖超低温保存的药用植物有高山红景天、地黄、百合等；对浙贝母、高山红景天、银杏和红豆杉等的愈伤组织，人参、浙贝母、杜仲、山茱萸和高山红景天等的花粉的超低温保存均获得成功。此外，还开展了地钱、黄连等的原生质体的超低温保存研究。

3. 稀缺或急需药用植物良种的快速繁殖　一些新育成、新引进或稀缺药用植物的良种，由于生产上的急需，可采用组织培养。铁皮石斛是我国传统名贵中药材，具有抗肿瘤、抗疲劳、抗氧化、抗衰老、降血糖、提高人体免疫力和刺激造血等多种功效，但自然繁殖率低，野生资源稀缺。20世纪末，国内外学者开始了铁皮石斛快繁技术研究，经过多年大量试验研究工作，取得了显著成果。我国已对珍稀濒危野生植物如金线莲、川贝母、紫杉、杜仲等采取组织培养的手段建立起无性繁殖系，从而对这些物种进行繁衍和保存。

4. 带病药用植株的脱毒　近年来，随着农业产业结构的调整，药用植物的种植面积不断扩大，病毒病的危害也越来越严重。由于病毒病的危害，一般减产幅度在30%以上，有的药用植物如太子参、地黄、半夏等，病毒病已成为限制其发展的主要因子。采用茎尖脱毒，脱毒苗通过组织培养克隆繁殖可获得大量脱毒优良种苗，从而解决了病毒病的危害。地黄、太子参、枸杞、菊花等药用植物采用茎尖脱毒培养均获得成功。

5. 植物组织培养生产次生代谢产物的研究与应用　通过组织培养和细胞培养产生次生代谢产物等活性物质的研究开发与应用已成为当今世界生物工程技术热点，

并已取得可喜成果。国内利用组织培养累积甘草中的重要次生代谢产物，如甘草酸以及甘草总黄酮，发现培养3~4周的胀果甘草愈伤组织中总黄酮的量可以达到1.1%。在愈伤组织的培养过程中添加酵母提取物、水解酪蛋白、真菌诱导子、茉莉酸以及稀土元素等，均能显著提高甘草愈伤组织中黄酮类化合物的量。对胀果甘草愈伤组织中的甘草酸的量进行测定，发现在悬浮培养条件下，离体根培养物中甘草酸的质量分数明显高于其他培养物，比生药含量高51.08%。

知识拓展

从20世纪60年代开始，我国已有100多种药用植物经离体培养和试管繁殖获得试管植株，其中有的已用于药用植物栽培。台湾地区在1988—1993年间即用离体快繁技术繁殖了金线莲600万株。宁夏农林科学院枸杞科学研究所利用试管繁殖与嫩枝扦插相结合的繁殖方法繁殖了枸杞新品种“宁夏1号”和“宁夏2号”苗木100多万株，加速了新品种的推广。

四、课后作业

1. 请设计一种栽培药用植物组织培养的技术流程。
2. 简述不同类型培养基的配制特点。
3. 搜集组织培养技术对药用植物栽培技术贡献的有关资料。

任务2　认知药用植物无土栽培技术

一、基本概念

1. 无土栽培　指不用天然土壤，而用含有植物生长发育所必需元素的营养液来提供营养，并可使植物能够正常完成整个生命周期的种植技术。

2. 基质栽培　指植物通过固体基质来固定根系，并通过基质吸收营养和氧气的栽培方法。

3. 无基质栽培　栽培药用植物的根系直接与营养液接触，不通过固体基质来吸收营养。

4. 气培　又称雾培，是将营养液压缩成气雾状直接喷到植物的根系上，根系悬挂在容器的内部空间。

5. 水培　指营养液直接与植物根系接触。

二、学习目标

1.认知药用植物无土栽培基质类型。

2.认知药用植物无土栽培营养液配制方法和消毒方法。

3.认知药用植物无土栽培的应用。

三、基本知识

利用无土栽培技术进行药用植物生产，以人工创造的作物根系环境取代自然土壤环境，可为药用植物根系生长提供良好的水、肥、气、热等环境条件，有效解决了自然土壤栽培种难以解决的水分、空气、养分供应的矛盾，避免土壤栽培的连作障碍，节水、节肥、省工，还可以在不适于一般农业生产的地方进行药用植物种植，避免土壤污染（生物污染和工业污染），生产出符合GAP要求的药材。

无土栽培一般在大棚内进行，通过栽培设施满足植物对水、肥、气、热的需要。近年来，无上栽培向智能化、自动化方向发展，通过智能叶片（传感器）和电脑程序控制自动调节水、肥、气、热的供给，成本较高，一次性投入大。

（一）无土栽培的基质类型

无土基质栽培是指植物通过固体基质来固定根系，并通过基质吸收营养和氧气的栽培方法。对基质的要求是容重小、粒径适当、总孔隙度较大、吸水和持水能力强，颗粒间小孔隙多，基质水气比例协调，化学性质稳定，酸碱度适当，并且不含有毒物质。基质又可分为以下几种类型。

1.有机基质　是一类天然或合成的有机材料，如泥炭、树皮、锯木屑、秸秆、稻壳、蔗渣、苔藓、堆肥、沼渣等。有机基质使用较少，一方面是由于植物的有机营养理论不清楚，有机成分的释放、吸收、代谢机制不明；另一方面随着计算机技术、自动化控制技术和新材料在设施中的应用，有机基质的使用会给植物营养的精确调控和营养液的回收再利用带来困难。

2.无机基质　主要有砂、泡沫塑料、岩棉珍珠岩和蛭石等，一般将基质装入塑料袋或栽培槽内种植药用植物，这种方法有一定的缓冲能力，使用安全，但很少含有营养。

3.混合基质　分为无机-无机混合、有机-有机混合、有机-无机混合。混合基质由结构性质不同的原料混合而成，可以扬长避短，在水、气、肥相互协调方面优于单一基质。

无土栽培基质容易引起病菌污染，要注意对其消毒，常用的几种消毒方法如下。

（1）蒸汽消毒　将栽培基质装入消毒箱，通水蒸气，70~90℃条件下消毒1h即可。若生产面积较大，也可以堆垛消毒，垛高20cm左右，用防高温、防水篷布盖好消毒。

（2）化学药剂消毒　采用福尔马林或氯化钴消毒。福尔马林一般稀释50倍，用喷壶将基质均匀喷湿，覆盖塑料薄膜，经24~26h后揭膜，在风干2周后使用。氯化钴消毒前先把基质堆放成高30cm，在基质上每隔30cm打一个10~15cm深的孔，每孔注入氯化钴5ml，随即将孔堵住。第一层打孔放药后，再在上面同样堆上一层基质，打孔放药，总共2~3层。盖上塑料薄膜，熏蒸7~10h，熏蒸温度为15~20℃，去掉塑料薄膜，晾7~8天后即可使用。

（3）日光消毒　夏季高温季节，在温室或大棚中把基质堆成20~25cm高，堆垛的同时喷湿基质，使其含水量超过80%，盖上塑料薄膜。密闭温室或大棚，暴晒10~15天即可使用。

（二）无土培养营养液的使用

1.营养液的配制与管理　营养液是无土栽培的关键，它是由植物生长发育所必需的营养元素配制成的水溶液。配制营养液必须选用合适的营养物质，并保证溶液有适宜的离子浓度和酸碱度。大量元素营养物质有硝酸钙、硝酸钾、硝酸铵、硝酸钠、硫酸铵、尿素、过磷化钙、磷酸二氢钾、磷酸二氢铵、氯化钾、硫酸镁和硫酸钙等。微量元素营养物质有三氯化铁、硫酸亚铁、硫酸锰、硫酸锌、硼酸、硼砂、硫酸铜和钼酸铵等。

配制营养液要考虑化学试剂的成本和纯度，生产上一般使用化肥配制营养液，以降低成本。配制的方法是先配出母液（原液），再进行稀释，可以节省容器，便于保存。所配制的营养液养分要齐全，各种元素之间的比例要恰当，以保证药用植物对营养的平衡吸收；另外，所使用的各种元素在营养液中应保持化学平衡，均匀分布而不发生沉淀。配制的营养液要具有适宜的总盐分浓度，各种矿质营养比例协调。

不同药用植物要求营养液具有不同的酸碱度，对大多数药用植物，根系pH在5.5~6.5时生长最好。通常在营养液循环系统中每隔几天检测一次pH，发现偏离立即调整；在非循环系统中，每次配液时应调整pH。营养液供应次数和供应时间应遵循的原则是：既能使药用植物根系得到足够的水分、营养，又能协调水分、养分和氧气之间的关系，达到经济实用和节约能源的目的。

2.营养液废液的循环利用　只利用一次的营养液废液，若直接排入环境，会造成大量未被植物吸收利用的氮、磷、钾等元素的浪费，同时也会造成河流等水体的富营养化问题。未经处理的营养液废液二次利用时，容易造成病虫害在栽培体系中的广泛传播。因此，如何科学循环利用营养液废液是目前无土栽培研究中的一个热点问题，对如何提高经济效益和环境效益有着重要意义。

（1）废液的灭菌去毒技术　目前国内外消毒方法很多，如臭氧、紫外线、加热、砂滤、过氧化氢、氯气、碘处理、膜滤、活性炭吸附等。其中，主要常用的消毒法有以下几种（表4-1）。

表4-1　消毒法的类型

序号	类型	特点
1	臭氧灭菌法	利用强氧化剂臭氧杀灭微生物病原菌
2	紫外线灭菌法	利用紫外线通过光化学反应将病原菌机体内蛋白质和DNA的结构破坏，达到杀菌效果
3	加热灭菌法	利用高温加热将病原物烫死
4	砂滤灭菌法	依靠阻挡和吸附作用对营养液进行灭菌，采用的过滤材料主要是砂粒、陶粒等
5	综合灭菌法	通过几种消毒方式组合进行全面灭菌

（2）废液养分浓度测定和再调配　无土栽培营养液废液经过前期阶段灭菌去毒后，再通过营养液循环再利用装备进行废液养分浓度的测定和再调配，使废液养分含量能满足后续种植需求。目前国内已开发出营养液循环再利用装备，配有多种探头，可测定温度、液压、溶解氧、pH、电导率（EC）等指标，通过各种离子浓度在线测定后进行调配。

（三）无土栽培新技术在药用植物栽培中的应用

西洋参的无土栽培试验证明，用蛭石和砂制作培养基质，体积按1∶1或1∶2混合是西洋参较好的无土栽培基质，出苗率和保苗率都比较高。培养液以铵态氮+硝态氮为好。用无土栽培基质培育的西洋参，参根产量和皂苷含量比本地农田栽参略高，质量更佳。另外，无土栽培和农田栽培的西洋参，其根中所含化学成分种类无明显差异。不同栽培基质、营养液对西洋参地上部分生长的情况以及西洋参根中总皂苷、氨基酸、微量元素含量影响的结果表明，温室无土栽培西洋参与进口美国土壤栽培西洋参的质量基本一致。

药用石斛栽培以锯末为基质，由于锯末疏松，通水透气性好，保水保肥力强，小环境内的空气湿度能较好地得到保持和调节，根系在花盆内整齐地达到15cm左右，长势强健，侧根多。在高盆和木厢内，根系可长达30~35cm，植株生长旺盛，适应了石斛生长对环境条件的特殊要求。在1998年西南农学院的试验中，当年增产82.1%~177.8%。适当浓度的激素处理可较大幅度地提高石斛产量。施以由氮、磷、钾等13种元素组成的“斯泰钠”营养液，可保持基质湿润，石斛生长良好。自然条件下，石斛喜欢在半阴半阳的生态环境下生长。但在无土栽培的条件下，水分和营养充足，这时强光照有利于石斛的生长和高产。

对用营养液定期浇灌的基质栽培（珍珠岩∶砂=1∶1）和土壤栽培这两种方式种植细辛进行比较，发现用无土栽培方式能获得比土壤栽培含量更高的甲基丁香酚、黄樟醚和细辛醚；用Arnon营养液对紫苏的无土栽培优于Hoagland营养液；用Hoagland营养液浇灌荆芥能获得较高的产量。

知识拓展

无土栽培供液方式很多，有营养液膜灌溉法、浸灌法、双壁管式灌溉法、滴灌法、虹吸法、喷雾法和人工浇灌等。生产上应用较多的是营养液膜灌溉法、滴灌法和喷雾法。供液系统主要包括贮液罐（槽）、水泵、输液管、过滤装置等。一般需要四个贮液罐（槽），其中三个用于贮存母液，一个盛钙盐母液，一个盛其他营养元素母液，另一个盛磷酸或硝酸，用以调节营养液的pH；第四个贮液罐（槽）贮存稀释后的营养液。水泵用于输送营养液或将营养液由低处抽到高处灌溉。输液管采用各种直径的黑色塑料管，不能用白色的，以避免藻类的滋生。营养液的进水口和出水口要求安装过滤器，以保证营养液清洁，避免造成供液系统堵塞。

四、课后作业

1.请设计一种栽培药用植物无基质栽培技术。

2.请设计一种栽培药用植物有基质栽培技术。

3.请设计一种适合当地栽培药用植物的无土栽培供液系统。

任务3　认知药用植物现代设施技术

一、基本概念

1.设施农业　指利用一定的设施，在局部范围内改善或创造出适宜的气象环境条件，为动植物的生长发育提供良好的环境条件而进行有效生产的农业。

2.设施栽培　是设施农业由传统农业向现代农业转变过程中的重要手段，它是设施农业的一种重要类型，保护地栽培和无土栽培是现代设施栽培技术的集中体现。

3.配方施肥　综合运用现代农业科技成果，根据作物需肥规律以及土壤供肥性能与肥料效应，在以有机肥为基础的条件下，提出氮、磷、钾和微量元素适当用量、比例以及相应的施肥技术。

4.冲施肥技术　是药用植物保护地栽培中的主要追肥技术。该技术是将用于追肥的肥料溶于水中后，随浇水冲施于地里。

5.叶面施肥　用喷洒肥料溶液的方法，使植物通过叶面获得营养元素的技术。

二、学习目标

1.认知药用植物保护地栽培的类型。

2. 认知药用植物保护地栽培技术的施肥类型。

3. 认知药用植物栽培设施环境的调控技术。

三、基本知识

（一）保护地栽培的类型

保护地栽培的主要生产方式包括使用简易设施、遮光设施、大棚、温室生产等。在北方地区，由于无霜期短，冬春季节寒冷，无法从事正常的种植，而大棚、温室等保护地设施在人工控制条件下，可使药用植物正常生长和发育，从而获得显著的经济效益。

1. 简易设施　主要包括风障畦、冷床和小拱棚等形式。特点是结构简单，容易搭建，具有一定的抗风和提高小范围内气温、土温的作用。

2. 遮光设施　主要有遮阴棚、无纺布和遮阳网。应用遮光设施的目的是在高温季节减弱光照、降低温度或缩短光照时间，从而满足药用植物对温度和光照条件的要求。

3. 大棚　是利用塑料薄膜或塑料透光板材覆盖的简易不加温的拱形塑料温室。其特点是结构简单，建造和拆装方便，一次性投资少，运营费用低，因而在生产上得到越来越普遍的应用。建大棚时应考虑以下因素：通风好，但不能在风口上，以免被大风破坏；要有灌溉条件，地下水位较低，以利于及时排水和避免棚内积水；建棚地点应距道路较近，便于日常管理和运输；大棚框架可选用钢管结构、竹木结构或水泥材料，覆盖棚膜时应注意留通风口，膜的下沿要留有余地，一般不少于30cm，以便于上、下膜之间压紧封牢。

4. 温床与温室　温床是提早播种育苗的临时性保护措施，设备简单，省钱省料，使用方便，但不经久。温室是一种较完善的设施栽培形式，除了充分利用太阳光能以外，还可用人为加温的方法来提高温室内温度，在寒冷的冬季或早春季节仍可进行药用植物生产。温室主要包括日光温室和加温温室。日光温室主要是以小型化为主的单层面结构。加温温室按照覆盖材料的不同分为玻璃温室和塑料温室。加温温室在我国北方地区的设施栽培育苗和冬季生产中发挥着重要作用。

（二）保护地栽培施肥技术

保护地栽培与露地栽培相比，由于栽培环境的差异，有其独特的施肥技术。为保证土壤环境的良性循环，必须做到科学施肥。首先应重视有机肥的施用；其次，要科学使用化肥，应避免目前农村普遍存在的“重二轻一两忽视”现象，即重视氮肥、磷肥，轻视钾肥，忽视有机肥和微肥，而应努力做到各种养分的平衡供应；再次，重视施用二氧化碳气肥，使用二氧化碳气肥有利于培育壮苗，加速作物生长发育，增加产量和改善品质。

1.配方施肥技术 配方施肥将以往盲目施肥改变为定量施肥，同时也将以往单一施肥改变为以有机肥为基础且氮、磷、钾等多种元素配合施用的施肥方式，能全面地为作物提供所必需的各种土壤营养，同时也能够保持作物各器官均衡生长，避免单一施肥所引起的植株旺长、推迟开花结实及植株早衰等问题。

保护地配方施肥常用的肥料包括尿素、硫酸钾、磷酸二铵、复合肥、过磷酸钙、钙镁磷肥等。

进行配方施肥时，还应注意以下原则：有机肥与化肥搭配施肥；大量元素与微量元素搭配施肥；粗肥与细肥搭配施肥；各营养成分要搭配施肥；要根据作物的需肥特性进行施肥。

2.冲施肥技术 优点：施用方法简单，随水浇灌施用，使用方便；肥料的使用均匀，不会由于局部肥料浓度大而造成“烧苗”，也避免了机械追肥造成的植物部分根系破坏；与植物根系接触面大，吸收快，吸收率高，见效快，减少了因植物来不及吸收而造成的肥料损失。缺点：施肥质量和效果受浇水量的影响比较大；用易挥发的肥料冲施肥时，施肥后容易增加保护地内有害气体的浓度，发生有害气体中毒等问题；对肥料的种类要求比较严格。

冲施肥常用的肥料种类有速效化肥（尿素、硝酸铵、硫酸钾等）、复合肥（磷酸二铵、氮磷钾复合肥等）、有机肥（人粪尿、鸡粪、饼肥等）等。

冲施肥技术是一种新的施肥技术，在其推广应用的过程中，要注意以下原则：要与地膜覆盖栽培相结合；要选用不易挥发或挥发性比较差的肥料进行地面冲施肥；冲施肥的肥液浓度要适宜；要减少地面的肥料残留量；浇水量要适宜。

3.叶面施肥技术 以叶面吸收为目的，将作物所需养分直接施用于叶面的肥料，称叶面肥。用喷洒肥料溶液的方法，使植物通过叶面获得营养元素的措施，称叶面施肥。叶面施肥技术能够较好地弥补根系吸收的不足，同时也能在一定程度上弥补叶片光合作用弱、有机营养制造不足的缺陷。叶面施肥技术作为保护地作物高效栽培的一项辅助措施，在具体施肥技术、时间、营养液种类和浓度等许多方面有一定的条件要求。不同的肥料、作物以及同一作物的不同生长时期，在叶面施肥的浓度要求上存在较大差别，这三者就是确定叶面施肥浓度的依据。

叶面肥的种类繁多，根据其作用和功能，把叶面肥主要分为4类（表4-2）。

表4-2 叶面肥的类型

序号	类型	特点
1	营养型叶面肥	氮、磷、钾及微量元素等养分含量较高
2	调节型叶面肥	含有调节植物生长的物质，如生长素、激素类等成分
3	生物型叶面肥	含微生物体及代谢物，如氨基酸、核苷酸、核酸类物质
4	复合型叶面肥	几种肥料综合运用

叶面施肥要注意的原则：不能代替土壤施肥和光合作用；间隔时间应适宜；应与防病结合进行；因叶面施肥不当发生伤叶时，要用清水及时冲洗叶面，冲洗掉多余的肥料，并增加叶片的含水量，以缓解叶片受害的程度。

（三）药用植物栽培设施环境的调控技术

1.光照条件的调控　设施内对光照条件的要求：一是光照适当，二是光照分布均匀。人工调节包括三个方面：一是增加自然光照；二是在冬季弱光期或日照时数少的季节和地区进行人工补光；三是在夏季强光季节和地区进行弱化栽培时遮光。

2.温度条件的调控　温度调控的类型很多，主要有以下几种（表4-3）。

表4-3　温度调控的类型

序号	类型	特点
1	保温措施	选用适宜建材和注重工程质量并尽量避免缝隙、保持墙体的厚度和墙体的干燥以减少放热，设置防寒沟和多层覆盖等措施
2	增温措施	采用增大温室透光率、避免土壤过湿、复合材料建筑后墙、地面喷洒增温剂等措施
3	加温措施	设施内可用炉火加温、暖气、暖风或电热线加温
4	降温措施	采用各种遮光措施，减少进入设施内的太阳辐射能；地面灌水或喷水，增大土壤蒸发耗热；强制通风和自然通风换气降温等措施

3.湿度条件的调控　采用通风排湿、地膜覆盖、畦间覆草、增温降湿、张挂无纺布作保温幕、地膜下滴灌或暗沟浇水等措施来降低湿度。

4.气体条件的调控

（1）增加二氧化碳措施　通风换气可使设施内二氧化碳浓度达到大气水平；增施有机肥，利用微生物分解有机质，释放二氧化碳，是目前设施内增施二氧化碳的有效措施；通过化学反应等方法人工施用二氧化碳是生产上常用的方法，可以人为控制施用量。

（2）有害气体防止措施　为避免氨气和亚硝酸气体的产生，应施用充分腐熟的有机肥，适当加大基肥用量，施后深翻；追施氮肥一次用量不可过多；追肥宜深施，施后灌水或随水施肥；冬季不用碳酸氢铵做追肥；同时，随时调节土壤的pH，促进硝化作用。生产上应选择含硫化物少的燃煤，并充分燃烧以减少硫化物排放。选用符合农用标准的塑料制品以避免产生乙烯和氯气。

（四）保护地栽培技术在药用植物栽培中的应用

我国开展了多种药用植物的保护地栽培研究和应用。为了有效解决我国人参栽培的产值低、林地不能连作等问题，吉林省很多地区采用农田遮阴棚下栽参的方法。但由于有时会受到早春的缓阳冻和气温的大幅度波动等影响，人参出芽期易发生冻害和虫害等现象。在设施环境下栽培人参，可以人为地调控人参生长的土壤温湿度、土壤养分、空气温湿度、CO_2浓度和光照等环境条件，并且能够通过有效地延长作物的生育期、缩短人参的生长周期、减轻病虫草害的威胁来提高产量和品质。生长在塑料大棚中的人参与遮阴棚中的人参相比，生长物候期每年延长40天以上，叶片、根重等指标有明显增高。

人参、三七和西洋参属于阴性植物，生产上需要搭设阴棚进行遮光设施栽培，遮阴棚的透光率将直接影响产品的产量和品质。在东北地区，一般人参参棚透光率以20%~40%为宜。遮阴棚透光率在10%~15%最适宜三七的生长，透光率达到或超过30%时三七就无法生长。西洋参参棚透光率受纬度的影响而不同，低纬度如福建、云南透光以15%为宜，华北、西北（东部）以20%左右为佳，东北以20%~30%为好。

在长白山区北五味子的保护地栽培中，采用简易的畦床和塑料棚覆盖以提高地温。具体做法是选择向阳、排水良好的砂质土地块，做成宽1m、高40cm的畦床，畦床以塑料棚覆盖，可明显提高地温。北京地区枸杞的保护地栽培中，枸杞在高效节能型日光温室中的平畦是南北向，畦面宽约1.5m，定植行距20cm，株距15cm，或株行距均20cm，开沟定植，定植深度6~7cm。定植后浇透水，可取得良好的栽培效果。

库拉索芦荟原产于非洲南部，具有耐热耐旱、怕寒忌湿等生态习性，引种时宜采用保护地栽培，大棚一般采用拱形棚。棚室管理注意夏季经常打开通风口，让棚内外空气对流降温，也可在棚顶覆盖遮阴，如黑塑料网；冬季为了增加芦荟植株的抗寒能力，应培土保温，减少灌水次数，同时把叶片绑成一束或多束以防霜抗寒。

知识拓展

吉林省是全国乃至世界的人参主产区，因而人参栽培一直是吉林省发展的重要产业，人参产业是农民增收致富的重要渠道。但随着国家天然林保护工程的实施，林业部门对参地的审批数量逐年减少，已无法满足参农的需要。积极改变现有的人参种植业模式，实现并推广“人参下山”已成为必然趋势。在设施环境下栽培人参，因可以通过人为地调控人参生长所需的环境条件、延长年生育期和缩短总生长周期等来提高产量和品质，逐渐实现了人参栽培的智能化管理。现有的大部分研究主要集中在设施内部土壤温湿度及设施内光照调控，但设施内部环境是一个复杂的系统，除了土壤温湿度外，空气温湿度、二氧化碳浓度、土壤肥力、人参种植密度等对人参生长也有综合影响，这些工作有待于进一步研究和完善。

四、课后作业

1.设计一种药用植物栽培技术的现代设施。

2.设计一种药用植物保护地栽培技术。

3. 简述现代设施栽培技术的调控技术。

任务4　认知药用植物生长调节技术

一、基本概念

1. 植物生长调节物质　指可调节植物生长发育的微量有机物质，分为植物激素和植物生长调节剂。

2. 植物激素　指存在于植物体内经天然合成的调节物质。

3. 植物生长调节剂　指人工合成且从外部施入植物体内的调节物质。

二、学习目标

1. 认知药用植物生长调节剂的种类。
2. 认知影响植物生长调节剂作用效果的因素。
3. 认知植物生长调节剂在药用植物栽培中的应用。

三、基本知识

（一）植物生长调节剂的种类

已发现具有调控植物生长和发育功能的物质有生长素、赤霉素、细胞分裂素、乙烯、脱落酸、油菜素内酯、水杨酸、茉莉酸和多胺等，而作为植物生长调节剂被应用于农业生产主要是以下几类。

1. 生长素（auxin）　植物体内最普遍的生长素类为3-吲哚乙酸（IAA），大多集中在生长旺盛的部位。IAA能促进细胞的延伸生长和细胞壁结构的松弛，促进插枝生根，诱导愈伤组织及根的形成。在木本药用植物栽培上，其效应有扦插生根、疏花疏果、促进开花、防止采前落果、控制萌蘖枝的发生等。IAA对生长的促进作用随着浓度的增加而增加，但达到一定的浓度就会引起明显的抑制作用。

2. 赤霉素（gibberellin，GA）　又称“九二O”，在植物体内天然存在有72种，即GA_1~GA_{72}。赤霉素在生长旺盛的部位含量较高，如茎端、根尖和果实、种子。赤霉素能促进细胞分裂和伸长，打破休眠，促进萌发；诱导单性结实，促进坐果；促进开花；促进节间伸长和整株的生长。GA促进植物生长的作用随着浓度的增加而增加，但达到一定的浓度后就不再增加，但无抑制作用。

3. 细胞分裂素（cytokinins，CTK）　也称细胞激动素，是一类嘌呤衍生物。细胞分裂素广泛地存在于高等植物中，细菌、真菌、藻类中也有细胞分裂素。高等植物的细胞分裂素主要分布于茎尖、根尖，未成熟的种子和生长的果实等。细胞分裂素的主要生理作用是促进细胞分裂，使细胞体积扩大而不断伸长，营养物质向库的部位移动；延迟叶片衰老，促进芽的萌发。其中，激动素（KT）和苄基嘌呤（6-BA）可用于在组织培养中诱导愈伤组织的形成和分化。

4. 乙烯（ethylene，ETH） 广泛存在于植物的各种器官中，正在成熟的果实和即将脱落的器官中含量比较高。逆境条件下，例如干旱、水涝、低温、缺氧、机械损伤等均可诱导乙烯的合成，称逆境乙烯。乙烯最明显的生物学效应是引起三重反应（一是抑制茎的伸长生长；二是促进上胚轴的横向加粗；三是茎失去负向地性而产生横向生长）和偏上性反应（叶柄上部生长快而下部慢，使叶下垂，叶面反曲）。乙烯可以促进果实成熟，促进花芽形成，促进落叶、落花和落果，抑制营养生长。

5. 油菜素内酯（brassinolide） 广泛分布于不同科属的植物及植物的不同器官中，其中含量较高、活性较强的是油菜素甾酮，具有GA和CTK的双重作用。油菜素内酯促进伸长的效果非常显著，其作用浓度要比生长素低好几个数量级。其作用机制与生长素相似，通过促使细胞壁松弛从而促进生长。同时，油菜素内酯还能抑制生长素氧化酶的活性，提高植物内源生长素的含量。另外，油菜素内酯还能调节与生长有关的某些蛋白质的合成与代谢，实现对生长的控制；调节植物体内营养物质的分配，使处理部位以下的部分干重明显增加，而上部干重减少，植物的物质总量保持不变；影响核酸类物质的代谢，延缓植物离体细胞的衰老；能提高作物耐冷性。

6. 生长延缓剂（growth retardant）和生长抑制剂（growth inhibtor） 生长延缓剂主要抑制梢顶端分生组织细胞分裂和伸长，这一作用可被赤霉素所逆转。而生长抑制剂则完全抑制新梢顶端分生组织生长，这一作用不能被赤霉素所逆转。其效应主要有抑制营养生长，促进花芽形成，增加坐果，促进果实上色，提早成熟，适时开花和反季结实，提高抗旱性。

（二）影响植物生长调节剂作用效果的因素

1. 药用植物的种类、部位不同，对生长调节剂的敏感性也不同 如矮壮素的根部吸收比叶面喷洒效果明显，而丁酰肼（B9）的叶面喷洒效果较土壤施用好。同一植物的根、茎、叶、花、果实和种子等不同部位对同一剂量的反应也不同。一般而言，对芽有促进作用的生长素所需浓度最大，其次为茎，根的最小。

2. 生长调节剂施用时期和施用剂量 一般幼苗期植物较嫩，对生长调节剂反应较敏感；生育后期株体较大，反应较迟钝。植物生长调节剂的用量一般很小，用量过大会引起新陈代谢紊乱，生长受到抑制，严重的引起死亡。

3. 其他因素 植物生长调节剂大多为有机化合物，如存放时间过长以及日照、高温、潮湿等因素都能使其变质失效，影响其作用效果。

（三）植物生长调节剂的残毒

无论是叶面喷洒或是土壤施用，生长调节剂大部分进入土壤，少部分进入植物体。植物生长调节剂在土壤中的残留期一般在1~6个月，极少数达半年以上，且由于进入土壤的药剂随土壤水分的蒸发而消耗，有的因土壤微生物的活动而降解，因此其在土壤中的残留量也很小。如施入土壤中的2，4-D只需1~4周即被完全降解。一般而言，施用的间隔期越长，植物体收获器官中的残留量越少。砂壤土的吸附力弱，进入植物体的量及相对残留量均较大；相反，壤土条件下植物体内的残留量较小。

（四）植物生长调节剂在药用植物栽培中的应用

植物生长调节剂通过调节与控制植物的生长发育，提高作物抗逆性，提高光合作用效率，改变光合产物的分配，以达到提高产量、改善品质的目标。植物生长调节剂具有以下作用特点：作用面广，应用领域多；用量小、速度快、效益高、残毒少；针对性强、专业性强等。最大的优点是：用量小，增产效果高，抗逆作用强（耐寒、耐酸等）。正因为具有用量小、增产作用大、投入小、见效快等优点，目前已广泛应用于药用植物栽培的各个环节，主要体现在以下几个方面。

1.促进药用植物的扦插繁殖　扦插繁殖是目前生产上常用的繁殖方式之一，利用生长调节剂促进插条生根是解决这一问题的关键技术。白木香为瑞香科沉香属植物，是一种多年生热带亚热带常绿乔木，为我国特有的珍贵药用植物，先后被列为国家濒危三级保护植物和国家二级重点野生保护植物。白木香属难生根树种，不同植物生长调节剂及浓度对白木香插穗生根率有极显著影响，IAA 1500mg/L浓度处理效果最好，生根率达43.08%；其次是吲哚丁酸（IBA）1500mg/L和IAA 1000mg/L处理，生根率分别为40.17%和36.07%。

应用生长素类植物生长调节剂如NAA、IBA、ABT等处理山豆根插条能够促进插条生根，提高扦插成活率。用ABT_1生根粉100mg/kg浸泡银杏插穗基部1h，成活率为70%~80%，用ABT_1生根粉1000mg/kg或IBA 1000mg/kg速浸10s，其插条生根率高达95%。辛夷插条通常难以生根，用ABT生根粉100mg/kg、150mg/kg处理有明显改善效果。GA 100mg/L、萘乙酸（NAA）150mg/L和IBA 150mg/L有利于亚洲百合品种的鳞片产生小鳞茎，小鳞茎发生率高达100%；NAA处理一年生枸杞插穗，不仅成活率高，且生根早、根系多且长。

2.打破种子休眠，促进萌发　在生产上使用适当浓度的植物生长调节剂处理种子，可以促进种子萌发，提高其发芽率和发芽整齐度，增强种子或植株对逆境的抗性。如用适当浓度的赤霉素处理可以打破西洋参、黄连、杜仲、贝母、细辛等药用植物种子的休眠，促进天麻种子的萌发。用外源激素GA_3、2，4-D和GA_3+2，4-D处理红景天种子，可促进其提前萌发，并能促进根和芽平衡生长，使幼苗的生活力达到较高水平。

3.促进药用植物愈伤组织的诱导与分化 植物生长调节剂对药用植物愈伤组织的诱导与分化过程具有重要作用。用于愈伤组织诱导与分化的植物生长调节剂通常为2,4-D、NAA、6-BA等。植物生长调节剂对不同植物愈伤组织的诱导效果不同，对芦荟的诱导效果为6-BA>IBA>2,4-D>NAA；使用B_5+0.5mg/L 2,4-D的培养基诱导杜仲幼叶，其出愈率高达100%，且生长良好；单独使用NAA，对杜仲幼叶的愈伤组织诱导也取得了100%的诱导率；用MS+6-BA+ZT诱导金边瑞香花瓣愈伤组织的分化，分化率达97.5%。

4.促进生长、提高产量、改善品质 植物生长调节剂还可调节植物营养物质在各器官之间的运输和分配，改变植株株型和群体结构，促进茎部粗壮、叶片肥厚，抑制旺盛的营养生长和生殖生长，促进地下器官的产量提高和品质改善。如在番红花大田生产中，用100mg/kg的GA_3和10mg/kg的细胞分裂素处理9~10g的球茎20h，能够将花的产量显著提高50%以上。菊花生长过旺过高，容易在开花时倒伏，喷施100~120mg/kg的烯效唑，有控高促矮作用。8月底现蕾期还不能正常现蕾的菊花，在现蕾时喷施300mg/kg乙烯利，增产效果明显。用B_9处理人参，可抑制其茎和花轴伸长，促进株型矮化，多长苞芽，形成多茎，增强植株的光合能力，提高产量。元胡长时间的开花对块根等营养体的生长发育具有显著抑制作用，在盛花期前用1000mg/kg 40%乙烯利液喷施元胡，疏花效果显著；除蕾后再喷洒0.5~1mg/kg的三十烷醇1~2次，能将块茎产量提高25%以上。在人参苗期，用多效唑喷洒植株，能有效控制人参的营养消耗，加快生殖生长，减轻病害发生。

5.其他方面的应用 用乙烯利喷洒银杏，可以促进果实脱落。在罗汉果花果期喷施含生长调节剂类的微肥进行保花保果。

知识拓展

植物生长调节剂对人畜均无急性毒性，但一些药剂可能存在慢性毒性和致畸作用。植物生长调节剂的半衰期短，使用浓度极低，在收获产品中的残留量极小，一般不会对人类健康产生不利影响。但中药材是用于防病治病、保障人类健康服务的，因此，在中药材生产过程中仍应慎用植物生长调节剂。施用前应进行试验研究，制定出规范的药剂、浓度、使用方法、使用时期及安全间隔期的标准和残毒鉴定评价体系。

四、课后作业

1.调查当地药用植物种植基地使用植物生长调节剂的种类。

2.简述影响植物生长调节剂作用效果的因素。

3.简述植物生长调节剂在药用植物栽培中的应用。

目标检测

一、名称解释

1.药用植物　2.栽培制度　3.复种　4.套种　5.生育期　6.春化作用
7.无土栽培　8.组织培养　9.植物生长调节剂　10.经济产量

二、单选题

1.下列不属于四大怀药的是（　　）
A.山药　B.牛膝　C.菊花　D.大黄　E.地黄
2.中药材生产质量的生产目标不包含（　　）
A.安全　B.有效　C.稳定　D.色正　E.可控
3.下列属于明朝编著书籍的是（　　）
A.《黄帝内经》　B.《本草纲目》　C.《新修本草》
D.《千金翼方》　E.《植物名实图考》
4.下列哪种药材属于浙八味药材（　　）
A.当归　B.川芎　C.金银花　D.白菊　E.佛手
5.下列哪种药材是皮类药材（　　）
A.党参　B.三七　C.牡丹　D.菘蓝　E.何首乌
6.中药材生产质量管理规范简称（　　）
A. GAP　B. GMP　C. GLP　D. SOP　E. WTO
7.石斛属于哪种根的变态（　　）
A.贮藏根　B.气生根　C.寄生根　D.支持根　E.攀援根
8.花芽分化的类型不包含（　　）
A.夏秋分化类型　B.冬春分化类型　C.秋冬分化类型
D.多次分化类型　E.不定期分化类型
9.植物生长发育的相关性不包括（　　）
A.顶芽与侧芽　B.主根与侧根　C.地上部分与地下部分
D.吸收和消化　E.营养生长与生殖生长
10.药用植物的产量通常分为生物产量和（　　）
A.总产量　B.成品产量　C.药材的产量
D.单株产量　E.经济产量
11.栽培植物布局的原则不包括（　　）
A.满足需求　B.生态适应　C.高效可行
D.生态平衡　E.经济可控

12.在同一田地上，一个完整的生育期内只种植同一种作物的种植方式为（　　）

A.单作　B.间作　C.混作　D.套作　E.立体种植方式

13.在同一田地上，同时或同季节将两种或两种以上生育季节相近的植物，按照一定比例混合撒播或同行混播种植的方式为（　　）

A.单作　B.间作　C.混作　D.套作　E.立体种植方式

14.依据药用植物对温度要求的不同，把药用植物分为四类，以下哪一项不是（　　）

A.耐寒药用植物　B.半耐寒药用植物　C.喜温药用植物
D.半耐热药用植物　E.耐热药用植物

15.依据药用植物对水分的适应能力和适应方式，可将药用植物分为四类，以下哪一项不是（　　）

A.半旱生植物　B.旱生植物　C.湿生植物
D.中生植物　E.水生植物

16.决定能否复种的首要条件是（　　）

A.热量　B.水分　C.肥料　D.劳力　E.技术条件

17.在药用植物种植中，一般根茎类药材忌（　　）

A.连作　B.轮作　C.间作　D.混作　E.套作

18.下列哪种是无土栽培基质的化学消毒方法（　　）

A.蒸汽消毒　B.太阳能消毒　C.福尔马林消毒
D.紫外线消毒　E.水煮消毒

19.药用植物生产的设施化的意义不包含（　　）

A.增强环境控制能力　B.提高工业化生产水平
C.实现集约、高效经营　D.提高农民收入
E.促进可持续发展

20.春化作用是指由（　　）诱导而促使植物开花的现象

A.光照　B.低温　C.高温　D.水分　E.大气

21.“旱长根，湿长苗”属于药用植物生长发育相关性的哪一种（　　）

A.顶芽与侧芽　B.主根与侧根　C.地上部分与地下部分
D.吸收和消化　E.营养生长与生殖生长

22.顶端优势属于药用植物生长发育相关性的哪一种（　　）

A.顶芽与侧芽　B.主根与侧根　C.地上部分与地下部分
D.吸收和消化　E.营养生长与生殖生长

23.植物的疏花疏果、避免大小年，是利用药用植物生长发育相关性的哪一种（　　）

A.顶芽与侧芽、主根与侧根　B.极性和再生
C.地上部分与地下部分　D.吸收和消化

E.营养生长与生殖生长

24.植物扦插时不能倒插，是利用药用植物生长发育相关性的哪一种（　　）

A.顶芽与侧芽、主根与侧根　　B.极性和再生

C.地上部分与地下部分　　D.吸收和消化

E.营养生长与生殖生长

25.轮作换茬的作用的不包含（　　）

A.减轻药用植物病虫害　　B.减轻药用植物杂草危害

C.便于劳作　　D.改善土壤理化性状，调节土壤肥力

E.用养结合，减轻地力消耗

26.药用植物栽培的特点不包含（　　）

A.栽培种类和栽培技术多样化　　B.药用植物栽培的道地性

C.注重产量，更注重质量　　D.增加收入

E.药材市场的前瞻性

27.道地药材的特性不包含（　　）

A.特定的种质　　B.特定的产区　　C.特定的价格

D.特定的栽培技术　　E.特定的加工方法

28.药用植物组织培养的类型不包含（　　）

A.完整植株培养　　B.胚胎培养　　C.器官培养

D.系统培养　　E.组织培养

29.不用天然土壤，而用含有植物生长发育所必需元素的营养液来提供营养，这种栽培方式称为（　　）

A.大田栽培　　B.气体栽培　　C.无土栽培

D.水培　　E.露地栽培

30.下列哪项不是保护地栽培的类型（　　）

A.遮光设施　　B.露天设施　　C.简易设施

D.大棚　　E.温室

（张建海）

模块二　药用植物栽培的基本技能

项目五　药用植物形态观察及生长发育调查

教学目标

▶ 知识目标：

1. 掌握　药用植物种植基地小气候的调查方法。

2. 熟悉　药用植物营养器官和生殖器官识别方法。

3. 了解　药用植物资源的分布。

▶ 素质目标：

具有质量意识、环保意识、安全意识、信息素养和创新思维。

▶ 技能目标：

1. 能够进行田间小气候的调查。

2. 能够识别药用植物营养器官和生殖器官。

3. 具备探究学习、终身学习、分析问题和解决问题的能力。

任务1　能对中药材种植基地药用植物的种类及小气候进行调查

一、基本概念

1. **四大怀药**　主要指种植于河南的怀山药、怀菊花、怀牛膝、怀地黄。

2. **四大北药**　一般指当归、黄芪、党参、大黄，主要分布于华北地区。

3. **四大南药**　是中国传统道地药材名称，指在长江以南地区所产的槟榔、益智仁、砂仁、巴戟天。

二、学习目标

1. 能进行中药材种植基地药用植物种类及分类的统计分析。
2. 能进行适于当地生产发展的中药材的分析。
3. 能进行当地中药材种植基地气候条件的记录分析。
4. 能进行药用植物营养器官和生殖器官的分析。

三、基本知识

（一）我国药用植物资源分布

按照我国气候特点、土壤和植被类型，以及药用植物的自然地理分布特点，我国大致可分为八大药用植物区（表5–1）。

表5–1　我国药用植物资源的分布

序号	类型	分布区域	代表植物
1	东北药用植物区	大兴安岭地区、长白山地区和松辽平原地区三个小区，是我国“关药”的主产区	人参、关黄柏、刺五加、五味子、桔梗、地榆、黄芪、关龙胆等
2	华北药用植物区	辽东、山东低地丘陵地区，黄淮海平原及辽河下游平原地区，黄土高原三个主要产地区，是“怀药”和“北药”的主产区	地黄、杏仁、金银花、黄芪、党参、山药、怀牛膝、山楂、菊花、北沙参、远志、知母、黄芩、连翘、北苍术、玉竹等
3	华中药用植物区	长江中下游平原地区、江南山地丘陵地区和南岭山地地区三个小区，是我国地道药材“浙药”“淮药”“南药”的主产区	浙贝母、姜黄、栀子、白芍、茯苓、延胡索、菊花、葛根、牡丹皮、白术、乌药、半夏等
4	西南药用植物区	秦巴山地区、四川盆地地区、贵州高原地区、云南高原地区，是道地药材“川药”“云药”“贵药”的产区	茯苓、厚朴、猪苓、天麻、半夏、川续断、天冬门、川麦冬、川附子、黄连、重楼、云天麻、三七等
5	华南药用植物区	主要指华南地区，是道地药材“广药”主产区	檀香、沉香、儿茶、阳春砂、安息香、槟榔、益智仁、肉桂、广藿香等
6	内蒙古药用植物区	主要指内蒙古，是“蒙药”主产地	黄芪、防风、赤芍、黄芩、麻黄、知母、甘草、远志、桔梗、郁李仁、苍术、柴胡等
7	西北药用植物区	主要指西北干旱地区，药用植物资源较少	甘草、麻黄、锁阳、伊贝母、新疆紫草、枸杞、红花、罗布麻、大叶白麻、大黄、姜活等
8	青藏高原药用植物区	高原药材主产区，是道地药材“藏药”主产区	川贝母、冬虫夏草、天麻、羌活等

在我国八大行政区域中，西南和中南地区药用植物种类最丰富，约占全国总数的50%~60%，各省、自治区、直辖市的中药资源种类为3000~4000种，最多达5000多种。华东和西北地区药用植物约占全国的30%，东北和华北地区约占10%。高原和山地分布多于丘陵区，丘陵区又多于平原区。

（二）药用植物资源的保护

虽然我国药用植物资源丰富，但是由于过度采挖、大面积采伐森林、开垦草地、过度放牧、城市扩张占地等原因，许多原生植被被破坏，许多野生药用植物资源急剧减少。因此，保护野生植物资源，恢复自然生态成为当下重点任务。

为了保护野生药用植物资源，国家颁布了一系列相关的法律法规。国务院在1987年10月30日颁布了我国第一部中药资源保护专业性法规——《野生药材资源保护管理条例》。原国家医药管理局会同国务院野生动物、植物管理部门及有关专家依据《条例》的规定，共同制订出第一批《国家重点保护野生药材物种名录》，共分三级：一级为濒临灭绝状态的稀有珍贵野生药材物种（简称一级保护野生药材物种），二级为分布区域缩小、资源处于衰竭状态的重要野生药材物种（简称二级保护野生药材物种），三级为资源严重减少的主要常用野生药材物种（简称三级保护野生药材物种）。此外还有《中华人民共和国森林法》《中华人民共和国森林法实施条例》《中华人民共和国自然保护区条例》《国家重点保护植物名录》《中国植物红皮书》《中国生物多样性保护行动》等。

因此，我们应继续坚守生态优先、绿色发展理念，增强保护资源意识，把保护药用植物资源放在重要战略地位上。建立药用植物为主的自然保护区，建立珍稀濒危药用植物园，利用现代细胞工程、基因工程等生物技术开发繁殖药用部位或大量提取次生代谢产物。

四、能力训练

（一）操作条件

1.《野外进行调查的注意事项》《野外进行调查的安全注意事项》《GPS定位系统操作规程》《地表温度计的操作规程》。

2.与野外调查相关的操作及视频资料。

3.GPS定位系统、土温温度计、田间小气候仪等。

（二）安全及注意事项

1.野外进行调查时，注意自身保护。

2.测定工具的使用，严格按照测定的使用要求进行。

3.资料整理分析应在观测后立即进行，便于及时发现错误并立即纠正。

4.整理和分析的内容要与研究目的相一致。

5.整理和分析时，应当与相应的物候资料的整理分析同时进行，以便了解农田小气候对植物生长发育及产量的影响。

（三）操作过程

1.观测点选择原则　农田中各种小气候要素的观测，需要通过一定的仪器，在田间一定的地点进行。因此，选择好观测点非常重要，应遵循以下原则。

（1）具有代表性　也就是说，选择的观测地段要根据研究目的、农田中植物生长发育状况及农田的地理环境条件来确定。

（2）具有可比性　因为任何一种农田小气候特征及不同农业技术措施的气象效应，只有通过若干不同地段的对比观测，才能显示出差异。

（3）观测地段面积的大小要适当　在广大平坦地区，活动面性质近于一致时，观测地段的最小面积为10m × 10m；当活动面性质差异较大时，观测地段的面积应加大。

2.观测点的确定　观测点分为基本观测点和辅助观测点。

（1）基本观测点　是农田小气候观测的主要观测点，农田小气候的特征主要通过基本观测点取得。因此，基本观测点应设置在有代表性的地段上。在地段中央布设一个或几个观测点。

（2）辅助观测点　是为了弥补基本观测点资料的不足，满足研究需要而设置的。观测项目、次数和时间可以和基本观测点相同，也可以不相同。

观测点布设要和农田边缘有一定距离，一般相距2m左右。若观测地段性质和局部环境相差较大，或地段周围人为影响很大时，观测点与边缘距离要适当加大到3~5m。每个观测地段应设置2~3个有代表性的观测点。

3.仪器的安置　各观测点的仪器安置，应该注意各仪器间互不影响，仪器的感应部分不与作物的茎叶接触。安全牢固，观测方便。

通风干湿表应挂在特制的测杆上，当观测高度低于50cm时，通风干湿表要水平安装，高于50cm时垂直安装。地面温度表，地面最高、最低温度表和曲管地温表，应安置在测杆南侧2m处的行间。轻便三杯风向风速表的风杯水平，直立安装在测杆上风头的支架上按照研究目的确定的观测高度。

4.观测方法

（1）观测的高度与深度　观测高度与深度应根据观测目的和农田中植物生长发育状况来确定：①温、湿度的观测，一般取距地面20cm、2/3株高处、150cm、株顶四个高度；②土壤温度观测，一般观测取0、5cm、10cm、15cm、20cm等深度；③太阳辐射照度的观测，常取高度20cm、2/3株高处、株顶三个高度；④风的观测高度，常取20cm、2/3株高、株顶三个高度。

（2）观测时间　对农田小气候不需要逐日连续观测，可以根据研究目的、植物生长发育状况定时进行。一天中的观测时间与次数一般为2时、8时、14时、20时或8时、14时、20时，或根据观测目的决定。

5.观测程序 按观测目的、内容或观测主次等情况来确定观测程序，一般采用往返读数法，就是在正点以前，按照观测高度由低到高的顺序读取一次读数，接着在正点以后按照相反的顺序读取一次读数，并要求相同两次高度前后、两次读数时间刚好与正点对称，以消除时间误差。

6.资料记载 记载内容一般包括观测点基本情况、气象观测资料和植物生长发育状况，将观测结果填写在事先制定好的各种表格内。

（1）观测点基本情况 观测点所在地的海拔高度、地形、植被、土壤及所采取农业技术措施。

（2）气象观测资料记载 观测时间、使用仪器设备、天气状况、观测数据等。

（3）物候记载 植物生育期、高度、密度、叶面积等。

（四）学习结果评价

进行农田小气候观测，并将结果填入下表。

项目高（深）度		风速（m/s）	温度（℃）	相对湿度（%）	光照度（lx）	备注
地面	5cm					
土壤	10cm					
	15cm					
	20cm					
株间	20cm					
	2/3株高					
	株顶					

五、课后作业

1.根据教学内容，调查一下你家乡当地的小气候。

2.调查当地中药材的种类和区域分布。

3.根据调查结果，设计一个适合当地种植的中药材方案。

任务2 能对药用植物营养器官进行分析

一、基本概念

1.根系 一株植物所有地下根的总和。

2.直根系　由明显而发达的主根和各级侧根组成的根系。

3.须根系　无明显主根和侧根区分的根系，或根系全部由不定根和它的分枝组成，长短、粗细相近，无主次之分，呈现须状的根系。

4.叶序　叶在茎上着生的次序。

二、学习目标

1.能准确描述根、茎、叶的外形特征。

2.能准确判断根、茎、叶的正常类型和变态类型。

3.学会观察植物根、茎、叶的基本方法。

三、基本知识

（一）根的类型与变态

1.根的类型　根据生长部位，可分为主根、侧根和纤维根；根据从发生起源，可分为定根和不定根。

2.根的变态　有些植物的根在长期进化过程中，为了适应生活环境的变化，其形态构造发生了可遗传的变异，称根的变态。常见的变态根有：贮藏根、支持根、攀援根、气生根、寄生根、水生根。

（二）茎的类型与变态

1.茎的类型　按茎的质地，分为木质茎、草质茎和肉质茎；按茎的生长习性，分为直立茎、缠绕茎、攀援茎、匍匐茎、平卧茎。

2.茎的变态　地下茎变态类型有根状茎（根茎）、块茎、球茎、鳞茎；地上茎变态类型有叶状茎、刺状茎、茎卷须、钩状茎、小块茎和小鳞茎、假鳞茎。

（三）叶的类型与变态

1.叶的组成与形态

（1）叶的组成　叶由叶片、叶柄和托叶三部分组成。

（2）叶片的形态　叶片形态多样，随植物种类不同而异，一般同一种植物叶的形态是比较稳定的，有时也有差异，在分类上常作为鉴别植物的依据。

2.单叶与复叶　根据叶柄上叶片的数量，可将叶分为单叶和复叶。

3.叶序　叶在茎上着生的次序，称叶序。叶序主要分为互生叶序、对生叶序、轮生叶序、簇生叶序四种基本类型。

4.叶的变态　叶的变态种类很多，常见的主要有苞片、鳞叶、叶刺、叶卷须、叶状柄、捕虫叶。

四、能力训练

（一）操作条件

1. 营养器官识别实训室、药用植物园。
2. 与营养器官解剖相关的操作及视频资料。
3. 仪器用品 放大镜、解剖板、镊子、剪刀、解剖针。
4. 实训材料
（1）人参、蒲公英、小麦、葱、胡萝卜、何首乌、玉米、吊兰、菟丝子、爬山虎、浮萍等植物根的标本或挂图。
（2）杨树或桃树的一段枝条，荠菜、忍冬、栝楼、连钱草、马齿苋、竹节蓼、天门冬等植物的茎，酸橙的枝刺、山药或黄独的珠芽、黄精根茎、生姜根茎、马铃薯块茎、荸荠球茎、莪术或姜黄的根茎和块根，百合或洋葱鳞茎等。
（3）油松、麦冬、柳、薄荷、桑、紫荆、野葛、银杏、蓖麻、芭蕉、菖蒲、棕榈、车前草、月季、半夏、大麻（或五加）、决明、川楝、合欢、南天竹、橘等植物的叶。
（4）紫苏、夹竹桃、蒲公英、刺槐、菝葜、三角梅、猪笼草等植物的枝条。

（二）安全及注意事项

1. 严格按照实训室的要求进行实训，注意安全。
2. 解剖工具的使用，严格按照测定的使用要求进行。
3. 观测后立即进行记录，便于及时发现错误和立即纠正。
4. 记录和分析的内容要与研究目的相一致。

（三）操作过程

1. 观察根的形态和类型
（1）根与根系 ①直根系：观察人参、蒲公英的根系，辨别主根、侧根、纤维根。②须根系：观察小麦、葱的根系，描述其根系特点。
（2）根的变态 观察胡萝卜、何首乌、玉米、吊兰、菟丝子、爬山虎、浮萍等植物的根，判断其类型。
2. 观察茎的形态和类型
（1）观察杨树或桃树的一段枝条，描述茎的外形特征，找出节和节间、顶芽和侧芽、叶痕、皮孔等的特征。
（2）观察荠菜、忍冬、栝楼、络石、连钱草、马齿苋等植物的茎，判断其茎的类型。
（3）观察竹节蓼、天门冬等植物的茎，栝楼的卷须、酸橙的枝刺、山药或黄独的珠芽，判断其地上变态茎的类型。

（4）观察黄精、生姜、马铃薯、荸荠、莪术或姜黄、百合或洋葱等植物的地下变态茎，判断其类型。

3. 观察叶的形态和类型

（1）观察桃叶的组成，并绘图表示完全叶的组成部分。

（2）观察油松、麦冬、柳、薄荷、桑、紫荆、野葛、银杏等植物的叶，判别其叶形。

（3）观察芭蕉、菖蒲、棕榈、车前草、银杏、桃的植物叶片，判断脉序类型。

（4）观察月季、半夏、决明、川楝、合欢、南天竹、橘等植物的叶，判断其复叶类型。

（5）观察桃、紫苏、夹竹桃、蒲公英等植物的枝条，判断其叶序类型。

（6）观察判别刺槐、菝葜、百合、三角梅、猪笼草等植物的变态叶类型。

（7）观察以上各种植物的叶缘、叶尖、叶基及托叶，并加以描述。

（四）学习结果评价

1. 观察根的形态和类型

植物类型	根的类型	根系类型	变态类型	备注
人参				
蒲公英				
白芷				
玉米				
菟丝子				
石斛				
爬山虎				
何首乌				

2. 观察茎的形态和类型

植物类型	茎的特点	茎的类型	变态类型	备注
桃树				
忍冬				
连钱草				
栝楼				
马齿苋				
络石				
黄精				

续表

植物类型	茎的特点	茎的类型	变态类型	备注
姜黄				
百合				
莪术				

3. 观察叶的形态和类型

植物类型	复叶类型	叶序类型	变态类型	叶脉类型	备注
人参					
菖蒲					
银杏					
合欢					
半夏					
紫苏					
刺槐					
百合					

五、课后作业

1. 简述药用植物根、茎、叶的类型以及它们的变态类型。

2. 简述药用植物根与茎的外形特征不同点。

3. 绘图一种药用植物完全叶，并注明各部分的结构名称。

任务 3　能对药用植物繁殖器官进行分析

一、基本概念

1. 花序　指花在花枝上排列的方式和开放的顺序。

2. 花　由花芽发育而成，是一种节间极度缩短、适应生殖的变态短枝。

3. 果实　是被子植物所特有的器官，一般由受精后的雌蕊子房或子房连同花的其他部分（如花托或花序轴）发育而成。

4. 花梗　指花的支撑部分，常呈绿色。

5. 花托　指花梗顶端膨大部分，其形态随植物种的不同而异。

6. 花萼　位于花的最外轮，为所有萼片的总称，常绿色。注意萼片数目、是否连合。

7. 花冠　将花萼去掉，位于花萼内侧，为所有花瓣的总称，常具鲜艳的色彩，形成一定的形状。注意观察花瓣的数目、着生状况、分离或连合。

8. 雄蕊　将花冠去掉，可见雄蕊，每枚雄蕊由细长的花丝和膨大的花药组成，花药由药隔和药室组成，药室中有花粉。注意观察雄蕊的数目、排列的轮数、着生部位和雄蕊的类型。

9. 雌蕊　将雄蕊去掉，中心部分为雌蕊，由一个至多个心皮组成。

二、学习目标

1. 能识别被子植物花的各组成部分。
2. 能识别被子植物花的主要类型，学会花的解剖方法并用花程式表示。
3. 能识别花序类型，并用简图表示花序的类型。
4. 能识别被子植物果实和种子的主要类型。

三、基本知识

（一）花

1. 花的组成和形态　花通常由花梗、花托、花萼、花冠、雄蕊群及雌蕊群组成，是节间极缩短，适应生殖的一种变态枝（图5-1）。

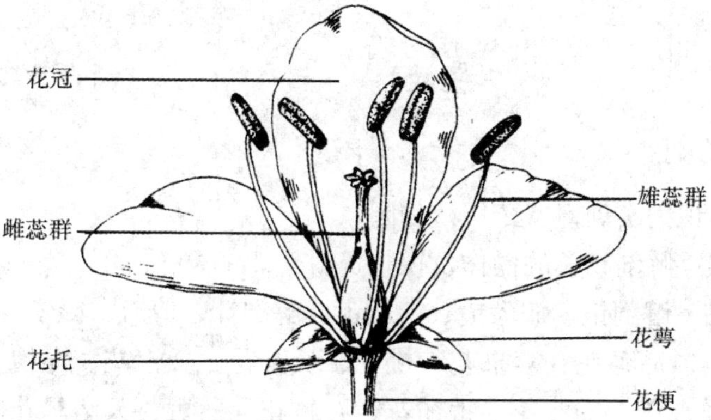

图 5-1　花的结构

2. 花的类型　被子植物的花具有丰富的多样性，常划分为以下几种主要类型。

（1）完全花和不完全花。

（2）重被花、单被花和无被花。

（3）两性花、单性花和无性花。

（4）辐射对称花、两侧对称花和不对称花。

3. 花序　花序的主轴称为花序轴或花轴，又称总花梗，花序轴可以不分枝或再分枝成小花轴。花序上的花称为小花，小花的柄称为小花柄，小花柄及总花梗下面的苞片分别称为小苞片和总苞片。无叶的总花梗称为花葶。

根据花在花轴上的排列方式和开花的顺序，花序常分为无限花序和有限花序两大类。

（二）果实

1. 果实的组成与形态 果实由果皮和种子构成，果皮通常可分为三层，由外向内分别为外果皮、中果皮和内果皮（图5–2）。

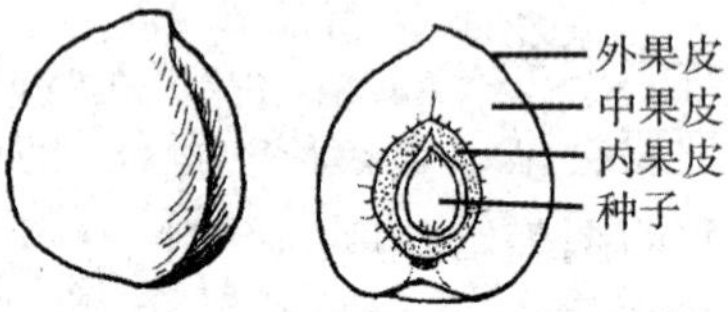

图 5–2 果实

2. 果实的类型 果实的类型很多，一般根据来源、结构和果皮性质的不同，可分为单果、聚合果和聚花果三大类。

（三）种子

种子是所有种子植物特有的繁殖器官，由胚珠发育形成。种子由种皮、胚和胚乳三部分组成。

四、能力训练

（一）操作条件

1. 生殖器官识别实训室、药用植物园。

2. 与生殖器官解剖相关的操作及视频资料。

3. 仪器用品 解剖镜、放大镜、解剖盘、解剖针、剪刀、镊子、培养皿。

4. 实训材料 油菜花、苹果花、桃花、长春花、金银花、洋槐花、菊花、泽漆花、益母草、洋金花、蜀葵花、番茄花、石竹花、蒲黄、天南星花、百合花、芍药花、唐菖蒲花、葱、车前花、柳、无花果、紫草花及果实等。

（二）安全及注意事项

1. 严格按照实训室的要求进行实训，注意安全。

2. 解剖工具的使用，严格按照测定的使用要求进行。

3. 观测后立即进行记录，便于及时发现错误和立即纠正。

4. 记录和分析的内容要与研究目的相一致。

（三）操作过程

1. 观察花的各部分组成 解剖观察油菜花，依照花的各部分结构进行观察。

2. 解剖观察以下各种植物的花 解剖观察以下各种植物的花：洋槐花、苹果花、桃花、油菜花、番茄花、长春花、金银花、百合花、芍药花、蜀葵花、菊花。描述记录花的组成及各部分形态，花冠的类型，雄蕊类型，雌蕊类型，子房的位置，胎座的类型，并写出花程式。

3. 观察花序 观察下列植物花序标本，并加以描述记录，用简图表示花序类型。

（1）无限花序 油菜：总状花序；槐：复总状花序；车前：穗状花序；柳：柔荑花序；天南星：肉穗花序；苹果：伞房花序；人参、葱：伞形花序；菊花：头状花序；无花果：隐头花序。

（2）有限花序 唐菖蒲：蝎尾状单歧聚伞花序；紫草：螺旋状单歧聚伞花序；石竹：二歧聚伞花序；泽漆：多歧聚伞花序；益母草：轮伞花序。

4. 观察花粉粒的形态 解剖镜下观察蒲黄、洋金花、洋槐、菊花、金银花的花粉粒，比较其形态的异同。

5. 观察不同类型的果实 观察山楂、洋槐、金银花、无花果、苹果等的果实。

（四）学习结果评价

1. 花的结构

植物类型	花冠的类型	雄蕊类型	雌蕊类型	子房的位置	胎座类型	备注
洋槐						
苹果						
桃花						
油菜						
番茄						
长春花						
金银花						
百合						
芍药						
蜀葵花						
菊花						

2. 果实类型

植物类型	单果	聚合果	聚花果	备注
苹果				
桃				

续表

植物类型	单果	聚合果	聚花果	备注
无花果				
五味子				
桑葚				
核桃				
向日葵				

五、课后作业

1.简述一朵完全花的组成部分。

2.如何判断花的类型、花冠的类型、雄蕊类型、雌蕊类型、子房的位置、胎座类型和花序类型?

3.绘简图表示不同花序类型。

（贯　晗）

项目六　药用植物繁育与播种技术

教学目标

▶ **知识目标：**

1. 掌握　药用植物营养繁殖与种子繁殖的方法。

2. 熟悉　药用植物土壤翻耕和表土耕作技术。

3. 了解　药用植物育苗移栽的技术措施。

▶ **素质目标：**

1. 诚实守信、尊重生命、热爱劳动，履行道德准则和行为规范，具有社会责任感和社会参与意识。

2. 具有质量意识、环保意识、安全意识和创新思维。

▶ **技能目标：**

1. 能够进行药用植物营养繁殖和种子繁殖。

2. 能够运用土壤耕翻和表土耕作技术。

3. 能够进行育苗移栽。

任务1　能进行土壤耕作和采集

一、基本概念

1. 土壤耕作　在农业生产过程中，利用农业机械等器具，为改善土壤地面状况和耕层构造等采取的一系列技术措施。

2. 表土耕作　利用农机具改善10cm以内的耕层土壤状况的措施。

二、学习目标

1. 能正确进行土壤样品的采集与制备。

2. 能进行土壤耕作和表土耕作的有关技术。

三、基本知识

（一）土壤耕作的类型

1.土壤耕翻 耕翻的主要作用是变换耕作层的上下层次、调整养分分布、增强土壤通气性等。但同时耕翻也会带来人力物力的消耗，加剧土壤的流失；干旱地区土壤的耕翻使水分容易流失；在不适宜耕翻的时期进行耕翻还会使土壤板结，影响种子出苗。

（1）耕翻的深度 根据药用植物种类、气候特点和土壤特性而定，一般以药用植物根系集中分布的范围为度。

大多数药用植物根量的80%都集中在0~50cm的土层范围内。深根性的药用植物如黄芪、甘草等的耕翻深度要比浅根性植物如黄连、贝母等要深一些。干旱地区，不宜进行深耕，否则加剧水分流失，出现旱情；多雨地区，宜深耕，以改善耕层土壤的通气性。

从土壤特性来看，黏土的质地细密，通透性差，土壤潜在肥力较高，深耕增产的效果较显著；砂土质地疏松，通透性好，根系容易下扎，深耕效果则不如黏土显著。若上、下层土壤质地不同，耕地的深度也应当有区别。若土层为上黏下砂，则不宜过分深耕，以免砂层上翻造成漏水、漏肥；反之，上砂下黏的土层，可以根据条件适当深耕，以改善耕层土壤质地，增强保水保肥能力。若为肥沃深厚的土壤，耕地深度不受土壤质地限制。对于肥力较差的灰化土、白浆土等则采取逐年加深耕层的办法，以提高地力。如果为土层浅薄、下层石砾多的土壤，不宜进行深耕，应采取客土的办法来加深耕作层。对地下水位高的地段，耕地深度应控制，保持与地下水层的距离，以利根系生长和微生物活动，也可先开好排水沟，降低地下水位后，再适度地深耕。

（2）耕翻的时期 可根据各地的气候特点和耕作制度合理安排。我国南方深耕多在秋冬季进行，北方多在春秋两季进行。一般春耕宜提早，主要由于早耕温度低，湿度大，利于保墒。秋耕大多在植物收获后，土壤冻结前进行，既能消灭过冬虫源和病源，又能提高春季土壤温度。此外，播种前的耕翻宜浅耕，以利整地播种。

（二）表土耕作的类型

表土耕作主要包括耙地、旋耕、镇压、开沟、作畦、起垄、中耕、培土等作业。表土耕作作为基本耕作的辅助作业，一般在基本耕作的基础上进行。

1.耙地 多用圆盘耙、钉齿耙、刀耙、滚耙等农具，一般在作物收获后进行。耙地具有疏松表土、破除板结、透气保墒、平整地面、混拌肥料、清除杂草以及覆盖种子等作用。在我国北方地区，耙地后还常用轻型农具耢子进行耢地操作，以形成干土覆盖层，减少土表水分的蒸发，同时还具有轻度镇压作用。耙地要适时适度。耙地次数过多，不仅消耗人力和畜力，还会压实土壤，破坏土壤结构。在干旱地区和干旱季节，耙地会损失土壤水分，不利于种子发芽。

2. 旋耕　我国近年来常用旋耕机进行整地，一次能完成耕、耙、平、压等作业。旋耕之后耕层松碎平整，土肥相融，提高肥效。旋耕机的耕作深度一般较浅，单用旋耕机进行耕作，往往会使耕层变浅。

3. 镇压　可以压实土壤，压碎土块，平整地面。播种前适当镇压，可使种子与土壤密切接触，利于种子吸水萌芽，出苗整齐粗壮。盐碱地进行土壤耕作时不宜镇压，以免引起返盐。

4. 开沟　可在药用植物播种前或植物的整个生育期中进行。开沟可以方便排灌，提高排灌质量；防渍排涝，利于降低地下水位。

5. 作畦　土壤翻耕之后，为了管理上的方便和植物生长的需要，整地后应随即作畦。畦的形式可分为高畦、平畦和低畦三种。①高畦：畦面比畦间步道高10~20cm，具有提高土温、加厚耕层、便于排水等作用。适于栽培根及根茎入药的药用植物。一般雨水较多、地下水位高，地势低洼地区多采用高畦。②平畦：畦面与畦间步道相平，保水性好。一般在地下水位低、风势较强且土层深厚、排水良好的地区采用。③低畦：畦面比畦间步道低10~15cm，保水力强。一般在降雨量少、易干旱地区或种植喜湿性药用植物时多采用此方式。

6. 起垄　块根、块茎类药用植物常用起垄栽培。起垄可加厚耕作层，提高土温，有利于地下器官的生长发育，也有利于排水和防止风蚀。起垄一般用犁和锄头进行操作。

7. 中耕　是在药用植物生长期间常用的表土耕作措施。中耕可以疏松表土，增加土壤通气性，铲除杂草以及促进好气微生物活动和根系伸展。中耕时间和次数根据药用植物种类、播期、杂草与土壤状况而定，一般中耕3~4次。对于生育期长、封行迟的植物，则需增加中耕次数。中耕深度视药用植物种类、行距而定。在作物苗期，根系入土较浅、中耕宜浅，深则易伤苗、压苗。在生育中期，根系已下伸，加深中耕有促进根系发育的效果。到接近封行时，根系已大量发生，中耕又要浅。若中耕不当，也会产生不良后果。中耕次数过多，土壤结构易受破坏；在风砂地区和坡地上易造成风蚀或水蚀；同时，工作量大，成本增高。中耕常用的工具有手锄、中耕犁等。

8. 培土　常与中耕结合进行，将行间的土培向植株基部，逐步培高成垄，多运用于块茎、块根和高秆药用植物。培土可以固定植株、防止倒伏，利于块根、块茎的发育，同时还可以防止表土板结、改善土壤通气性、压埋杂草等。在干旱地区和干旱季节不适宜培土，否则，翻动土壤过多，会引起土壤水分大量蒸发。培土一般使用锄头、铲、犁、培土机等农具。

（三）土壤样品的采集

土壤样品的采集方法因分析目的不同而异。若进行土壤理化性状测定，应按土壤剖面层次，自上而下分层采集各土层的典型样品；若进行土壤物理性质测定，须采集原状土样；若要了解土壤肥力状况或研究植物生长期土壤养分的供应情况，一般采集耕作层土壤的混合土壤样品。

1.选点 要考虑土壤类型、地形、前茬作物以及肥力状况等因素，使所取得的土壤样品有充分代表性，不能在沟边、田边、路边或肥粪堆底选点取样，以减少土壤的差异性。

2.采集路线和布点形式 耕层混合土壤的采集路线和布点形式以蛇形为好，只有在地块面积小、地势平坦、肥力均匀的情况下，才用对角线采样或棋盘式采样。

3.采样点数目 可根据采样区域大小和土壤肥力差异情况来确定，一般采集5~20个点。

四、能力训练

（一）操作条件

1.《称量岗位操作规程》《天平安全操作规程》《天平清洁操作规程》《天平维护保养操作规程》。

2.与物料称量相关的操作及视频资料。

3.称量间、原辅料暂存间等。

4.仪器用品 小铁铲、土钻、卷尺、布袋（塑料袋）、标签、铅笔、镊子、土壤筛（18号、60号、100号）、木棒、木板、天平、广口瓶、塑料布。

（二）安全及注意事项

1.严格按照土壤肥料实训室的要求进行实训，注意安全。

2.称量时动作要轻缓，避免物料飞溅或撒漏。

3.称量时注意先后顺序。

4.称量器具不得混用。

5.采集工具使用时注意安全。

（三）操作过程

1.采土 是土壤样品的主要步骤，主要包含以下几点。

（1）确定采样点后，先除去地面落叶杂物等，并刮去表土2~3mm，每一个采样点的取土深度、取土量、上下土体要一致。通常耕作层取土深度为20cm左右。用土钻取土时，一定要将土钻垂直插入土内；用小铁铲取样时，可先挖成一铲宽和约20cm深的小坑，将一面切成垂直面，然后用小铲从垂直面切取上下厚薄一致的薄土片，将各样点土壤集中起来，捏碎土块，拣去石块、根等杂质，混合均匀。

（2）每个混合样品的重量，一般是1kg左右即够分析用。若土样过多，可将全部土样放在塑料布或油布上；用四分法弃去多余的土，直到所需重量为止。

（3）将该土样装入布袋或塑料袋中。标签一式两份，用铅笔写明样品编号、日期、采样地点、地形、地质、深度、土壤名称、植物种类、采样人等，一份系在袋外，一份放在袋内。并将此内容登记在专门的记录本上，以便备查。

2. 土壤样品的制备　做速效性养分及还原性物质测定需用新鲜土，做其他分析用的土样应及时处理，以抑制微生物活动和化学反应，便于长期保存和保证分析结果。

土壤样品处理一般可分为以下几步。

（1）风干　将土样捏碎，剔出杂质，平铺在木板或盛土盆中，摊2~3cm厚，放在干燥、阴凉、通风的室内风干，并随时翻动，捏碎大土块，剔除杂质，严禁日光照晒或灰尘的污染。

（2）碾细过筛　将风干后的土样平铺在木板或塑料板上，用木棒碾碎，直到全部土壤通过18号筛（1mm），把留在筛上的碎石等称重，并计算出砾石百分含量。

（3）分样　过18号筛后的土样必须充分混匀，分成三份，一份供速效性养分、pH等的测定用；另一份继续碾细至全部通过60号筛，供有机质、氮素的测定用；第三份碾细过100号筛，以供测定全磷、全钾用。

（4）装瓶贮存　将过筛后的土样充分混匀后，分别装入具磨口塞的广口瓶或塑料瓶中，瓶外贴上标签，记明土样编号、采样地点、地形、地质、深度、时间、土壤名称、筛号、采集人等，瓶内附一份同样的标签。保存时应避免日光、高温、潮湿或酸、碱气体的影响与污染。

（四）学习结果评价

土壤编号	采集地点	地形	地质	深度	时间	土壤名称
土壤1号						
土壤2号						
土壤3号						
土壤4号						
土壤5号						

五、课后作业

1. 土样的采集与制备在分析工作中有何重要意义？

2. 土样的采集与制备应注意的问题是什么？

3. 能否直接在磨细通过18号筛的土样中筛出一部分作为60号土样，为什么？

任务 2 能进行分离繁殖操作

一、基本概念

分离繁殖 将植物的萌蘖、球茎、鳞茎、块茎、根茎、珠芽等营养器官从母体上分离下来，培育成独立的新个体的繁殖方法。

二、学习目标

能够运用分离繁殖的操作技术，并能分析不同操作技术的优点和缺点。

三、基本知识

分离繁殖的方法简便，成活率高。分离时间因中药品种而异，一般以春季3~4月或在秋季10~11月植株休眠期内进行。分离繁殖大致可分为以下几种类型（表6-1）。

表6-1 分离繁殖的类型

类别	方法	举例	注意事项
分球茎	用球茎四周的小球茎种栽	唐菖蒲、番红花、慈姑	需芽头向上
分鳞茎	用鳞茎四周的小鳞茎种栽	百合、贝母	需芽头向上
分块茎	按芽和芽眼的位置分割成若干小块，做种栽	半夏、延胡索、白及	分割后先晾1~2日，或拌草木灰，减少腐烂
分根茎	将根茎按一定长度分成若干有3~5个芽的小段，做种栽	甘草、玉竹、黄精、射干	
分珠芽	将珠芽采摘后留用，做种栽	山药、卷丹、百合	
分株	将多年生植物在早春萌芽前将宿根挖出，分割成若干小块，做种栽	牡丹、芍药、金银花、玄参	栽种时要求根部舒展

四、能力训练

（一）操作条件

1. 地点 百合种植的实验基地。

2. 材料 百合。

3. 用具 枝剪、铁锹、锄头等。

（二）安全及注意事项

1. 严格按照实训基地的要求进行实训，注意安全。
2. 枝剪、铁锹、锄头使用时的注意事项。

（三）操作过程

1. 鳞片繁殖法　秋季，当地上叶片开始枯黄时，选择健壮无病植株，采挖鳞茎，剥除鳞茎表面质量差或干枯的鳞片。例如百合收获后，选择生长健壮、无损伤和病虫危害的大鳞茎，切去鳞茎基部，留下鳞片，稍加晾晒，在整好的砂壤土的苗床上按行距15cm开横沟，沟深7cm左右，然后每隔3~4cm摆入鳞片一块，顶端朝上，栽后覆土3~5cm厚。床土经常洒水保湿，但水不可过多，以防止鳞片腐烂。床温保持20℃左右。也可在春季，用鳞片在大地栽植，可垄栽，可畦栽，栽植方法同苗床栽植一样。约一个月后，鳞片基部便可生根，并在基部长出几个小鳞茎。第二年春可长成幼苗，再培育2年，可药用、食用和花用。每667m^2需种鳞片150kg左右。

2. 小鳞茎繁殖法　百合在生长过程中，能从老鳞茎上部及埋于土中的茎节处生长出多个小鳞茎，可把它们分离，作为繁殖材料另行栽植。为使百合多产生小鳞茎，常用人工促成法，即适当深栽鳞茎或在开花前后摘除花蕾，均有助于小鳞茎的发生。有时在大鳞茎的根基部也能生长出小鳞茎，并逐渐扩大，与母球自然分离。在大鳞茎收获时，可摘下小鳞茎栽种。苗床行距25cm，沟深5~7cm，每隔5~7cm摆一个小鳞茎覆土，第二年春季出苗后，加强田间管理，秋季可收获。

3. 株芽繁殖法　百合植株在叶腋间长有紫黑色株芽，夏季开花前后，株芽一触即落时，从下向上分期摘下，稍加阳光晾晒消毒，这时便可在苗床上播种繁殖，也可直接种入大田，覆土3cm，当年可生根。第二年长成一叶小苗，第三年即可开花，收获。大田育苗每667m^2可种植10~20万株。

4. 分蘖繁殖法　百合种球经1年生长后，少数母鳞茎会形成2个以上环抱新鳞茎，可分开后栽种，春秋均可。垄栽，双行，沟深约12cm，株距15cm，盖土，耧平即可。

（四）学习结果评价

分离繁殖的方法和注意事项

药材种类	分类繁殖方法	注意事项
百合		
黄精		
白及		
芍药		
菊花		
西红花		

五、课后作业

1. 将各种分离繁殖方法的操作过程整理成实习报告。
2. 调查分离繁殖的成活率。

分离繁殖药材种类	栽植日期	栽植数量	成活数量	成活率

任务 3　能进行压条繁殖操作

一、基本概念

压条繁殖　将枝条或茎压入土中，生根后与母体分离而成为新植株的繁殖方法。

二、学习目标

能够运用压条繁殖的操作技术，并能分析不同操作技术的优点和缺点。

三、基本知识

压条繁殖是营养繁殖中成活率最高、最简便的繁殖方法。

（一）压条时期

应视植物种类和当地气候条件而定，一般常绿植物多在温度高、湿度大的梅雨季节，因此时容易生根，又有充分的生长时间。落叶植物多在秋季，因此时枝条充分成熟，积累了丰富的养分，生根快，新个体健壮。

（二）压条方法

1. 空中压条法　多用于高大乔木或木质化较强的灌木，利用扦插繁殖不易生根成活、不易发生根蘖的植株，如辛夷、龙眼、酸橙、佛手等。具体做法是：在母株上选1~2年生枝条将其压处刻伤或环割，将松软细土和苔藓混合后裹上，外用薄膜包扎，上下两头捆紧，或用从中部剖开的竹筒套住，其内填充细土。要经常给压条处浇水以保持泥土湿润，待长出新株后，便与母株分离栽植（图6–1）。

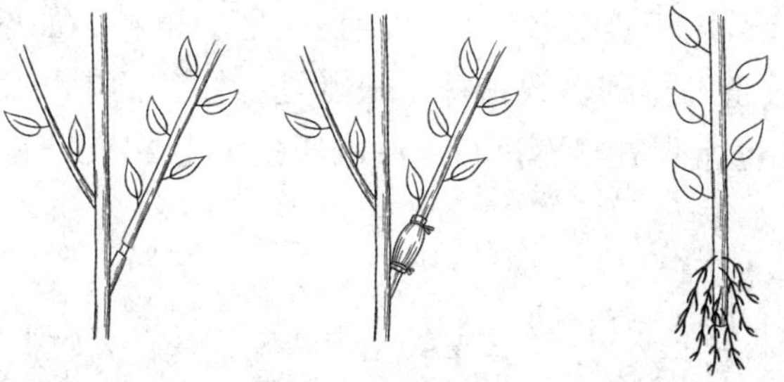

图 6-1　空中压条法

2. 曲枝压条法　多用于枝条离地面较近、枝条柔软不易折断的植物。常用以下三种方法。

（1）波状压条　选择近地面的1~2年生枝条，将枝条缩成波浪形屈曲于长沟中，而使各露出地面部分的芽抽生新枝，埋于地下的部分产生不定根而成为新植株。此法适用于枝条长而柔软或为蔓性的植物，如连翘、忍冬、蔓荆子等。一般于秋冬间进行压条，第二年秋季即可分离母体（图6-2）。

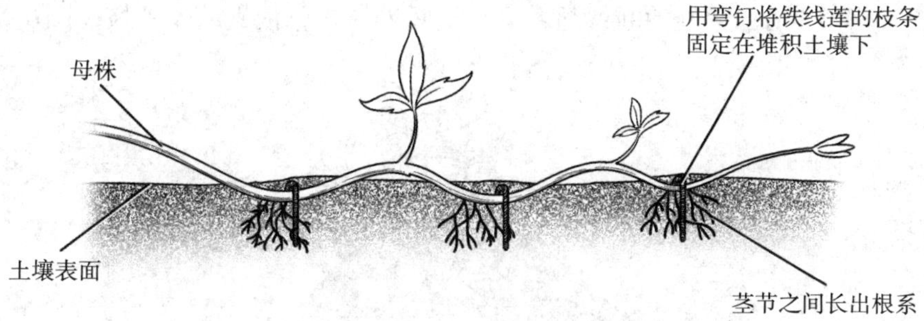

图 6-2　波状压条法

（2）单枝压条　将母株上近地面的1~2年生枝条弯曲压入土中生根。先将欲压的枝条弯曲至地面，再挖一深7~8cm、宽10cm的浅沟，距母株近的一端挖成斜面，沟的另一端挖成垂直面，以引导枝梢垂直向上，沟内最好加入松软肥沃的土壤并稍踏实，在枝条入沟和沟上弯曲处予以固定，露出地面的枝条需用支柱扶直。生根后，与母体分离栽植。此法适用于杜仲、玉兰等（图6-3）。

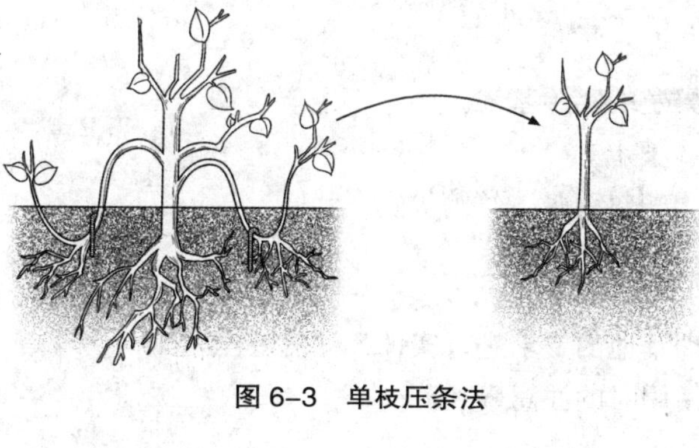

图 6-3　单枝压条法

（3）水平压条　适用于枝条较长而且生长较易的植物，如忍冬、连翘等。此法的优点是能在同一枝条上得到多数植株；缺点是各枝条的生长力往往不一致，而且易使母体趋于衰弱。通常仅在早春进行，一次压条可得2~3株苗木（图6–4）。

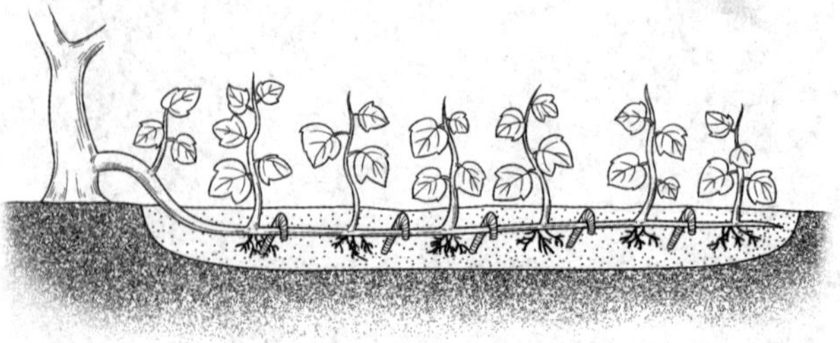

图6–4　水平压条法

3.堆土压条法　适用于根部萌蘖多、分枝较硬不易弯曲入土的植物。待各分枝基部长出新根后，在晚秋或早春从生根处与母体分离，另行栽植，如郁李、木瓜等。堆土压条可在早春发芽前对母株进行平茬截干，截干高度距地面越短越好。如是乔木，可于树干基部留5~6个芽处剪断；灌木可自地际处抹头，使其萌发新枝（图6–5）。

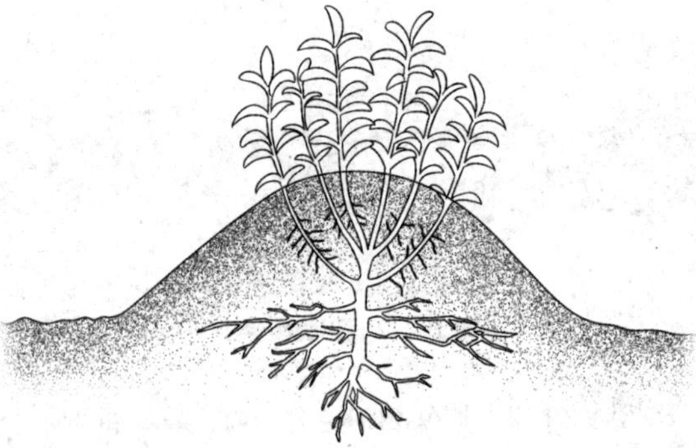

图6–5　堆土压条法

四、能力训练

（一）操作条件

1.地点　压条繁殖的实验基地。

2.材料　酸橙、壤土。

3.用具　枝剪、塑料薄膜、竹筒等。

（二）安全及注意事项

1.严格按照实训基地的要求进行实训，注意安全。

2.枝剪、竹筒使用时的注意事项。

（三）操作过程

在酸橙上母株上选1~2年生枝条将其压处刻伤或环割，将松软细土和苔藓混合后裹上，外用薄膜包扎，上下两头捆紧，或用从中部剖开的竹筒套住，其内填充细土。要经常给压条处浇水以保持泥土湿润，待长出新株后，便与母株分离栽植。

（四）学习结果评价

压条繁殖植物种类	繁殖日期	压条繁殖数量	成活数量	成活率
酸橙				
金银花				
玉兰				
杜仲				

五、课后作业

1. 将各种压条繁殖方法的操作过程整理成实习报告。
2. 调查压条繁殖的成活率。

压条繁殖成活率调查表

压条繁殖方法与种类	繁殖日期	压条繁殖数量	成活数量	成活率

任务4　能进行扦插繁殖操作

一、基本概念

1. 扦插繁殖　从植株上剪取营养器官如根、茎、叶等的一部分插入土中，生根萌芽长成新植株的繁殖方法。

2. 硬枝扦插　插条为已木质化的枝条。

3. 嫩枝扦插　插条为尚未木质化或半木质化的新梢，随采随插的扦插。

4. 根插法　切取植物的根插入或埋入土中，使之成为新个体的繁殖方法。

5. 叶插法　是利用一些叶脉或叶柄易形成不定根的植物的叶片进行扦插。

二、学习目标

1.识记扦插成活的内外因素和扦插生根的方法。

2.能够运用扦插繁殖的操作技术，并能分析不同操作技术的优点和缺点。

三、基本知识

扦插繁殖方法简便经济，在中药繁殖中已广泛应用，是利用植物营养器官的分生机能和再生能力，发生不定根或不定芽，长成新植株。从外部形态来看，一般以节部最易生根。

（一）影响扦插生根成活的因素

1.内在因素 主要包含植物种类、插条的年龄及部位、插条的发育状况与极性等。

（1）植物种类 插条生根成活首先取决于植物的种类或品种。如连翘、金银花等枝插最易生根，玉兰等次之；山楂、薯蓣根插则易成活，枝插不易生根。

（2）插条的年龄及部位 插条的年龄，以一年生枝的再生能力最强。选择母株的萌蘖作为插条最好，因其发育阶段最年幼，再生能力强，易生根成活；而树冠部位的枝条，由于阶段发育较老，扦插成活者少，即使成活，生长也差。

（3）插条的发育状况 凡发育充实、营养物质丰富的插条，容易成活，生长也较好。此外，插条的粗细与长短对于成活率和苗木的生长也有影响，年龄相同的插条越粗越好，而且要有一定的长度。因此在生产实践中，根据需要和可能，采取“粗枝短截，细枝长留”的原则。

（4）极性 在扦插的再生作用中，器官的生长发育均存在一定的极性现象。无论枝条还是根段，都总是下端发生新根，而在上端发出新梢，因此在扦插时注意不要倒插。

2.外界因素 主要包含温度、湿度及扦插基质等因素。

（1）温度 春季扦插时，气温比地温上升快。气温高，枝条易于发芽；合适的土壤温度则有利于插条生根成活。一般白天气温达20~25℃，土温为15~20℃就可以满足生根需要。

（2）湿度 扦插后，插条需保持适当的湿度。要注意灌水，使土壤水分含量不低于田间持水量的50%，大气湿度以80%~90%为宜，以避免插条水分散失过多而枯萎。

（3）扦插基质 扦插地宜选择结构疏松、通气良好、能使土壤水分保持稳定的砂质壤土。生产上采用蛭石、砻糠灰、泥炭等作为扦插基质，就是为了既通气又保湿。

（二）扦插时期

露地扦插的时期，因植物的种类、特性和气候而异。草本植物适应性较强，扦插时间要求不严，除严寒酷暑外，均可进行；木本植物一般以休眠期为宜；常绿植物则宜在温度较高、湿度大的雨季扦插。如果有温室设备，一年四季均可插条育苗。

（三）扦插方法

根据插条选取部位和生长发育时期的不同，扦插方法可分为枝插法、根插法、叶插法。生产上应用最多的是枝插法。

1.枝插法　分为硬枝扦插和嫩枝扦插。

（1）硬枝扦插　选择生长健壮且无病虫害的1~2年生枝条，剪成10~20cm的小段，每段保留2~3个芽，有些生长健壮的也可以保留1个芽。一般树种的接穗上切口为平口，离最上面一个芽1~2cm为宜；如果距离太短，则插穗上部易干枯，影响发芽。下切口切成斜面，增加愈伤组织的面积，上、下切口一定要平滑。常绿树种应保留部分叶片。接穗截好后，以直插或斜插的方式插入已准备好的插床。其方法是：先在插床上开横沟，将插条按一定株距斜倚沟壁，上端露出土面1/4~1/3，覆土压紧，使插条与土壤紧密结合。插好后要保持土壤湿润，以利于生根，可覆盖草帘或薄膜增温保湿。一般在休眠期进行（图6-6）。

图6-6　扦插繁殖

（2）嫩枝扦插　草本和木本药用植物均适用，前者使用较多。插条最好选自生长健壮的幼年母树，并以开始木质化的嫩枝为最好，因为其内含充分的营养物质，生命活动力强，容易愈合生根，但过嫩或已完全木质化的枝条则不宜采用。

嫩枝扦插的方法与硬枝扦插相似，但嫩枝扦插一般每一插条保留叶片1~2枚，大叶片可剪去部分，以减少蒸腾。扦插时间一般选择5~7月。

2.根插法　凡根上能形成不定芽的药用植物都可以进行根插繁殖，如杜仲、厚朴、山楂、酸枣、丹参、防风等。根插的根条可从母树周围挖取，也可在苗木出圃时，收取修剪下来或残留在土中的根段作为材料，一般随采随插。扦插时一定注意不要上下颠倒。

3.叶插法　扦插时将整个叶片或叶片切片直插、斜插或平放在基质上，平放时也要向叶片基部覆少量的基质，以加强温度和湿度管理，会很快从叶脉或叶柄处长根发芽，形成新植株。有些种类如茉莉及扶桑等，其叶柄虽能长出不定根，但不能发出不定芽，所以不能长成新的个体，因此，要用基部带一个芽的叶片或顶芽进行扦插，才能形成新的植株。

（四）促进插条生根的方法

1.机械处理 对于扦插不易成活的木本药用植物，可在插条剪取前对预选枝条进行刻伤、剥皮、环剥、缢伤等处理，通过在伤口处富集养分，可以提高插条的生根发芽能力（表6–2）。

表6–2 机械处理的类型

序号	方法	特点
1	纵刻伤	用手锯在插条基部第1~2节的节间刻划5~6道伤口，刻伤深达韧皮部，对刺激生根有一定效果
2	剥皮	对因枝条木栓组织比较发达而较难发根的植物，插前先将表皮木栓层剥去，对发根有良好的促进作用
3	环剥	剪枝条前10~15天，对将作为插条的枝梢环剥，宽2~3mm。在环剥伤口长出愈伤组织而未完全愈合时，剪下枝条进行扦插
4	缢伤	剪枝条前1~2周，对将作为插穗的枝梢用铁丝或其他材料绞缢

2.黄化处理 扦插前，选取枝条用黑布、泥土等封裹，遮阳，3周后剪下扦插，易于生根。原理是黑暗促进根组织的生长，解除或降低植物体内一些物质如色素、油脂、樟脑、松脂等对细胞生长的抑制，从而促进愈伤组织的形成和根的发生。

3.生长调节剂处理 生产上常用的生长调节剂有萘乙酸、ABT生根粉、吲哚乙酸、吲哚丁酸等。处理方法有液剂浸渍、粉剂蘸粘。应用该方法时注意：生长调节剂浓度过大时，其刺激作用会转变为抑制作用，使有机体内的生理过程遭到破坏，甚至引起中毒死亡。

（1）液剂浸渍 硬枝扦插时一般用5~10mg/L，浸12~24h；嫩枝扦插一般用5~25mg/L，浸12~24h。此外，用50%乙醇作为溶剂，将生长激素配成高浓度溶液，将枝条基部浸数秒，对易生根树种有较好作用。

（2）粉剂蘸粘 一般用滑石粉作为稀释填充剂。配合量为500~2000mg/L，混合2~3h后即可使用。将插条基部用清水浸湿、蘸粉后扦插。用ABT生根粉溶液处理半木质化枝条，生根率达80%，对照组无成活。

4.温水处理 有些植物枝条中含有树脂，常妨碍插条切口愈伤组织的形成且抑制生根。可将插条浸入30~35℃的温水2h，使树脂溶解，促进生根。

5.化学药剂处理 对于生根缓慢或生根困难的植物，可通过药剂处理增强插条生根能力。常用的化学药剂有高锰酸钾、氧化锰、醋酸、二氧化碳、硫酸镁、磷酸等，一般采用的浓度为0.03%~0.1%，对嫩枝插条用0.06%左右的浓度处理为宜。如用高锰酸钾溶液处理插条，可以促进氧化，使插条内部的营养物质转变为可溶状态，增强插条的吸收能力，加速根的发生。

四、能力训练

（一）操作条件

1. 插穗　选用金银花插穗若干。

2. 工具　枝剪、切条器、钢卷尺、盛条器、测绳、喷水壶、铁锨、平耙等。

3. 药品　生根粉或萘乙酸、乙醇等。

4. 插床　一般苗床和砂床。

（二）安全及注意事项

1. 严格按照实训基地的要求进行实训，注意安全。

2. 枝剪、切条器、铁锨、平耙使用时的注意事项。

3. 严格按照药品的要求进行溶液的配制。

（三）操作过程

1. 选条　选生长健壮、无病虫害的半木质化的当年生嫩枝作为插穗。

2. 制穗　用枝剪剪插穗。每穗要带2~3片叶或带半叶。注意插穗不要太长。采、制插穗要在阴凉处进行，防止水分散失。

3. 催根处理　一般用速蘸法处理。激素种类和浓度与硬枝扦插相近。

4. 扦插　一般在砂床上进行。采用湿插法直插。扦插深度为插穗长度的1/3~1/2。密度以插后叶片互相不覆盖为度。

5. 管理　最好采用自动间歇喷雾装置来保持空气相对湿度，以防止高温危害插穗。按要求适时移植。

（四）学习结果评价

金银花扦插育苗生长观察记录表

植物种类：　　　　插穗类型（含处理）：　　　　扦插日期：　　　　成活率：　　%

观察日期	生产日期（天）	苗高（cm）	地径（cm）	苗木生长情况			
				开始放叶日期	放叶插穗数	开始生根日期	生根插穗数

班级________　填表人________

五、课后作业

1. 简述扦插繁殖的方法和促进生根的处理方法。

2. 调查本地药用植物扦插成活率及生长情况，并填写下表。

品种	扦插数量	成活数量	成活率（%）

组别__________ 调查人__________ 日期__________

任务 5 能进行嫁接繁殖操作

一、基本概念

1. 嫁接繁殖 将一株植物上的枝条或芽接到另一株长有根系的植物上，使它们愈合生长在一起而形成新个体的繁殖方法。

2. 枝接 是用一定长度的一年生枝条作为接穗，插嵌在砧木断面上，使两者的形成层紧接为一体的嫁接方法。

3. 芽接 从用作接穗的枝条上切取一个芽，嫁接在砧木上，成活后萌发形成新植株。

4. 接穗 嫁接用的枝或芽。

5. 砧木 承受接穗的枝或干。

二、学习目标

1. 识记嫁接成活的因素和方法。

2. 能运用嫁接繁殖技术的方法，并能进行嫁接繁殖后检查管理。

三、基本知识

通过嫁接，可利用砧木对接穗的生理影响，提高嫁接苗对环境的适应能力，如提高抗寒、抗旱、抗病虫害等能力。用乔化砧，能使树冠高大，防止早衰；用矮化砧，可使树冠矮化，提早结实。嫁接苗能促进苗木的生长发育，使提早开花结实和进入盛果期。

（一）嫁接愈合原理

植物嫁接能愈合成活，主要是因为接穗和砧木结合部的形成层具有再生能力，其形成层和薄壁组织细胞进行分裂，形成愈伤组织，与接穗和砧木的输导组织相沟通，保证水分和养分的输导供给，使两个异质部分结合在一起，形成一个新植株。因此，形成层的活性对嫁接愈合成活有重要意义。

（二）嫁接方法

药用植物的嫁接，常用枝接和芽接两种。枝接包括切接、劈接、腹接、插皮接等；芽接包括“T”形芽接、嵌芽接等。

1. 枝接　在生产上广泛应用的枝接法是切接和劈接。

（1）切接　是枝接中常用的方法。砧木宜选用直径1~2cm的幼苗，在距地面5cm左右处截断，削平切面后，在砧木一侧垂直下刀，深达3~4cm，再选取具有2~3个芽、长5~10cm的接穗，顶端剪去梢部，下部与顶端芽同侧，削成长2~3cm的斜面，此斜面的对侧则削成不足1cm长的短斜面。斜面均需平滑，以利于和砧木接合，接合时，把削好的接穗直插入砧木切口，使形成层相互密接。如果接穗较细，至少要使一侧密接。接好后，用塑料条或麻皮等捆扎物捆紧，必要时可在接口处涂上石蜡或用疏松湿润的土壤埋盖，以减少水分蒸发，利于成活（图6-7）。

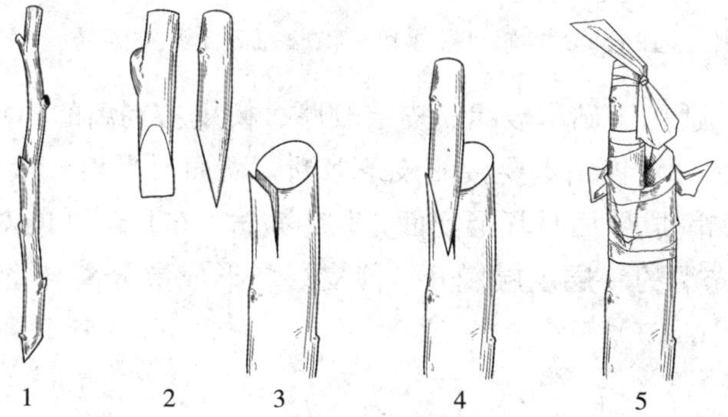

图6-7　切接法

1.接穗；2.削接穗；3.切砧木；4.插入接穗；5.绑缚

（2）劈接　此法适用于砧木较粗大的嫁接。从距地5cm左右处削去砧木上部，并把切口削成平滑面之后，用劈接刀在砧木断面中心垂直劈开，深度约5cm，然后选取长约10cm、带芽3~4个的接穗，将基部两侧削成楔形切面，使有顶芽的一侧稍厚。接合时，粗的砧木可接2个接穗。接合后，需用捆扎物捆扎，并用黄泥浆封好接口，最后培土，防止干燥（图6-8）。

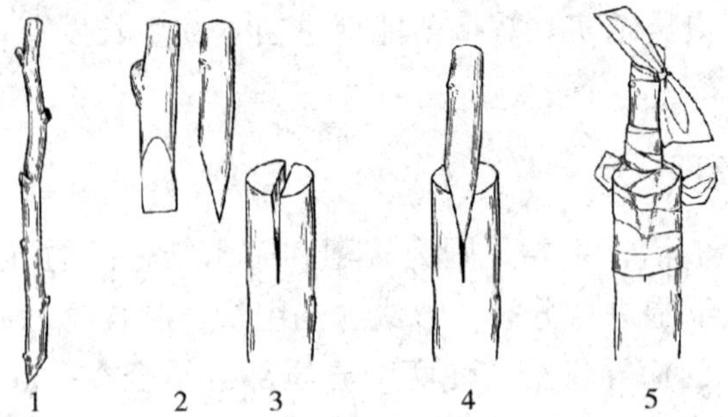

图 6-8　劈接法

1.接穗；2.削接穗；3.切砧木；4.插入接穗；5.绑缚

（3）腹接　不剪断砧木，选适当部位，用刀向下斜切，切口与砧木约成45°角，深达木质部，然后将剪截好的接穗下端一侧削成与砧木切口深度等长的斜楔形削面，将接穗削面向内插入砧木切口，然后包严绑紧即可（图6-9）。

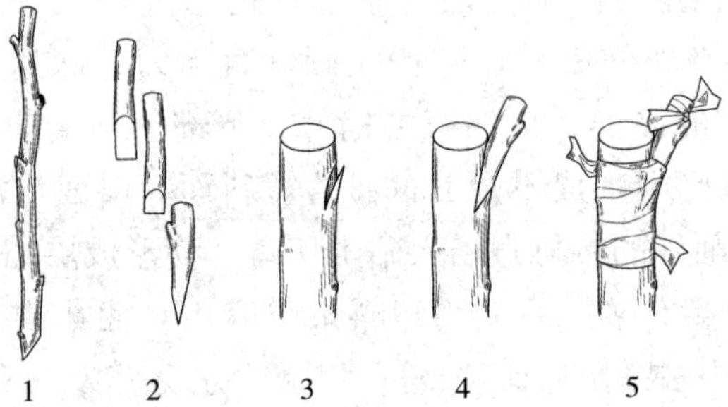

图 6-9　腹接法

1.接穗；2.削接穗；3.切砧木；4.插入接穗；5.绑缚

（4）插皮接　适用于砧木较粗、皮层较厚、树皮易剥离的树种。嫁接时间多在易剥皮时期进行。一般将砧木要接的枝条剪断，断面要平滑。接穗一般要有2~3个芽，在顶芽的同侧削成单面马耳形削面，长2~3cm，在长削面的对面削去0.3~0.5cm的皮层，将砧木光滑的一层皮层撬开，使皮层与形成层分离，将长削面向内插入，然后包严绑紧（图6-10）。

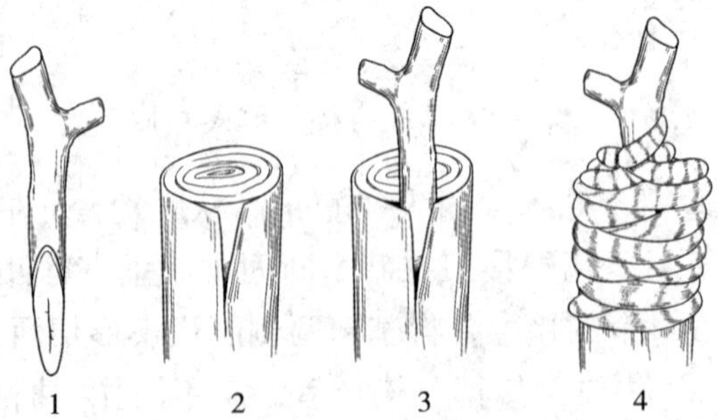

图 6-10　插皮接

1.削接穗；2.切砧木；3.插入接穗；4.绑缚

2. 芽接　在当前生产中应用最多的芽接法是"T"形芽接。"T"形芽接时，砧木一般选用1~2年生茎粗0.5cm的实生苗。砧木过大，不仅因皮层过厚致不便操作，且接后不易成活。方法是在离地面5cm左右处选光滑无节部位，横切一刀，再从上往下纵切一刀，长约2cm，呈一个"T"形切口。切口深度要切穿皮层，不伤或微伤木质部。随后，将当年新鲜枝作为接穗的枝条除去叶片，留有叶柄，用芽接刀削取芽片，芽片要削成盾形，稍带木质部，长2~3cm，宽1cm左右，由上而下将芽片插入砧木切口，使芽片和砧木皮层紧贴，用麻皮或塑料条绑扎（图6-11）。

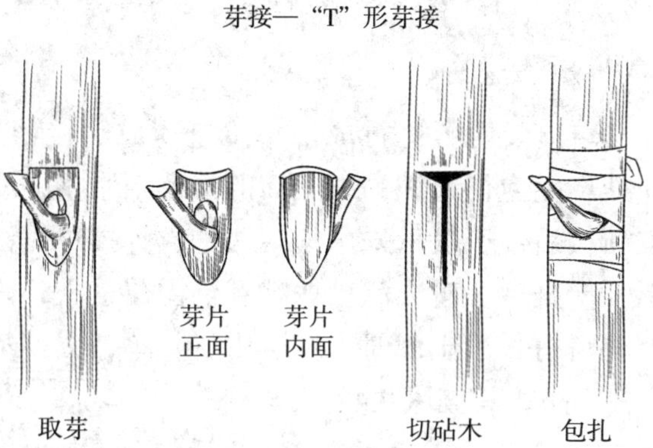

图6-11　"T"形芽接法

（三）影响嫁接愈合成活的因素

影响嫁接成活的因素较复杂，既有接穗和砧木的内在因素，也有一些外界因素。

1. 内在因素　包括砧木和接穗之间的亲和力、两者的营养状况及其他内含物状况等。

（1）亲和力　是指接穗和砧木嫁接后愈合生长的能力，是影响嫁接成活的主要因素。亲和力强的植株间的嫁接容易成活，生长发育正常；反之，不亲和的植物或亲和力差的植物间嫁接不易成活，即使成活，但生长发育不良，易从接口处劈断或过早衰亡。亲和力越高，嫁接成活率越高。所以，嫁接时要选择近缘植物作为接穗与砧木。

（2）砧木与接穗的生活特性　一般植物生长健壮，接穗和砧木贮有较多养分，就比较容易成活。在形成层活跃生长期间，砧木与接穗两者木质化程度越高，在适宜的温度、湿度条件下嫁接越易成活。接穗的含水量也会影响形成层细胞的活动，如接穗的含水量过少，形成层细胞停止活动甚至死亡。通常接穗含水量在50%左右为好。砧木和接穗的树液流动期和发芽期越是相近或相同，成活率也就越高，反之成活率就低。一般以砧木已开始萌动，接穗将要萌动时进行嫁接为宜；否则，接穗已萌发，抽枝发叶，砧木供应不上养分，影响嫁接成活。

2. 外界因素　主要指外界环境条件及嫁接技术等。

（1）环境条件　主要指温度和湿度。形成层薄壁细胞的分生组织活动产生愈伤组织，要求一定的温度和湿度，并且是在一定的养分和水分条件之下进行的。温度过高，蒸发量大，切口水分消失快，不能在愈伤组织表面保持一层水膜，不易成活。春季雨天，气温低、湿度大，形成层分生组织活动力弱，愈合时间过长，往往造成接口腐烂。不同植物形成层活动要求温度不同，一般以20~25℃为宜。嫁接前要对砧木充分灌水，接穗随采随接，保证接穗和砧木有足够的含水量，提高嫁接的成活率。

（2）嫁接技术　嫁接成活的关键是接穗和砧木两者形成层的紧密结合，从而产生愈伤组织。所以接穗的削面一定要平，接入时才能与砧木紧密结合，两者的形成层对准，有利于愈合。嫁接时，动作要准确快捷，捆扎松紧适度。

（四）嫁接后的管理

一般枝接在接后20~30天便可进行成活率检查。成活接穗上的芽新鲜、饱满，甚至已经萌动，接口处产生愈伤组织；未成活的接穗则干枯，或变黑发霉。对未成活的，可待砧木萌发新枝后，于夏秋采用芽接法进行补接；对已成活的，则应将绑扎物解除或放松。扒开检查后，对成活植株基部仍需覆盖土，以防止因突然暴晒或被风吹而死亡。待接穗自行长出土面时，结合中耕除草，去掉覆土。当嫁接苗长出新梢时，应及时立支柱，防止其被风吹断。

一般芽接在接后7~10天进行成活率检查。成活的芽下的叶柄一触即掉，芽片皮色鲜绿；反之，没接活的，应重接。接芽成活半个月之内应解除绑扎物。接芽抽枝后，可在芽接处上方将砧木的枝条剪除，以促进接穗的生长。苗长大后，注意整形修剪。

四、能力训练

（一）操作条件

1. 材料　供嫁接用的接穗和砧木各若干。

2. 工具　枝剪、芽接刀、枝接刀、盛穗容器、湿布、塑料绑扎条若干、油石等。

3. 插床　一般苗床和砂床。

（二）安全及注意事项

1. 严格按照嫁接实训基地的要求进行实训，注意安全。

2. 枝剪、芽接刀、枝接刀使用时的注意事项。

3. 严格按照嫁接技术规程进行操作。

4. 嫁接后要及时检查成活率。

（三）操作过程

1. 采穗　采穗母本必须是具有优良性状、生长健壮、无病虫害的植株。枝接采穗要求用木质化程度高的1、2年生的枝。穗可以不离皮。

2. 嫁接方法　主要进行劈接、切接、靠接、插皮接等的实习。

3. 嫁接技术　切削接穗与砧木时，注意切削面要平滑，大小要吻合；砧木和接穗的形成层一定要对齐，绑扎要紧松适度。接后要套袋或封蜡保湿。

4. 嫁接后及时检查成活率，及时松绑，做好除萌、立支柱等管理工作。

（四）学习结果评价

嫁接成活率调查表

种类	嫁接方法	嫁接日期	嫁接数量	愈合情况	成活数量	成活率
金银花						
酸橙						
山茱萸						
佛手						
桑						

五、课后作业

1. 简述药用植物嫁接方法和嫁接成活因素。

2. 调查当地药用植物嫁接情况并填写下表。

药用植物嫁接调查表

种类	嫁接方法	嫁接日期	嫁接数量	愈合情况	成活数量	成活率

（王文祥）

任务6　能进行种子质量检测

一、基本概念

1. 种子净度　一批种子中，除去各种混杂物及废种子后，剩下的纯净种子占检验样品总重量的百分数。

2. 千粒重　在一定的环境条件下，1000粒纯净种子的重量。

3.种子发芽率 指在最适宜的发芽条件下，发芽种子占所测种子的百分比。

4.种子发芽势 是指在规定的时间内，发芽种子的数量占全部种子的百分比。

二、学习目标

1.识记常用种子净度、千粒重、种子发芽率、种子发芽势和种子适用率的测定方法。

2.能进行种子净度、千粒重、种子发芽率、种子发芽势和种子适用率的测定。

三、基本知识

（一）种子净度的测定方法

检验方法 要从测定种子中取平均样品，称重（试样重量），计数后倒在台上，进行精选，分好种子、废种子、杂质，并分别称重，用以下公式求得种子净度，应重复测2次以上，取其结果平均值：

种子净度（%）=［试样重量－杂质重量（废种子+杂质）］/试样重量×100%

=清洁种子重量/试样重量×100%

杂质系指除本种以外的其他所有种子、虫蛹、土块、小石子、碎茎秆及本种植物中已失去发芽能力的种子等。

种子净度低，混杂物多，对贮藏和播种后的产量与质量都有不良的影响。因此，在贮藏与播种前应加以精选。

（二）种子千粒重的测定方法

千粒重测定方法是从经过净度分析后的净种子中随机数取1000粒，称重，重复2次以上，取其平均值，即可。部分药用植物的种子千粒重见表6-3。

表6-3 部分药用植物种子千粒重

药用植物名称	千粒重（g）	药用植物名称	千粒重（g）	药用植物名称	千粒重（g）
人参	23~35	西洋参	28~38	黄连	0.9~1.3
党参	0.35~0.43	桔梗	0.97~1.4	红花	26~40
决明	28~29	紫菀	2.0~2.2	杭白芷	3.1~3.2
牛膝	2.4~2.5	紫苏	2.0~2.1	地榆	3.4~3.5
菘蓝	8.0~8.2	仙鹤草	11.8~12.0	穿心莲	1.2~1.3
太子参	2.8~3.2	薏苡	77~80	藿香	0.42~0.43
王不留行	3.0~3.2	枸杞	0.8~1.0	细辛	14~20
曼陀罗	10~11	知母	8.0~8.4	地黄	0.14~0.16

续表

药用植物名称	千粒重（g）	药用植物名称	千粒重（g）	药用植物名称	千粒重（g）
黄芩	1.3~1.4	小茴香	5.2~5.3	黄柏	16~17
五味子	30~31	酸枣	198~250	甘草	7.0~12.1
北柴胡	1.4	大黄	13.5~14	黄芪	5.8~6.3
北沙参	22.5~23.5	南天仙子	0.34~0.36	三七	95~105
瞿麦	0.7~0.8	丹参	1.4~1.6	白术	23~40
荆芥	0.36	防风	4.1~4.2	独活	2.8~3.2

根据种子千粒重，可求出1000g种子的粒数。如人参种子千粒重为48g，则1kg种子粒数应为：

种子/kg=1000/48×1000=20833（粒）

根据植物种子千粒重和单位面积要求的株数，即可求出播种量。如人参穴播，株行距为5cm×5cm，每平方米则有400穴，每穴播种1粒，则每平方米播种400粒（种子净度及发芽率暂不考虑）。那么每平方米播种量是：

人参每平方米播种量=（48/1000）×400=19.2（g）

（三）种子发芽率及发芽势的测定

发芽率和发芽势计算公式如下：

发芽率（%）=（全部发芽种子粒数/试验种子总粒数）×100%

发芽势（%）=（规定天数内发芽种子的粒数/试验种子总粒数）×100%

种子发芽率的高低，关系到种子是否适宜播种以及播种量的多少。一般种子在播种前需进行发芽试验。

种子发芽率及发芽势的计算，应取供做发芽试验4组样品的平均值。如白芷种子的发芽率及发芽势测定分4组试验，每组种子100粒。

第一次统计4组发芽种子数为360粒，第二次4组共增加20粒，两次发芽种子数为380粒，其发芽率与发芽势就是以下结果：

发芽率（%）=380/400×100%=95%

发芽势（%）=360/400×100%=90%

（四）种子适用率的测定

在生产上种子实际可被利用的百分率称为适用率。用适用率可计算出实际播种所需种子量。适用率用种子的发芽率和种子的净度计算。例如，净度为95%、发芽率为90%的种子，其适用率就是以下结果：

适用率（%）=（发芽率 × 净度/100）× 100%=（90% × 95%/100）× 100=85.5%

已知种子适用率，便可推算出实际播种量。例如，种子适用率为85.5%，原定播种量为每公顷45kg，那么实际播种量就是以下结果：

实际播种量＝原定播种量/种子适用率=45/85.5%=45 × 100/85.5=52.6（kg）

四、能力训练

（一）操作条件

1.《称量岗位操作规程》《天平安全操作规程》《天平清洁操作规程》《天平维护保养操作规程》。

2.《数粒岗位操作规程》《种子数粒仪安全操作规程》《种子数粒仪清洁操作规程》《种子数粒仪维护保养操作规程》。

3.《恒温培养箱安全操作规程》《恒温培养箱清洁操作规程》《恒温培养箱维护保养操作规程》。

4. 材料　待测量的药用植物的种子。

5. 工具　培养皿、天平、种子数粒仪、棉纱、恒温培养箱等。

6. 地点　药用植物栽培实训室。

（二）安全及注意事项

1. 严格按照种子测定实训室的要求进行实训，注意安全。

2. 种子数粒仪使用时的注意事项。

3. 严格按照种子数粒仪技术规程进行操作。

4. 恒温培养时的管理注意事项。

（三）操作过程

1. 种子净度的测定方法　从测定种子中取平均样品，称重（试样重量），计数后倒在台上，进行精选，分好种子、废种子、杂质，并分别称重，用以下公式求得种子净度，应重复测2次以上，取其结果平均值。

2. 种子千粒重的测定方法　从经过净度分析后的净种子中随机数取1000粒，称重，重复2次以上，取其平均值，即可。

3. 种子发芽率及发芽势的测定　先在所用容器（碟子或陶瓷浅盘或培养皿）内放一小块玻璃，或铺一层经洗涤干净的最好经过消毒的粗砂，上面放一层滤纸或纱布，作为发芽床。将试验种子分成四组，根据种子大小，每组50~100粒，分别放入4个发芽床内。粒与粒要保持一定距离，通常不能小于种子本身大小，以防带病种子发霉感染，发芽床放在发芽箱内或温度适宜的地方。每一发芽床要注明种子名称以及开始试验日期、种子粒数等，定期观察、登记发芽情况。

4.种子适用率的测定　种子适用率按照下面的公式进行计算：

$$适用率（\%）=（发芽率 \times 净度/100）\times 100\%$$

（四）学习结果评价

根据试验种子，填写下表。

种类	千粒重	发芽率	发芽势	净度	适用率	播种量
决明						
板蓝根						
牛膝						
党参						
红花						

五、课后作业

1.调查当地种植的药用植物种子的质量情况，并填写下表。

种类	千粒重	发芽率	发芽势	净度	适用率	播种量

2.简述药用植物种子质量的测定方法。

任务7　能进行药用植物播种育苗和移栽

一、基本概念

1.条播　按一定距离在畦面开小沟，把种子均匀地播在沟里，盖上细土。条播易于中耕、施肥等管理。

2.点播　按一定的株行距在畦面上挖穴，每穴播种2粒至数粒，然后盖细土。

3.撒播　把种子均匀地撒在畦面上，再盖一层细土。

二、学习目标

1. 识记药用植物播种育苗和移栽的方法。
2. 能进行药用植物播种育苗和移栽技术操作。

三、基本知识

大多数药用植物的种子可以直接播于田间，有的幼苗比较柔弱，需先在苗床上育苗。在北方种热带、亚热带药用植物，则需在保持一定温度的地方育苗，因此，播种方法可大致分为露地直播和保护地育苗。

（一）露地直播

露地直播是药用植物最常见的播种方法。

1. 播种期 一年生草本植物大部分春季播种；多年生草本植物适宜春播或秋播；核果类的木本植物，如银杏、核桃等，则适宜冬播；有些短命种子宜采后即播，如细辛、肉桂等。有些特殊种类如芍药、牡丹等则宜夏播。播种期又因气候不同而有差异，南方热带、亚热带地区多采用早春或雨季前后播种，北方寒冷地区多采用春播或夏播，温带多采用秋播和春播。春播在3~4月，秋播在9~10月。

2. 播种的土壤条件 以土壤水分适度、天气晴朗为宜，土壤水分会影响种子周围的水分、氧气的供应，太干，种子不能吸胀；太湿，氧气不足，影响种子萌发，尤其小粒种子更应谨慎。土壤以富含有机质、疏松肥沃的砂壤土为好。

3. 播种方法 有条播、点播、撒播三种。

4. 播种深度 与对种子发芽、出苗和生长都有很大关系。播种深度常根据下列几种情况决定：在寒冷、干燥、土质硫松（如砂质壤土）的地带，覆土应稍厚些，在气候温暖、雨水充沛、土质黏重的地带，覆土应薄些；种子千粒重较大、发芽率高的可播深些，粒小、发芽率低的宜浅播。一般覆土厚度可为种子直径的2~3倍，在不影响种子发芽的前提下，以浅播为宜。

5. 播种后管理 主要是掌握适当水分，尤其是浸种催芽的种子不耐干旱，浇水时要避免土壤板结。出苗后适当控制水分，让根系下扎。

（二）保护地育苗

对有些药用植物，为了延长生长期，提高产量和质量，往往提前在保护地育苗。保护地育苗就是在气候条件不适宜药用植物生长的时期，创造适宜的环境来培育适龄的壮苗。常用的保护性设施有温室、塑料大棚、阳畦等。

（三）育苗移栽

许多药用植物如人参、细辛、颠茄、黄柏、龙胆、黄连、山茱萸等都以育苗移栽为主。育苗移栽便于精细管理，有利于培育壮苗，集约经营，节省种子、肥料、农药等生产投入，保证单位面积上的合理密度和苗全苗壮。但育苗移栽根系易受损伤，入土浅，不利于粗大直根的形成，对深层养分利用差，移栽时耗费工时。常用保护地育苗设施有温室、地膜覆盖、塑料棚等，地膜覆盖应用最广泛。

育苗所用的苗床土壤应含有丰富的有机质，且应具有较好的透气性和保水性。苗床土壤以塘泥、厩肥、草炭土或腐殖土为主，配合禽粪、草木灰、过磷酸钙等配制而成。为防治苗期病害，育苗时可在苗床土壤中加入一些杀菌剂。育苗时期一般比定植期早30~70天。播期过晚，移栽时秧苗偏小，抗逆性较差，成活率低。

无性繁殖的扦插法一般是在苗床扦插育苗，达到要求后，进行移栽。草本药用植物移栽时，先按一定株行距挖穴或沟，然后栽苗。一般多直立或倾斜栽苗。覆土要细，并且要压实。定植后应立即浇定根水，以消除根际的空隙，增加土壤毛细管的供水作用。木本定植都采用穴栽，一般每穴只栽1株，穴要挖深、挖大，穴底土要疏松细碎。穴的大小和深度，原则上深度应略超过植株原入土部分，穴径应超过根系自然伸展的宽度，才能有利于根系的伸展。穴挖好后，直立放入幼苗，去掉包扎物，使根系伸展开。先覆细土，约为穴深的1/2时，压实后用手握住主干基部轻轻向上提一提，使土壤能填实根部的空隙。然后浇水使土壤湿透，再覆土填满，压实，最后培土稍高出地面。

移栽后幼苗会有一段缓苗时间，此时可适当遮阴，遇降霜还要防寒保苗，及时浇水保湿。栽后及时查苗补苗。

四、技能训练

（一）操作条件

1.《播种岗位操作规程》《小型播种机安全操作规程》《小型播种机清洁操作规程》《小型播种机维护保养操作规程》。

2.药用植物播种基地、小型温室、药用植物育苗培养室。

3.材料　待播种的药用植物的种子。

4.工具　锄头、铁锹、小型播种机等。

（二）安全及注意事项

1.严格按照药用植物试验基地、实训室、温室的要求进行实训，注意安全。

2.小型播种机使用时的注意事项。

3.严格按照小型播种机技术规程进行操作。

4.小型温室的管理。

5.锄头、铁锹等的安全使用。

（三）操作过程

1.精细整地 药材根系多数集中在5~25cm土层中。土壤耕作要求，一般深25~30cm，土块力求细碎。老农经验：掘土壤，要来回两遍，头遍深掘，二遍细锄粉碎土块。深耕可以加厚土层，同时又可将杂草种子与病虫源埋入土层深处，减轻危害。但土层浅薄的土地，耕作时须避免将底土翻到耕作层而引起土地肥力下降。深耕的同时，结合施有机肥，以促进土壤熟化。

2.种子准备 选择品种纯正、籽粒饱满、发芽率达85%以上的种子作为播种用种。

3.适期播种 按播种面积的大小，准备适宜的数量。播种前，可对种子进行药剂消毒和浸种处理。根据选择栽种的药用植物的种子，选择适宜时期。

4.播种方式 选择常用的条播、撒播和点播方式进行播种。

5.播种深度 应适宜。

（四）学习结果评价

根据播种的药用植物种类填写下表。

种类	播种期	播种方式	播种深度	种子处理	播种量	备注
白芷						
板蓝根						
红花						
前胡						
黄精						
决明子						

五、课后作业

1.简述常见的药用植物播种方式。

2.调查当地种植药用植物的种类并填写下表。

种类	播种期	播种方式	播种深度	种子处理	播种量	备注

（李春材）

项目七　药用植物田间管理技术

教学目标

▶ 知识目标：

1. 掌握　药用植物常见的田间管理技术。

2. 熟悉　药用植物常见的病虫害防治技术。

3. 了解　肥料的鉴别方法；常见的施肥技术。

▶ 素质目标：

1. 热爱劳动，履行道德准则和行为规范，具有社会责任感和社会参与意识。

2. 具有质量意识、环保意识、安全意识等。

▶ 技能目标：

1. 能够进行药用植物田间管理。

2. 能够进行药用植物常见病虫害的防治。

3. 能够运用肥料的鉴别方法和常见肥料的施肥技术。

任务1　能进行药用植物田间管理

一、基本概念

1. 田间管理　药用植物栽培从播种到收获的整个生产过程中，在田间所进行的一系列管理措施。

2. 间苗　田间管理中一项调控植株密度的技术措施。

3. 定苗　最后一次间苗。

4. 中耕　在药用植物生长发育期间，借助畜力、机械力等对土壤进行的表土耕作。

5. 整枝修剪　在药用植物生长期内，人为地控制其生长发育，对植株进行修饰整理的各种技术措施。

二、学习目标

1. 识记药用植物田间管理各种技术措施。
2. 能够进行药用植物田间管理技术操作。

三、基本知识

俗语说“三分种，七分管”，药用植物的田间管理直接影响药用植物的产量与品质。田间管理是根据药用植物不同生育期的特点，采取相应的措施，满足药用植物生长发育过程中所需的各种环境条件，以达到优质高产的目的。

（一）间苗、定苗与补苗

对于利用种子直播繁殖的药用植物，在生产上为了防止缺苗，播种量一般大于所需植株数量，出苗后可根据适宜的密度拔除部分过密、瘦弱及染病虫的幼苗，以使幼苗之间空气流通、光照充足，生长健壮，减少病虫害。间苗一般宜早不宜迟，以避免幼苗由于植株过密，生长纤弱，发生倒伏和死亡。间苗次数视不同品种而定。一般小粒种子的幼苗可进行2~3次间苗，大粒种子的幼苗可进行1~2次间苗。定苗后必须加强管理，以达到苗齐、苗壮的目的。但无论直播还是育苗移栽，都可能因病虫或管理不当等因素造成幼苗死亡，应及时补苗。补栽幼苗可选用间出的幼苗。补苗可选在阴天或晴天傍晚进行，带土补苗可提高成活率。

（二）中耕除草与培土

中耕能够疏松土壤，增加土壤的通透性，促进土壤有机质的分解，增强土壤的肥力。同时，中耕还能清除杂草，减少病虫的危害。

杂草一般出苗早，生长速度也较快，争水争肥，影响药材的产量。药用植物生产中一般是以人工除草为主。中耕深度视药用植株的高矮及地下部分生长情况而定，根群主要分布在土壤表层的可适当浅耕，如延胡索、天冬、薄荷、射干等；深根植物中耕可深一些，如桔梗、白芷、党参、怀牛膝等。

培土可保护植物越冬过夏，提高产量和质量，具有防止倒伏、避免根部外露、保护芽头、促进珠芽生长以及减少土壤水分蒸发等作用。培土的时间因药用植物的种类不同而存在差异，一般1、2年生药用植物在生长的中、后期进行；而多年生和木本药用植物多在入冬前结合防冻进行。

（三）灌溉与排水

灌溉与排水是为满足植物在生长发育过程中对水分的不同需求而采取的重要措施。药用植物的种类不同，对水分的需求不同，而同一种药用植物的不同发育阶段对水分的需求也存在差异。耐旱植物如甘草、黄芪等一般不需要灌溉，而喜湿的药用植物如薏苡、半支莲等则需水分较多，需保证土壤的含水量。田间管理中控制土壤水分的原则为：土壤含水少而药用植物需水多时，应注意灌水；土壤含水多而药用植物需水量少时，则应注意排水。

目前我国采用的灌溉方式主要包括地面灌溉、地下灌溉、喷灌和滴灌四大类。

地下水位高或土壤水分过多，田间有积水时，应及时排水，以改善土壤的通气条件，防止涝害。我国目前使用的排水方式以明沟排水为主，暗管排水和井排技术也在逐步发展之中。

（四）摘蕾与打顶

在田间管理过程中，以栽培目的为依据，及时控制药用植物体某一部分的无益徒长，而有意识地诱导或促进药用部分生长发育，减少养分消耗，从而提高药用植物的产量和质量。

1. 摘蕾　该措施多用于根及根茎类药用植物，以抑制药用植物的生殖生长，促进光合产物向根或根茎部运输贮藏，从而提高根茎类药用植物的品质及产量。由于药用植物发育特性的不同，摘蕾要求与时间也不尽相同。一般来说，摘蕾时间与次数取决于花芽萌发现蕾时间延续的长短，宜早不宜迟，迟摘则效果不显著。留种植株不宜摘蕾，但可以适当摘除过密的花蕾，因为疏花、疏果可促进果实发育，增加种子的饱满度和千粒重，提高产量和品质。

2. 打顶　可以破坏顶端优势，抑制药用植物主茎生长，促进侧芽发育，也可抑制地上部分生长，促进地下部分的发育，多用于花、全草类及一些根类药材。打顶通常采用摘除顶芽的方式，时间视药用植物种类和栽培目的而定，一般宜早不宜迟。如红花、菊花等花类或薄荷、穿心莲等叶及全草类药材常采用打顶的措施来促进多分枝，以增加产量；又如附子，为了抑制地上部分生长，促进地下块根迅速生长膨大，不仅打顶，还要不断除去侧芽，促进地下块根生长以优质增产。

摘蕾与打顶要注意保护植株，不能损伤茎叶及根部。选择晴天进行操作，不宜在雨露时进行，以免引起伤口腐烂，感染病害。

（五）整枝修剪

整枝修剪是在药用植物生长期内，人为地控制其生长发育，对植株进行修饰整理的各种技术措施。整枝修剪主要用于以果实入药的药用植物，但有的草本或藤本药用植物也需要进行整枝修剪。

整枝是通过人工修剪枝条来控制幼树生长，合理配置和培育骨干枝条，便于形成良好树体与冠幅；修剪则是在土、肥、水管理的基础上，根据自然条件、植物生长习性和生产要求，对药用植物体养分分配及枝条的生长势进行合理调整的一种管理措施。整枝修剪可改善通风透光条件，加强同化作用，增强药用植物的抵抗力，减少病虫害，合理调节养分和水分运转，减少养分无益消耗，协调植物体各部分、各器官之间的平衡，促使植株按栽培所需方向发展，不断提高产品的品质和产量。

木本药材的修剪包括修枝与修根，但有的草本植物也要进行修枝，如栝楼主蔓开花结实迟，侧蔓则开花结实较早，因而要摘除主蔓，保留侧蔓。对于木本植物的修剪主要包括短截、缩减、疏剪、长放等技术。修根只在少数中药材的生产过程中进行，如对乌头（附子）修去过多的侧生块根，使保留的块根生长肥大，以利加工。

整枝修剪一般在冬夏两季进行，冬季主要修剪主枝和侧枝，剪除病虫枝、枯枝、纤弱枝等；夏季则主要修剪徒长枝。

（六）覆盖、遮阴与支架

1. 覆盖 是利用稻草、落叶、谷壳、草木灰或塑料薄膜等覆盖地面，调节土温、湿度，防止杂草滋生和表土板结。冬季覆盖可以防寒，夏季覆盖能够降温，有利于药用植物生长，促进优质高产。覆盖的时期应根据药用植物品种、生长发育阶段及其对环境条件的要求而定。如三七在生长期间应在畦面上用稻草和草木灰等进行覆盖。

2. 遮阴 对于许多阴生药用植物，如人参、三七、黄连等，在栽培过程中必须采用遮阴技术保证荫蔽条件，才能生长良好。一些苗期喜阴的药用植物如肉桂、五味子等，为避免高温和阳光直射，也需要搭棚遮阴。遮阴棚的高度、方向、棚内透光度等应根据不同药用植物的生长习性、地形、气候等环境条件而定。搭棚可采用遮阳网或就地取材，选择经济耐用材料。目前，生产上还常用间作、套作、混作、林下栽培等方法来为阴生药用植物创造良好的荫蔽环境，既省时省工，又能够充分利用种植空间。

3. 支架 栽培的药用藤本植物需要设立支架，以便牵引藤蔓上架，扩大叶片的受光面积，增加光合产量，保证株间空气流通，降低湿度，减少病虫害的发生。对于株型较大的药用藤本植物如栝楼、绞股蓝等应搭设棚架，使藤蔓在棚架上生长，利于开花结实；而对于株型较小的药用植物如天冬、党参、山药等，一般只需在株旁立竿作为支柱即可。设立支架可因地制宜，就地取材，也可在药用植物栽培地块上间种高粱、玉米、向日葵等高秆作物作为支架。

四、能力训练

（一）操作条件

1.《田间管理岗位操作规程》《小型农具安全操作规程》《小型农具清洁操作规程》《小型农具维护保养操作规程》。

2. 地点 药用植物栽培园、药用植物栽培温室。

3. 材料 栽培园里的忍冬、菊花、前胡、黄精、百合等。

4. 工具 常用农具、肥料、枝剪、遮阳和搭架材料等。

（二）安全及注意事项

1. 严格按照试验基地、实训室、温室的要求进行实训，注意安全。
2. 常用小型农具使用时的注意事项。
3. 严格按照小型播种机技术规程进行操作。
4. 小型温室的管理。

（三）操作过程

1. 间苗、定苗、补苗　直播地一般在苗高6~10cm时进行间苗，如果有缺苗，应及时进行补苗。当苗高15~20cm时，就进行定苗。

2. 中耕除草　栽培园定期进行中耕除草。

3. 菊花打顶　进行三次打顶，第一次在苗高15~20cm时，摘去主干的顶芽；第二次在6月的上中旬，植株长出3~4个新枝，新枝长到20cm左右时摘去新枝的顶芽；最后一次在7月，把第二次新长出的新枝顶芽摘除。

4. 金银花整枝修剪　一般将其修剪成为伞形直立小灌木。在衰老期实行枯枝全剪、病枝重剪、弱枝轻剪、壮枝不剪。

（四）学习结果评价

填写药用植物栽培园栽种植物的田间管理方法。

种类	间苗、定苗日期	中耕除草时期	菊花打顶日期	金银花修剪时期	备注
忍冬					
菊花					
百合					
前胡					
黄精					

五、课后作业

1. 调查当地药用植物田间管理的特点并填写下表。

种类	间苗、定苗日期	中耕除草时期	菊花打顶日期	金银花修剪时期	备注

2.简述一种常见栽培药用植物的田间管理流程。

任务2 能进行肥料的鉴别和田间施肥技术的应用

一、基本概念

1.化学肥料 简称化肥，是用化学和物理方法人工制成的含一种或几种农作物生长所需营养元素的肥料。

2.有机肥料 指利用有机废弃物料，加工积制而成的含有有机物质的肥料的总称。

3.生物肥料 指肥料自身含有相当（特定）数量的对植物有益的微生物，应用后即可获得特定的肥料效应。

二、学习目标

1.识记常用肥料品种的定性鉴定方法。
2.识记常见化学肥料的一般理化性质。
3.能进行不同肥料的使用。

三、基本知识

俗语说“庄稼一枝花，全靠肥当家”。土壤的自然肥力不能完全满足药用植物生长发育的要求，在定苗之后，可根据植株生长情况，适时追肥。追肥是对基肥的补充，一般在萌芽前、开花前、果实采收后及植株进入休眠之前进行。追肥一般使用速效性肥料。在植物生长早期多使用人粪尿、尿素、硫酸铵等含氮较高的肥料，以促进植株茎叶的生长；而在植株生长的中后期，则多使用草木灰、过磷酸钙、钾肥等。

为了提高肥效，在生产中经常采用根外施肥、深层施肥等操作技术。根外施肥是经济用肥的方式之一，但要特别注意把握肥料的浓度、喷洒时间及方法等。深层施肥是将肥料施于药用植物根系附近土层的5~10cm深处。由于肥料深施，挥发较少，供肥持久，增产效果显著。追肥的同时也要配合灌溉，以提高肥效。

四、能力训练

（一）操作条件

1.地点 药用植物栽培园、药用植物栽培温室、栽培实训室。

2.材料 尿素、硝酸铵、硫酸等氮肥，过磷酸钙、钙镁磷肥等磷肥，硫酸钾、氯化钾等钾肥，有机肥，生物肥料。

3.工具 试管、酒精灯、铁片。

（二）安全及注意事项

1.严格按照栽培试验基地、实训室、温室的要求进行实训，注意安全。

2.酒精灯使用时的注意事项。

3.严格按照实验技术规程进行操作。

（三）操作过程

1.氮、磷、钾肥的鉴定

（1）外部形态和溶解性 常用氮、钾肥呈白色晶体（进口氯化钾呈红色），全溶于水；常用磷肥呈灰色粉末状，难溶或部分溶于水。这样，可先鉴定出磷肥。

（2）灼烧现象 取少许样品放在小铁片上，置酒精灯上灼烧，若能熔融起泡或发烟，则是氮肥；若不熔融，而有跳动或有爆裂声者为钾肥。

2.常用氮肥品种的鉴定

（1）在室温下有刺激性氨臭味的为碳酸氢铵。

（2）将氮肥加到碱液或石灰水中，若无氨臭味，可把少许肥料投至烧红的炭火上，如迅速熔化冒白烟，则是尿素。

（3）将氮肥加到碱液中有氨臭味时，可将少许肥料投至烧红的炭火上：熔化冒白烟并呈“沸腾状”，有残灰烬，则是硫酸铵；若燃烧发亮，则是硝酸铵；熔化较慢，白烟浓，有盐酸味时，则是氯化铵。

（4）若在氮肥溶液中加入1%硝酸银溶液数滴，产生白色沉淀且不溶于硝酸的，为氯化铵。

（5）若在氮肥溶液中加入2.5%氯化钡溶液数滴，能产生大量白色沉淀且不溶于盐酸的，为硫酸铵。

3.常用磷肥品种的鉴定 常用磷肥主要有过磷酸钙和钙镁磷肥。用广泛pH试纸鉴别，过磷酸钙的水溶液呈酸性，钙镁磷肥的水溶液呈碱性。

4.常用钾肥品种的鉴定 常用钾肥主要有硫酸钾和氯化钾。取少许钾肥放入小试管，加少量水溶解。若加入2.5%氯化钡溶液，生成白色沉淀且不溶于盐酸的，为硫酸钾；加入1%硝酸银溶液，产生白色沉淀且不溶于硝酸的，为氯化钾。

5.田间施肥 田间施肥分为基肥和追肥。基肥在耕翻土壤时进行，以土杂肥和复合肥为主。追肥在苗期进行，以复合肥、有机肥和生物肥料为主。

（四）学生结果评价

将鉴定结果填入下表。

鉴定项目及结论 / 化肥样品编号	颜色	颗粒形状	溶解性	气味	灼烧现象	火焰颜色	加碱反应	加 $BaCl_2$ 反应	加 AgN_3 反应	酸碱性	化肥名称
1											
2											
3											
4											
5											
6											
7											
8											
9											
10											

五、课后作业

1.列出一个简明实用的化肥定性鉴定程序。

2.简述常见化学肥料定性鉴定的主要依据。

任务 3　能进行病虫害防治技术的应用

一、基本概念

1.病害　在药用植物生长发育过程中，受到病原生物的侵染或不良环境条件的影响，正常的新陈代谢遭到破坏和干扰，生理机能和形态结构等方面发生一系列反常的变化，从而出现枯萎、斑点等病变现象。

2.生理性病害　又称非侵染性病害，由生理性因素如干旱、洪涝、低温等不利环境因素或营养失调导致。

3.侵染性病害　由真菌、细菌、病毒、寄生性线虫及寄生性种子植物等病原生物侵入药用植物体而引起的病害。

4.趋性　某些外来的刺激使昆虫发生一种不可抑制的行为。

5.药用植物检疫 是依据国家法规，对药用植物及其产品进行检验和防治，防止人为传播的一种植物保护措施。

6.农业防治 是利用和改进耕作栽培技术，创造有利于作物生长、不利于病虫害发生的环境条件，以达到控制病虫害发生发展的目的。

7.生物防治 是指利用自然界中某些有益生物来消灭或抑制某种病虫害的方法。

8.物理防治 是根据害虫的生活习性和病虫的发生规律，利用物理因子（光、电、声、温度等）或机械作用对有害生物生长、发育、繁殖等进行干扰，以防治植物病虫害的方法。

9.化学防治 是应用化学农药防治虫害的方法。

二、学习目标

1.学会用农业防治法、生物防治法、物理防治法防治病虫害的方法。

2.学会用化学防治法防治病虫害的方法并能识别不同农药类型。

3.识记常见病虫害发生日期。

4.识记常见病虫害的类型。

三、基本知识

在药用植物病虫害的防治过程中，如果不依照科学的防治方法，滥用农药，还会造成农药残留和重金属的超标，直接影响药材的品质。因此，病虫害的防治对药用植物栽培具有重要意义，运用科学的方法对药用植物病虫害进行有效防治，是保证药用植物栽培优质、稳产、高效的关键。

（一）药用植物病害

病害是在药用植物生长发育过程中，受到病原生物的侵染或不良环境条件的影响，正常的新陈代谢遭到破坏和干扰，生理机能和形态结构等方面发生一系列反常的变化，从而出现枯萎、斑点等病变现象。

1.药用植物病害的症状 主要包括变色、斑点、腐烂、萎蔫、畸形等。

（1）变色 是药用植物染病部位细胞内色素发生变化，表现为植物体全部或局部褪绿、变黄等。变色主要是某些营养元素缺乏或某些病原物侵染所致。

（2）斑点 是药用植物染病后局部细胞组织坏死，形成具有一定颜色及形状的病斑，多发生在茎、叶、果实或种子等器官的染病部位，有些病斑到后期坏死脱落，形成穿孔。

（3）腐烂 是由细菌或真菌引起的药用植物各器官发生腐烂坏死的现象。腐烂可分为干腐、湿腐、软腐、根腐等。干腐通常无异味，湿腐则通常在病变部位产生特殊的酸臭味。茎基干腐可造成“立枯病”，茎基四周腐烂缢缩可造成“猝倒”。如白术的立枯病导致幼苗茎基部出现水渍状暗褐色病斑，茎基部坏死收缩，致使幼苗倒伏死亡。

（4）萎蔫　由真菌、细菌或线虫寄生导致，典型的萎蔫是由于植物根或茎的维管束受病害侵染后输导组织被大量菌体所堵塞，使植株的地上部分缺水而表现为全株或局部不可恢复的永久性萎蔫。如红花的枯萎病等。

（5）畸形　是药用植物受病原物寄生的刺激，局部生长异常的现象。其中，使细胞异常分裂、生长过度者称为增生型，表现为病部出现肿瘤、疮痂等，如地黄根结线虫病；使病株生长发育受到抑制，则称矮缩型或抑制型，表现为植株矮缩、卷叶、扭曲等，如百合病毒病。

2.药用植物病害类型及主要病原

（1）生理性病害　药用植物的生理性病害较少，且不具有传染性。引起生理性病害的因素主要包括以下方面。

1）温度　药用植物生长和发育过程中，温度超出了药用植物适宜的温度范围，就有可能造成不同程度的损害。温度过高会引起高温灼伤，温度过低会引起冷害及冻害。

2）湿度　土壤水分不足，植株生长发育受到抑制，甚至导致枯萎和死亡，如枸杞在结实期遇干旱，果实明显瘦小，产量和品质下降。土壤湿度过大则会引起涝害，土壤中氧气供应不足，根部得不到正常生理活动所需要的氧气而容易烂根；同时，由于土壤缺氧促进了厌氧性微生物的生长，会产生一些对根部有害的物质。

3）光照　光照的影响主要包括光照强度和光照时间两个因素。光照强度过弱常引起药用植物黄化，植株生长不良，干物质积累较少，极易遭受病原物的侵染；光照过强与高温结合，则易导致药用植物灼伤。

4）土壤和空气中的成分　药用植物的生长发育需从土壤中吸收多种营养元素，若土壤中的营养条件不适宜或存在有害物质，可使药用植物表现出各种病态。如果土壤中缺少某些元素，就会引起缺素症。如土壤中缺少氮、磷、钾、镁等元素，会引起药用植物生长不良及变色；缺硼则会引起幼芽枯死，或造成器官矮化或畸形。土壤中某些元素含量过多也能引起病害，微量元素超过一定限度就会危害药用植物，尤其是硼、锰、铜对植物有毒。空气中的有害成分如二氧化硫、氟化氢、二氧化氮等也常造成对药用植物的危害。

5）药害　杀虫剂、除草剂、植物生长素及化肥等使用不当，也会造成药用植物的各种药害。这些药害引起药用植物叶片表面出现斑点或灼伤，干扰药用植物正常的生理活动，导致产量和质量受到影响。

此外，遗传因素或栽培措施不当也会使药用植物出现各种病态。

（2）侵染性病害　是指由真菌、细菌、病毒、寄生性线虫及寄生性种子植物等病原生物侵入药用植物体而引起的病害。侵染性病害具有传染性，引起侵染性病害的病原生物主要有以下几类。

1）真菌　目前已知的药用植物病害绝大部分是由真菌引起的。致病真菌的种类繁多，在药用植物栽培中，能引起多种严重病害，真菌病害的症状多为枯萎、坏死、斑点、腐烂、畸形及瘤肿等。

2）细菌　细菌性病害种类较少，多为急性坏死病，呈现腐烂、斑点、枯焦、萎蔫等症状。在潮湿情况下常从病部溢出黏液，细菌性腐烂常散发出特殊的腐败臭味。如浙贝母、人参、天麻等的软腐病，严重影响药材产量与品质。

3）病毒　药用植物病毒病的发生相当普遍，致病力大、传染性强。病毒性病害的常见症状有花叶、黄化、卷叶、畸形等。人参、牛膝、天南星、玉竹、地黄、洋地黄等药用植物在栽培过程中都较易感染病毒病。

4）寄生性线虫　线虫危害药用植物所表现出的症状与病害相似，故习惯上将线虫作为病原物对待。目前在国内已发现药用植物的线虫有：危害根部、形成根结的根结线虫；危害根部，形成丛根、地上部分黄化的地黄胞囊线虫；危害地下根茎、鳞茎等的茎线虫等。

5）寄生性种子植物　桑寄生科、旋花科和列当科的一些种子植物，由于本身缺少足够的叶绿素，或某些器官退化不能自养，必须寄生在其他植物上，从而导致对其他植物的危害。寄生性种子植物的影响主要是抑制寄主的生长，草本植物受害后生长矮小、黄化、开花减少、落果或不结实，严重时全株枯死。危害药用植物的寄生性种子植物主要有全寄生性的菟丝子和列当，前者主要危害多种豆科、菊科、茄科、旋花科的药用植物，后者主要危害黄连；半寄生性种子植物有桑寄生和槲寄生等。

（二）药用植物虫害

药用植物虫害种类很多，主要涉及昆虫，其次为螨类、蜗牛、鼠类等。昆虫中虽有许多种类危害药用植物，但也有对人类有益的。因此，研究昆虫的生活习性，掌握昆虫发生和消长规律，对于防治害虫、保护有益昆虫从而保证中药材生产具有重要意义。

1. 昆虫的生活习性　危害药用植物的昆虫种类不同，生活习性也各有不同。昆虫的生活习性可作为制定防治措施的重要依据。

（1）趋性　昆虫受到刺激后，向刺激来源运动，称正趋性，反之称为负趋性。引起昆虫趋性活动的主要刺激有光、温度及化学物质等。这些趋性可在防治害虫中充分利用。例如，对于有正趋光性的害虫，如蛾类、金龟子、蝼蛄等，可以设诱蛾灯进行诱杀；对喜食甜、酸或喜闻化学物质气味的害虫，如地老虎等，可用含毒糖醋液或毒饵进行诱杀。

（2）食性　昆虫食性复杂，按采食种类可分为植食性、肉食性、腐食性，大多数药用植物害虫为植食性。按昆虫取食种类的多少，又可分为：单食性，只危害一种植物，如白术术籽虫；寡食性，能危害同科或其近缘的多种植物，如黄凤蝶幼虫危害伞形科植物；多食性，能危害不同科的多种植物，如小地老虎、蛴螬等。

（3）假死性　有些害虫，当受到外界震动或惊扰时，立即从植株掉落至地面，暂时不动，这种现象叫称为假死性。如金龟子、大灰象甲、银纹夜蛾幼虫等都有假死性，在防治上可利用这一习性将昆虫震落后进行捕杀。

（4）休眠　昆虫在发育过程中，由于低温、酷热或食料不足等多种原因，虫体暂时停止发育而不食不动的现象，称休眠。昆虫的卵、幼虫、蛹、成虫都能休眠。昆虫以休眠状态度过冬季或夏季，分别称为越冬或越夏，许多害虫还具有集中越冬现象。因此，利用害虫休眠的习性，调查越冬害虫的分布范围、潜藏场所等，开展冬季防治害虫，是一种有效的防治方法。

此外，害虫还有迁移、群集等习性，研究昆虫的这些习性也有助于获得较好的防治效果。

2. 虫害的发生与环境因子　虫害的发生与环境条件关系密切。环境条件影响害虫种群数量在时间和空间方面的变化。环境错综复杂，各种生态因子相互作用，影响虫害的发生。揭示虫害与环境条件的相关性，找出害虫发生的主导因子，对防治虫害具有十分重要的意义。虫害的发生与环境条件的关系主要包括以下几个方面。

（1）气候因子

1）温度　昆虫是变温动物，没有稳定的体温，其新陈代谢与活动都受外界温度的影响。当温度过高或过低时，害虫就要进入休眠，甚至死亡。害虫种类不同，对温度的反应和适应性不同，同种害虫的不同发育阶段对温度的反应也不相同。研究虫害的发生与温度之间的关系，可对虫害的危害区域进行预测，从而提早防治。

2）湿度　害虫在适宜的湿度下，才能完成正常的生长发育和繁殖。害虫种类不同，对湿度的要求也不同，有的喜干燥，如蚜虫、叶蝉等；有的喜潮湿，如黏虫在16~30℃范围内，湿度越大，则产卵越多。因此，在潮湿多雨的季节易暴发大面积的虫害。

除此之外，光、风等气候因子对虫害的发生也有一定的影响。

（2）土壤因子　大部分害虫都和土壤有着密切关系，有些种类终生生活在土壤中，如蝼蛄；有的则是一个或几个虫期生活在土壤中，如地老虎、金龟子等。土壤的物理结构、酸碱度、通气性、温湿度等，对害虫的生长发育、繁殖和分布都有一定的影响。如在砂质壤土中蝼蛄多，危害重；而黏土壤则不利于其活动，危害较轻。又如蛴螬喜在腐殖质多的土壤中活动，而小地老虎则多分布在湿度较大的壤土中。

（3）生物因子　包括食物和天敌两个方面。害虫一方面需要取食其他动、植物，另一方面它本身又是其他动物的取食对象。单食性害虫的分布受食料的影响较大。如白术术籽虫只以白术为食料，没有白术分布的地方就没有白术术籽虫。对于多食性害虫，食料对其分布的影响较小。在自然界中，凡是能抑制病、虫的生物通称为该种病、虫的天敌。天敌的种类和数量是影响害虫消长的重要因素之一。害虫的天敌主要有捕食性和寄生性两种。在虫害的防治过程中充分利用害虫的天敌，既可减少农药的用量，保护环境，又可以提高药材的品质，在实际应用中效果显著。

（4）人为因子　人类的生产活动对于害虫的繁殖和活动有很大的影响。人类有目的地进行生产活动，兴修水利、采伐森林等改变了一些地区的自然面貌，同时也改变了害虫的生活环境，有些害虫因找不到食物和不能适应新的环境条件而逐渐衰亡，但也有一些害虫种类因适应新的环境条件而迅速繁殖，种群数量不断扩大。这就要求不断地进行调查研究，掌握害虫发生和消长的规律，有效地进行防治。

（三）药用植物病虫害的综合防治

1. 药用植物病虫害的发生特点

（1）道地产区病虫害多　道地药材是在特定的生态条件和人们的栽培方式等综合因素的作用下所形成的，如东北的人参、云南的三七、宁夏的枸杞等。由于长期的自然选择，病原、虫源逐年累积，往往严重危害道地药材，如人参锈腐病、云南三七的根腐病、宁夏枸杞的蚜虫等。

（2）害虫种类复杂，单食性和寡食性害虫相对较多　药用植物害虫种类繁多，且单食性和寡食性害虫相对较多。例如射干钻心虫、栝楼透翅蛾、白术术籽虫、金银花尺蠖等，它们只食一种或几种近缘植物。在药用植物上常常发现新的虫种，因此，加强药用植物害虫种类的调查研究，对于保证药材的优质和高产具有重要意义。

（3）药用植物地下部分病虫害危害严重　许多药用植物都以根、块根或鳞茎等地下部分作为药用部位，这些地下部分极易遭受土壤中的病原菌及害虫的危害，导致减产和药材品质下降，由于地下部分病虫害防治难度大，往往经济损失惨重，历来是植物病虫害防治中的难题。其中，药用植物地下部分病害尤为突出，如人参锈腐病、贝母腐烂病、地黄线虫病等。药用植物地下害虫种类很多，如蝼蛄、金针虫等分布广泛。

（4）无性繁殖材料是病虫害传播的来源　利用无性繁殖材料繁殖新个体在药用植物栽培中占有很重要的地位。由于这些繁殖材料基本都是药用植物的根、块根、鳞茎等地下部分，常携带病菌、虫卵，是病虫害传播的一个重要途径。种子和种苗的频繁调运进一步加速了病虫传播与蔓延。因此，在生产中建立无病留种田、精选健壮种苗及严格进行区域间检疫工作，对于控制药用植物病虫害的传播十分必要。

2. 药用植物病虫害的防治方法　应采取综合防治的策略，从生物与环境的整体观点出发，本着预防为主的指导思想和安全、有效、经济、简便的原则，因地制宜，合理运用农业、生物、化学、物理的方法及其他有效的生态手段，把病虫害危害控制在经济阈值以下，以达到提高经济效益、生态效益和社会效益的目的。

（1）药用植物检疫　是依据国家法规，对药用植物及其产品进行检验和防治，防止人为传播的一种植物保护措施。根据国务院发布的《植物检疫条例》和农业部发布的《植物检疫条例实施细则（农业部分）》的规定，设立植物检疫机构，对植物检疫对象进行病虫害的检验，以防止威胁性病虫害检疫对象传入和带出。《中华人民共和国种子法》规定：从事品种选育和种子生产的单位和个人应当遵守有关植物检疫法律的规定，防止植物危险性病、虫、杂草及其他有害生物传入境内或传出境外。在引种、种苗调运过程中，应进行必要的检查。对危险性病虫害的种苗，严禁输出或调入。植物检疫是防治病虫害的一项重要的预防性和保护性措施。

（2）农业防治　是利用和改进耕作栽培技术，创造有利于作物生长、不利于病虫害发生的环境条件，以达到控制病虫害发生发展的目的。

1）清除药用植物栽培区杂草　田间杂草和药用植物收获后的残枝落叶常常是病虫隐蔽及越冬场所，同时也成为下一年的重要病虫来源。因此，除草、修剪病虫枝叶和清洁田园，可大大减少病原菌和害虫越冬基数。

2）适宜轮作　进行合理轮作和间作，对防治病虫害和充分利用土壤肥力十分重要。特别是对那些病虫在土中寄居或休眠的药用植物而言，实行轮作更为重要。如土传病害发生多的人参、西洋参绝不能连作，老参地也不能再种参，否则病害严重。合理选择轮作对象很重要，同科、属植物或同为某些病虫害寄主的植物不能选为轮作植物。

3）调节播种期　有些药用植物的生长发育阶段与病虫害有密切的关系，调节药用植物播种期，使其易染病虫害的发育阶段错开病虫危害的危险期，可避免或减轻病虫害的危害程度。如红花适期早播，可以避免炭疽病和红花实蝇的危害；黄芪夏播，可以避免春季苗期害虫的危害。

4）深耕细作　是农业防治病虫害的一项重要措施。它能促进根系的发育，增强吸肥能力，使药用植物生长健壮，同时也有直接杀灭病虫的作用。如对土传病害发生严重的人参、西洋参等，播前除必须休闲地外，还要耕翻晒土几次，以改善土壤物理性状，减少土中病原菌数量，达到防治病虫害的目的。

5）选育抗病虫品种　药用植物不同类型或品种对病虫害的抵抗能力有显著差异。由于植物对病虫的抗性是植物一种可遗传的生物学特性，我们可以充分利用植物这些抗病虫的特性，选育出理想的抗病虫的优质高产品种，如地黄农家品种金状元对地黄斑枯病比较敏感，而小黑英比较抗病；有刺型红花比无刺型红花抗炭疽病和红花实蝇。同一品种内，单株之间抗病虫能力也有差异。为了提高品种的抗性，可在病虫害发生盛期，在田间选择比较抗病、抗虫的单株进行留种，并通过连年不断的选择和培育，选育出抗病、虫能力较强的新品种。

6）合理施肥　能促进药用植物的生长发育，增强其抗病虫害的能力。一般来说，增施磷肥、钾肥，特别是钾肥可以增强植物的抗病性。如对白术施足有机肥，适当增施磷肥、钾肥，可减轻花叶病的危害。施肥中使用的厩肥或堆肥，一定要腐熟，否则肥中的残存病菌以及地下害虫的虫卵未被杀灭，易使地下害虫和某些病害加重。

（3）生物防治　是指利用自然界中某些有益生物来消灭或抑制某种病虫害的方法。一般指利用有害生物的寄生性、捕食性和病原性天敌来消灭有害生物。目前，生物防治主要是采用以虫治虫、微生物治虫、以菌治病、抗生素和交叉保护以及性引诱剂防治害虫等方法。

1）以虫治虫　利用天敌昆虫防治害虫，包括利用捕食性和寄生性两类天敌昆虫。捕食性昆虫主要有螳螂、步行虫、食蚜蝇及食蚜虻等。寄生性昆虫主要有各种卵寄生蜂、幼虫和蛹的寄生蜂。如寄生在金银花咖啡虎天牛中的肿腿蜂、寄生在马兜铃凤蝶蛹中的凤蝶金小蜂、寄生在木通枯叶蛾卵中的赤眼蜂等。

2）以菌治虫　主要利用细菌、真菌、病毒等昆虫病原微生物防治害虫。病原细菌主要是苏云金杆菌类，它可使昆虫得败血病而死亡。病原真菌主要有白僵菌、绿僵菌、虫霉菌等，目前应用较多的是白僵菌。昆虫的病原病毒包括核多角体病毒和细胞质多角体病毒。染病1周后死亡。一般一种病毒只能寄生一种昆虫，有较强的专一性。

3）农用抗菌素保护作用　抗菌素，又称抗生素，是微生物的代谢产物，能抑制或杀死其他微生物。用抗菌素防治药用植物病害已获得显著成绩。如用哈茨木霉防治甜菊白绢病有良好效果。

4）性引诱剂防治害虫　性引诱剂在药用植物虫害研究方面的应用目前尚处于起步阶段。主要有两种方法，即诱捕法和迷向法。诱捕法是用性外激素或性引诱剂直接防治害虫的一种方法。在防治区设置适当数量的性引诱剂诱捕器，把田间出现的求偶交配的雄虫尽可能及时诱杀，降低交配率，降低子代幼虫密度，以达到防治效果。迷向法又称为干扰交配，通过干扰破坏雄、雌昆虫间的性外激素联系，使害虫不能进行交配和繁殖后代，以达到防治效果。

（4）物理防治　是根据害虫的生活习性和病虫的发生规律，利用物理因子（光、电、声、温度等）或机械作用对有害生物生长、发育、繁殖等进行干扰，以防治植物病虫害的方法。如对有趋光性的鳞翅目、鞘翅目及某些地下害虫利用扰火、诱蛾灯或黑光灯等诱杀，均属物理防治法。

（5）化学防治　是应用化学农药防治虫害的方法。其优点是作用快、效果好，能在短期内消灭或控制大量发生的虫害，是防治虫害常用的一种方法。化学防治法若长期使用，害虫易产生抗药性，且易造成农药残毒问题。中药材GAP对农药的使用有严格的要求，禁止使用剧毒、高毒、高残留或者具有三致（致癌、致畸、致突变）作用的农药，只允许限量使用低毒、低残留化学农药。

四、能力训练

（一）操作条件

1. 地点　药用植物栽培园、药用植物栽培基地、实训室。

2. 材料　各种类型的农药、田间常见的昆虫和病菌。

3. 工具　喷雾器、量筒、捕虫网、显微镜、放大镜、毒瓶、采集袋、展翅板。

4. 试剂　福尔马林、乙醇、药棉等。

（二）安全及注意事项

1.《病虫害防治岗位操作规程》《显微镜安全操作规程》《显微镜清洁操作规程》《显微镜维护保养操作规程》。

2.严格按照试验基地、实训室、温室的要求进行实训，注意安全。

3.喷雾器、酒精灯使用时的注意事项。

4.严格按照实验技术规程进行操作。

（三）操作过程

1.药用植物地上害虫的形态识别及危害症状观察 取不同的蝶、蛾类害虫，观察其成虫的大小、颜色等，同时观察咬食寄主所造成的危害。

2.药用植物地下害虫、蛀干害虫的形态识别及危害症状观察 取不同的地下害虫、蛀干害虫，观察其成虫的大小、颜色等，同时观察咬食寄主所造成的危害。

3.药用植物昆虫标本的采集 利用捕虫网等工具采集当地的有害昆虫。

（四）学习结果评价

1.识别地上害虫的种类和危害特点。

序号	昆虫类型	颜色	大小	形状	雌雄	口器特点	危害症状
1							
2							
3							
4							
5							

2.识别地下害虫及蛀干害虫的种类和危害特点。

序号	昆虫类型	颜色	大小	形状	雌雄	口器特点	危害症状
1							
2							
3							
4							
5							

五、课后作业

1.调查当地病虫害发生的特点，并填写下表。

虫害类型	颜色	大小	形状	雌雄	口器特点	危害症状

病害类型	致病菌	传染性	发生特点	危害症状	预防方法

2. 设计一种预防当地药用植物病虫害的详细方案。

（陈洪源）

项目八　药用植物采收与加工技术

教学目标

▶ **知识目标：**

1. **掌握**　药用植物采收特点、采收技术和产地加工技术。
2. **熟悉**　药用植物采收与产地加工的意义和原则。
3. **了解**　药用植物烘干的方法。

▶ **素质目标：**

具有质量意识、环保意识、安全意识、信息素养和创新思维。

▶ **技能目标：**

能够进行药用植物的采收与加工。

任务1　能进行药用植物采收

一、基本概念

采收　指药用植物生长发育到一定阶段，入药部位或器官已符合药用要求，药效成分的积累动态已达到最佳程度时，人们采取相应的技术措施，从田间将其收集运回的过程。

二、学习目标

1. 学会药用植物的采收方法。
2. 识记不同药用植物采收的特点。
3. 学会药用植物产地加工的技术。

三、基本知识

采收是控制药材质量的一个重要环节。

（一）适时采收的重要意义和一般原则

适时、合理采收，对保证药材质量、保护和扩大药源具有重要意义。药用植物由于种类繁多，药用部位各异，栽培地区的气候条件、地理位置、土壤类型等环境因子以及栽培技术不同，生长发育情况不一，其药用部位的产量和活性成分含量随生长年限和采收时间的不同而有差异。有些药用植物生长年限越长，药效成分积累越多；有些生长到一定时期达到最大值，以后逐渐降低；有些在某一季节或时期最高，但其前后则均较低。如黄连生长5~6年采收的产量最高；薄荷在生产初期不含薄荷脑，而在开花末期，薄荷脑的含量才急剧增加；槐米（花蕾）比开放的花（槐花）含芦丁高10%以上等。有的品种因受雨露阴晴影响，甚至在一天之内，其有效成分含量亦有变化，如江西1号薄荷挥发油的含量，在一天内以12~14时为最高。

药用植物合理采收的标准，一是药用部位均已达到成熟阶段，二是药用部位需符合药用要求，即药性及化学成分积累已达要求。前者是植物生理学上的成熟，后者是符合药用标准，这两个标准有时是平行的，但有时又是不同步的，如酸橙以果实变黄时为生理上的成熟，而药用则是以幼果入药。当然，合理采收应以后者为主。因此，确定药材的最佳采收期，应充分考虑有效成分的积累情况与单位面积的产量。这样，才能保证药材质量，保护药源，取得最大的经济效益和社会效益。

药材的采收，关键是确定其最佳采收期。然而，最佳采收期目前采用的主要方法是研究同一物种同一产区不同物候期植物中可利用成分（有效成分）的积累动态，结合产量指标，以确定最佳采收期。常见有下述几种情况。①有效成分的含量有一显著的高峰期，而药用部分的产量变化不显著，因此，含量高峰期即为适宜采收期。②有效成分含量高峰与药用部分产量高峰不一致时，要考虑有效成分的总含量（单产量 × 有效成分含量%）。总量最大时，即为适宜采收期。如薄荷在花蕾期挥发油含量最高，而叶的产量高峰却在花后期。银杏叶中银杏黄酮苷的含量在5月最高（0.96%），以后逐月降低，至8月后趋于平稳，因此，银杏叶的采收期应以5月为合适。

由于药用植物种类多，药用成分复杂，目前还不能完全确定每一种药材的最佳采收期。确定采收期总的原则是：以药用部位最充实、饱满且产量高、质量好，有效成分或主要成分含量最高时为宜。

（二）采收时期和方法

1.根及根茎类药材　一般在秋冬季节植物地上部分行将枯萎时或初春萌芽前采收，此时为休眠期，根或根茎中贮藏的营养物质最为丰富，通常含有效成分也比较高，如怀牛膝、党参、黄连、大黄等。但也有例外情况，有些药用植物在抽薹开花前采收，如当归、川芎等；也有些药用植物在生长盛期采收，如麦冬、附子等；孩儿参在夏季采集较好；延胡索立夏后地上部分枯萎，不易寻找，故多在谷雨和立夏之间采挖。采收方法多用掘取法。常选择雨后阴天或晴天当土壤含水量适中时进行，土壤过湿或过干都不利于挖掘药材。

2.茎木类药材 一般宜在秋冬两季采收。但一些大乔木，如苏木、降香等全年均可采收。

3.皮类药材 树皮宜在春夏季进行采收，此时植物处于生长旺盛阶段，植物体内养分及液汁较多，形成层细胞分裂快，皮部与木质部易分离，伤口较易愈合，如黄柏、杜仲等。但少数药材如肉桂、川楝皮等，宜在秋冬两季采收，此时皮中有效成分含量高。根皮宜在植物年生育周期的后期采收，多于秋季进行，如牡丹皮、远志等，采收过早，根皮积累的有效成分低，产量亦低。采收可用半环状剥取、条状剥取、砍树剥皮等。也有的用20世纪70年代研究并试验成功的环状剥皮法，如杜仲。

4.叶类药材 一般宜在植物的叶片生长旺盛、叶色浓绿、花蕾未开放前采收，如大青叶、紫苏叶、艾叶等。因为一旦植物进入开花结实时期，叶肉内贮藏的营养物质就会向花、果实转移，从而降低药材质量。但少数叶类药材宜在秋后经霜后才采收，如桑叶。有的叶类药材一年四季均可采收，如侧柏叶、枇杷叶等。采收可用摘取法。

5.花类药材 采收期因植物种类与药用部位的不同而异。大多数在花蕾期或花朵初放时采收，如金银花、辛夷等；亦有在花朵盛开时采收，如红花、菊花、番红花等；花粉入药的，宜在花盛开时采收，如蒲黄等。采收可用摘取法，对花期较长、花朵陆续开放的植物，必须分批采摘，以保证质量。采摘时应以晴天清晨为好，以保持花朵完整和迅速干燥。

6.全草类药材 宜在植物生长最旺盛而将要开花前采收，如藿香、荆芥、薄荷等。但有些种类以开花后采收为好，如马鞭草等。少数植物如茵陈、白头翁等必须在幼苗期采收。用割取法采收，可一次割取或分批割取。

7.果实类药材 多数果实类药材在果实完全成熟时采收，如栝楼、栀子、薏苡、木瓜等。但有些种类要求果实成熟后再经霜打后采收，如山茱萸秋霜后变红、川楝子霜后变黄时采收。有的种类要求果实未成熟而绿果不再增长时采收，如青皮、乌梅等。果实成熟期不一致时，应随熟随采，如山楂、木瓜等。采收用摘取法。多汁果实采摘时应避免挤压，减少翻动，以免碰伤，如枸杞等。

8.种子类药材 一般在果皮褪绿成熟，干物质积累已停止，达到一定硬度，并呈固有色泽时采收。种子类药材的具体采收期因种类、播种期、气候条件等的差异而不同。通常秋播二年收获的常在5月至7月上旬采收，如王不留行、白芥子等；春播和多年收获的常在8~10月采收，如地肤子、决明子等。对种子成熟期不一致，成熟即脱落的药材如补骨脂等，应随熟随采。采收种子可用割取法或摘取法。

留种用的种子应在种子完全成熟时采收，此时种子胚性结构基本形成或成熟，胚乳或子叶中积累的养分最为丰富，水分含量显著减少，对环境的抵抗能力明显增强，种皮呈固有色泽。留种用的种子一经成熟立即采摘，否则极易掉落到地上。

四、能力训练

（一）操作条件

1. **材料**　采收的药用植物的种类。
2. **工具**　锄头、镰刀、枝剪、竹筐、编织袋等。

（二）安全及注意事项

1. 严格按照实训基地的要求进行实训，注意安全。
2. 枝剪、切条器、铁锨、平耙使用时的注意事项。
3. 采收时注意安全。

（三）操作过程

1. **根与根茎类药材的采收**　黄精、百合的采收。
2. **全草类药材的采收**　鱼腥草、薄荷、紫苏的采收。
3. **花类药材的采收**　金银花、菊花的采收。
4. **果实类药材的采收**　山茱萸、薏苡仁的采收。

（四）学习结果评价

药材类型 / 采收特性	鱼腥草	紫苏	金银花	菊花	百合	黄精	山茱萸	薏苡仁
采收部位								
采收期								
鲜重								

五、课后作业

1. 调查当地药用植物的采收情况。

药材类型 / 采收特性								
采收地点								
采收部位								
采收期								
鲜重								

2. 简述不同采收部位的中药材的采收期。

任务2 能进行药用植物加工

一、基本概念

1.产地加工 药材采收后，在产地经过拣选、清洗、切剥、干燥等一系列措施，使其形成药材商品的过程。

2.晒干法 利用太阳辐射热、热风、干燥空气等热源，使鲜药材的水分蒸发以达到干燥程度的方法。

3.阴干法 亦称摊晾法，即将药材置（挂）于通风的室内或大棚的阴凉处，利用流动的空气，让药材达到自然干燥的方法。

4.炕干法 将药材依先大后小的顺序分层置于炕床上，上面覆盖麻袋或草帘等，利用柴火加热达到干燥的方法。

5.微波干燥法 通过感应加热和介质加热，使中药材中的水分不同程度地吸收微波能量，并把它转变为热量从而达到干燥的目的。

6.烘干法 使用烘房和干燥机，适用于量大、规模化种植的药材，此法效率高、省劳力、省费用，不受天气的限制。

7.远红外加热干燥法 是将电能转变为远红外辐射能，从而被药材的分子吸收，产生共振，引起分子和原子的振动和转动，导致物体变热，经过热扩散、蒸发和化学变化，最终达到干燥的目的。

二、学习目标

1.学会产地加工的方法。

2.学会产地加工干燥的方法。

3.识记产地加工的目的和任务。

三、基本知识

（一）产地加工目的和任务

中药材除少数要求鲜用（如生姜、鲜生地、鲜石斛、鲜芦根等）外，绝大多数药材需经过清洗、干燥和炮制等一系列加工过程方才形成商品。而新鲜的药材容易发生霉烂变质，有效成分分解散失，严重影响药材质量和疗效。因此，加工的目的是确保药材的商品特性；防止霉烂腐败，便于干燥和运输；保证药材的疗效及其安全性；有利于药材的进一步加工炮制等处理。

主要任务是：清除非药用部位、杂质、泥砂，确保药材的净度；按规定加工修整，分级；按用药要求清除毒性或不良性味；干燥、包装成件，确保运输贮藏的便利和可靠性。

（二）产地加工方法

药材加工方法因品种、规格的不同以及各地传统经验的差异而方法各异。常用方法有以下几种。

1.拣选　即药材采收后，清除杂质，除去残留枝叶、粗皮、须根和芦头等非药用部位，如麦冬、人参等。按大小进行分级，以便于加工，如人参、三七、川芎等。

2.清洗　即将新鲜药材用河水、塘水、溪水或自来水洗净泥砂；亦有不水洗的，让其干燥后泥土自行脱落或在干燥过程中通过搓、撞除去的，如丹参、黄连等。

清洗有毒及对人体皮肤有刺激性而易导致过敏的药材时，应穿戴防护手套、筒靴，或先用菜籽油或生姜涂遍手脚，以防中毒或伤及皮肤。

3.刮皮　药材采收后，对干燥后难以去皮的药材，应趁鲜刮去外皮，使药材外表光洁，防止变色，使易于干燥，如山药、桔梗、半夏、芍药、丹皮等。有的药材需先蒸或放入沸水烫后再去皮；有的药材熏或烫后，尚需用凉水浸漂后晒干，如明党参、珊瑚等。

根据不同药材的特点，可分别采用手工去皮、工具去皮和机械去皮的方法。

4.修制　就是运用修剪、切割、整形等方法，去除非药用部位及不合格部分，使药材整齐，便于捆扎、包装。修制工艺应根据药材的规格要求进行，有的需在干燥前完成，如切瓣、截短、抽心和除去芦头、须根、侧根等。有的则在干燥后完成，如除去残根、芽苞，切削不平滑部分等。

5.切片　对外形粗大、质坚、不易干燥的根、根茎，应在采收后，趁鲜切成片、块、段等。如大黄、葛根等。

6.蒸、烫　是指将鲜药材在蒸汽或沸水中进行时间长短不同的加热处理，目的是杀死细胞及酶，使蛋白质凝固，淀粉糊化，避免药材变色，减少有效成分的损失；促进内部水分渗出，利于干燥；使加工辅料易于向内渗透，达到加工要求；破坏药材中的有毒物质，降低或去除药物的毒性。

（1）蒸　是将药材盛于笼屉或甑中利用蒸汽进行的热处理，蒸的时间长短可根据具体药材品种来确定。如菊花蒸的时间短，天麻、红枣需蒸透，附片、熟地黄蒸的时间长。

（2）烫　是将药材置沸水中烫片刻，然后捞出晒干；西南地区将之习称为“潦”。如红梅需烫至颜色变红，红大戟、太子参等只需在沸水中略烫。药材经烫后，不仅容易干燥，还可增加透明度，如天冬、川明参等。

7.熏硫　是对部分药材为了保护产品的色泽或起到增白效果的一种传统加工方法，如山药、泽泻、白芷、银耳等需用硫磺熏蒸；熏硫还可加速干燥，防止霉烂。

简易的硫磺熏蒸应在室内、熏硫柜或大缸等密闭的容器内进行。

8.发汗 药材晾晒至半干后，堆积于一处，用草席、麻袋等覆盖使之发汗闷热。经此法可使药材内部水分向外渗透，当堆内空气含水量达到饱和时，遇堆外低温，水气就凝结成水珠附于药材表面，习称“发汗”。发汗是加工中药材独特的工艺，它能有效克服药材干燥过程中产生结壳，使药材内、外干燥一致，加快干燥；使某些药材干燥后显得更油润、有光泽，或气味更浓烈。如玄参、大黄等。

9.其他方法 传统方法除上述几类外，还有：厚朴采收后，在沸水中稍烫，重叠堆放发汗，待内层变为紫褐色时，再蒸软刮去栓皮，然后卷成筒或双卷筒状，最后晒干或烘干；浙贝母要将鳞茎表皮擦去，加入蚌壳和石灰，吸出内部水分，才易干燥。

（三）干燥的方法及影响因素

除鲜用的药材外，绝大多数药材都要进行干燥。干燥后的药材可以长期保存，并且便于包装、运输，以满足医疗保健用药需要。目前，中药材的干燥方法有以下几种：晒干法、阴干法、炕干法、烘干法、远红外加热干燥法、微波干燥法。

四、能力训练

（一）操作条件

1.加工药材 选用加工的药材。

2.工具 清洗工具、切削工具、蒸煮烫工具、修制工具、烘干工具等。

3.地点 加工房、烘干房等。

（二）安全及注意事项

1.严格按照栽培实训基地的要求进行实训，注意安全。

2.清洗工具、切削工具、蒸煮烫工具、修制工具、烘干工具使用时的注意事项。

3.《药材加工岗位操作规程》《烘干设备安全操作规程》《烘干设备清洁操作规程》《烘干设备维护保养操作规程》。

（三）操作过程

1.菊花药材的加工

（1）阴干 11月上旬，菊花进入适宜采收期时，选晴天下午连花枝一起割下，分2~3次割完，挂于搭好的架上阴干。全干后剪下干花，即为成品。著名的亳菊，即为阴干品。

（2）生晒 将采收的带枝鲜花置架上阴干1~2个月，剪下花朵，每百千克喷清水2~4kg，使均匀湿润后，熏硫磺8h左右，每百千克菊花用硫磺2kg，起到消毒及漂白作用。熏后稍晾晒，即为成品。也可以采收后以鲜花熏硫磺，熏后日晒至干。前者如怀菊花，后者如滁菊花、川菊花。著名的怀菊、滁菊、川菊即均为生晒品。

（3）蒸晒　将收获的鲜菊花置蒸笼内（铺厚度约3cm），蒸4~5min，取出放竹帘上暴晒，勿翻动。晒3天后可翻1次，晒6~7天后，堆起返润1~2天，再晒1~2天，花心完全变硬即为全干，可为成品。杭菊即蒸晒品。

（4）烘干　将鲜菊花置空气能热泵烘干房的物料托盘中，厚度3~5cm，在60℃左右温度下烘干，九成干时取出，略晒至全干即为成品。贡菊即为烘干品。

以上几种加工方法，以烘干方法为最好，干得快，质量好，出干率高，一般5kg鲜花能加工1kg干货；生晒容易造成硫超标，一般不用。菊花亩产干品100~150kg。以花序完整、身干、颜色鲜艳、气味清香、无梗叶和碎瓣、无霉变者为佳。

2. 百合药材的加工　秋季采挖，洗净，剥取鳞叶，置沸水中略烫，干燥。

3. 黄精药材的加工　春秋两季采挖，除去须根，洗净，置沸水中略烫或蒸至透心，干燥。

4. 山茱萸药材的加工　秋末冬初果皮变红时采收果实，用文火烘或置沸水中略烫后，及时除去果核，干燥。

5. 大黄药材的加工　秋末茎叶枯萎或次春发芽前采挖，除去细根，刮去外皮，切瓣或段，绳穿成串，干燥或直接干燥。

（四）学习结果评价

根据实验结果填写下表。

加工特性 / 药材的种类	加工药材的方法	鲜重	干重	含水量	性状特点	备注
菊花						
百合						
黄精						
山茱萸						
大黄						

五、课后作业

1. 调查当地药用植物加工的方法，填写下表。

加工特性 / 药材的种类	加工药材的方法	鲜重	干重	含水量	性状特点	备注

2.简述常见中药材产地加工方法。

（熊　凯）

目标检测

一、名称解释

1.营养繁殖　2.种子繁殖　3.表土耕作　4.土壤耕作　5.嫁接繁殖
6.扦插繁殖　7.生理性病害　8.趋性　9.农业防治　10.化学防治

二、单选题

1.植物的营养繁殖不包含（　　）
A.种子繁殖　B.分离繁殖　C.压条繁殖
D.扦插繁殖　E.嫁接繁殖

2.芍药一般适合于哪种无性繁殖方式（　　）
A.种子繁殖　B.分离繁殖　C.压条繁殖
D.扦插繁殖　E.嫁接繁殖

3.下列哪种不属于扦插的内在因素（　　）
A.扦插基质　B.植物种类　C.插条的发育状况
D.极性　E.插条的年龄及部位

4.插条为尚未木质化或半木质化的新梢，随采随插的扦插为（　　）
A.绿枝扦插　B.硬枝扦插　C.根插法
D.叶插法　E.组织培养

5.土壤耕作的任务不包括（　　）
A.创造和维护良好的耕层构造　B.改善表土层的特性
C.翻埋残渣和绿肥　D.防除杂草和病虫害
E.利于劳动者工作

6.表土耕作不包含（　　）
A.耙地　B.旋耕　C.全翻耕　D.镇压　E.起垄

7.盐碱地土壤耕作不包含（　　）
A.平整土地　B.客土改良　C.浇水
D.躲盐巧种　E.早春耙耱

8.压条繁殖不包含（　　）
A.单枝压条　B.水平压条　C.全埋压条
D.堆土压条　E.空中压条

9.评判种子大小、饱满程度和充实程度的指标是（　　）

A.种子净度　　B.种子千粒重　　C.种子含水量
D.种子生活力　　E.种子的发芽能力

10.下列哪项不是种子休眠的原因（　　）
A.种皮限制　　B.胚未成熟　　C.萌发抑制物质的存在
D.次生休眠　　E.有机质的存在

11.促进种子萌发的处理方法不包括（　　）
A.浸种催芽　　B.机械损伤　　C.强光照射
D.超声波　　E.生长调节剂

12.按照一定株距在畦面挖穴播种，称（　　）
A.点播　　B.条播　　C.撒播　　D.直播　　E.环播

13."三月茵陈四月蒿，五月六月当柴烧"生动地说明了（　　）的重要性
A.采收时间　　B.采收地点　　C.采收方法
D.采收工具　　E.采收部位

14.加工处理方法中，清选的方法不包括（　　）
A.挑选　　B.筛选　　C.修整　　D.水选　　E.风选

15.影响种子寿命的内在因素不包括（　　）
A.种皮结构　　B.种子的贮藏物　　C.种子的含水量
D.种子的成熟度　　E.通气状况

16.农谚说"三分种，七分管，十分收获才保险"，说明了（　　）的重要性
A.采收时间　　B.田间管理　　C.加工技术
D.采收方法　　E.贮藏管理

17.把灌溉水喷到空中成为细小水滴再落到地面，像阵雨一样的灌溉方法为（　　）
A.滴灌　　B.喷灌　　C.沟灌　　D.浇灌　　E.漫灌

18.木本药材的修剪方法不包含（　　）
A.短剪　　B.长放　　C.曲枝　　D.扭梢　　E.摘花

19.叶类药材一般什么时候采收（　　）
A.夏季　　B.冬季　　C.夏秋　　D.枯萎期　　E.叶子最旺盛时

20.在分离繁殖过程中，下列哪种植物属于分离繁殖中的分鳞茎（　　）
A.百合　　B.黄精　　C.人参　　D.白及　　E.芍药

21.用石灰水浸渍半夏，可使其表皮脱落，属于哪种去皮方法（　　）
A.手工去皮　　B.化学去皮　　C.工具去皮
D.机械去皮　　E.物理去皮

22.检查枝接苗是否成活，一般在接后（　　）
A. 5~7天　　B. 8~12天　　C. 13~17天　　D. 20~30天　　E. 1个月以上

23.下列哪项不是加工设备（　　）
A.铁锹　　B.熏蒸设备　　C.蒸煮烫设备

D.浸渍设备　　E.干燥设备

24.叶类药材一般什么时候采收（　　）

A.夏季　B.冬季　C.夏秋　D.枯萎期　E.叶子最旺盛时

25.药用植物生产机械化的意义不包含（　　）

A.农村社会进步的重要标志　　B.利于劳动者节省体力

C.产业化的基本保证　　D.经济增长的基本手段

E.利于规模化生产

26.下列哪种不是扦插的外在因素（　　）

A.扦插基质　　B.光照　　C.温度

D.水分　　E.植物种类和插条的年龄及部位

27.插条已经木质化，选择1~2生生长健壮的枝条进行的扦插为（　　）

A.绿枝扦插　　B.硬枝扦插　　C.根插法

D.叶插法　　E.组织培养

28.下列哪项不属于促进插条生根的机械处理方法（　　）

A.纵刻伤　B.剥皮　C.黄化处理　D.环剥　E.缢伤

29.将一株植物上的枝条或芽接到另一株长有根系的植物上，使它们愈合生长在一起而形成新个体的繁殖方法是（　　）

A.种子繁殖　　B.分离繁殖　　C.压条繁殖

D.扦插繁殖　　E.嫁接繁殖

30.嫁接用的枝或芽称为（　　）

A.接穗　B.砧木　C.枝条　D.母体　E.父本

31.用一定长度的一年生枝条作为接穗，插嵌在砧木断面上，使两者的形成层紧接为一体的嫁接方法称为（　　）

A.压接　B.芽接　C.枝接　D.穗接　E.插接

32.下列哪项不属于枝接（　　）

A.切接　B.劈接　C.腹接　D.插皮接　E.芽接

33.在嫁接繁殖过程中，需要将砧木和接穗紧密结合在一起的部位是（　　）

A.韧皮部　B.形成层　C.木质部　D.皮层　E.初生木质部

34."无心插柳柳成荫"一句说明，柳树采用的繁殖方式是（　　）

A.种子繁殖　　B.嫁接繁殖　　C.压条繁殖

D.扦插繁殖　　E.分离繁殖

35.影响嫁接成活的内在因素不包含（　　）

A.亲和力　　B.砧木和接穗的木质化程度

C.嫁接技术　　D.砧木与接穗的营养成分

E.砧木和接穗的发芽期

36.一批种子中，除去各种混杂物及废种子后，剩下的净洁种子占检验样品总重

量的相对百分数，称（　　）

A.种子净度　　B.种子千粒重　　C.种子含水量

D.种子生活力　　E.种子的发芽能力

37.在最适宜的发芽条件下，发芽种子占所测种子的百分比称为（　　）

A.种子发芽势　　B.种子千粒重　　C.种子发芽率

D.种子生活力　　E.种子适用率

38.在规定的时间内，发芽种子的数量占全部种子的百分比称为（　　）

A.种子发芽势　　B.种子千粒重　　C.种子发芽率

D.种子生活力　　E.种子适用率

39.下列哪项不属生理性病害的因素（　　）

A.温度　　B.湿度　　C.真菌

D.光照　　E.土壤和空气的成分

40.下列哪种不属于侵染性病害的因素（　　）

A.细菌　　B.病毒　　C.真菌　　D.药害　　E.寄生性线虫

模块三　药用植物栽培的综合技能

项目九　根及根茎类药材规范化栽培技术

教学目标

▶ **知识目标：**

1.掌握　根与根茎类药材的规范化种植技术、规范化田间管理技术和规范化产地加工技术。

2.熟悉　根与根茎类药材的质量标准和病虫害防治技术。

3.了解　根与根茎类药材的植物学特征。

▶ **素质目标：**

具有质量意识、环保意识、安全意识、信息素养、工匠精神和创新思维。

▶ **技能目标：**

1.能够熟练运用根与根茎类药材的规范化种植技术、产地加工技术。

2.能够进行根与根茎类药材的田间管理与病虫害防治。

任务1　能进行人参规范化栽培

一、基本概念

1.芦头　人参的根茎。

2.大马牙　主根粗短、芦碗大，生长快，产量高。

3.二马牙　根茎和主体均较长，侧根较少，经整形栽培后，两条分根如人形般美观。

4.长脖　根茎细长，参体小巧玲珑，经多年培植可代野山参。

5.生晒类　是鲜参经过洗刷、干燥而成的产品。其商品品种有生晒参、全须生晒、白干参、白直须、白弯须、白混须、皮尾参等。

6.红参类　将适合加工红参的鲜参经过洗刷、蒸制、干燥而成的产品。商品品种有红参、全须红参、红直须、红弯须、红混须等。

7.糖参类　将鲜参经过洗刷、熏制、炸参、排针、浸糖干燥而成的产品。商品品种有糖棒（糖参）、全须糖参（又称白人参）、掐皮参、糖直须、糖弯须、糖参芦等。

二、学习目标

1.学会人参药材的规范化种植技术。

2.学会人参药材的田间管理技术。

3.学会人参药材的规范化产地加工技术。

三、基本知识

（一）人参产地

人参俗名为黄参、棒槌、血参、神草、土精。主产东北三省，其中吉林人参产量高，质量好，畅销国内外。近年山东、山西、北京、河北、湖北、云南、四川、甘肃等地已引种成功。

（二）植物形态

人参*Panax ginseng* C. A. Mey直根系，主根肥大，肉质，黄白色，圆柱形或纺锤形，下部有分枝。须根细长。根茎每年增生一节。茎直立，圆柱形，不分枝，光滑无毛，绿色或带紫色。掌状复叶，具长柄；小叶3~5片。伞形花序，单个顶生。第三、第四年开始开花结实。浆果状核果，内含种子2粒。

（三）生长环境

人参为多年生、长日照、阴性草本植物，生长在海拔200~900m的以红松为主的针阔混交林或杂木林中，常在阴坡或半阴坡生长。适宜生长的温度范围是10~34℃，最适温度20~25℃，最低可耐受-40℃的低温，年积温2800℃以上。适宜的空气相对湿度为80%左右，土壤湿度35%~50%（相对含水量80%左右），旱涝不均或骤然变化容易引起烂参。

人参喜弱光，怕强光。但如果光照过弱，容易造成生育不良。以土层深厚、富含腐殖质、渗透性强的砂质壤土为宜，适宜微酸性土壤（pH 5.8~6.3），不适宜碱性土壤。

（四）生长过程

人参每年从出苗到枯萎可以划分为出苗期、展叶期、开花期、结实期、果后参根生长期、枯萎休眠期六个阶段，全生育期120~180天。人参从萌动到长出地面需要5~7天。地温在10~15℃时，出苗最快。东北参区5月中旬为展叶期。展叶时平均气温在14~18℃，相对湿度80%~90%时，展叶可持续10~15天。人参从出苗至展叶结束的需水量，占年生育期总需量的20.25%，东北产区春旱较重，及时灌水是保证优质高产的重要措施之一。在东北产区，6月上旬至中下旬开花，花期15~20天。人参开花时，气温多在13~24℃之间，开花数目约占总数的86.8%，温度低于12℃或高于27℃人参不开花。开花期相对湿度多在35%~99%之间，低于35%不开花。东北产区结实多在6月下旬至7月上旬。结实期平均气温在20~25℃间，空气相对湿度80%~90%。如果温度在35℃以上、光照强、湿度小，则成熟期滞后。人参是浆果状核果，成熟前为绿色，近于成熟时紫色，成熟时为绛红色，果期50~60天。果后参根生长期是人参根增重的重要时期。东北产区多在8月上旬开始，到9月下旬为止，持续40~50天。参根生长期时，平均气温为20~22℃；当平均气温低于8℃以下时，人参进入枯萎期。在人参的枯萎期，人参吸水量占全生育期需水量的26.4%。参根进入枯萎期后，根内积累的淀粉等物质开始转化为糖类，准备越冬。枯萎时间越久，转化的糖类越多。当参根冻结后，人参进入冬眠阶段。

人参根的生长，大致可分为旺盛生长期、正常生长期和衰老期。1~4参龄为旺盛生长期，5~8龄为正常生长期，9龄以上为衰退期，所以人参采收年限多以6年前后为宜。

（五）质量标准

1.外观 生晒参主根呈纺锤形或圆柱形，长3~15cm，直径1~2cm。支根2~3条，并有多数须根，须根上有不明显的细小疣状突起（习称“珍珠疙瘩”）。表面灰黄色，上部或全体有粗横纹及纵皱纹。根茎（习称“芦头”）多拘挛而弯曲，具不定根（艼）和稀疏的凹窝状茎痕（芦碗）。质较硬、充实，断面淡黄白色，显粉性，形成层环纹棕黄色，皮部有黄棕色的点状树脂道及放射状裂隙。香气特异，味微苦、甘。生晒参无破损、内色好，无杂质、虫蛀和霉变者为佳。全须生晒参还要求参芦、参须、参体齐全。

红参主根圆柱形，有芦头、艼帽，质坚实，无抽皱沟纹，内外呈深红色或黄红色，有光泽，半透明，无须根，抽沟、干疤、破疤、主根红等少者为佳，无虫蛀和霉变。

糖参全体可见加工时的点状针刺痕，内外呈黄白色，无返糖、虫蛀和霉变者为佳。

2.含量 按照《中国药典》规定：人参皂苷Rg_1（$C_{42}H_{72}O_{14}$）和人参皂苷Re（$C_{48}H_{82}O_{18}$）的总量不得少于0.30%，人参皂苷Rb_1（$C_{54}H_{92}O_{23}$）不得少于0.20%。饮片按干燥品计算，含人参皂苷Rg_1（$C_{42}H_{72}O_{14}$）和人参皂苷Re（$C_{48}H_{82}O_{18}$）的总量不得少于0.27%，人参皂苷Rb_1（$C_{54}H_{92}O_{23}$）不得少于0.18%。

四、能力训练

（一）操作条件

1. 地点　人参药材生产基地。

2. 材料　人参。

3. 工具　人参规范化种植的工具、病虫害防治的工具、人参采收加工的工具等。

（二）安全及注意事项

1. 严格按照实训基地的要求进行实训，注意安全。

2. 拖拉机、旋耕机等农耕机械，清洗工具、切削工具、蒸煮烫工具、修制工具、烘干工具使用时的注意事项。

3.《药材种植岗位操作规程》《药材田间管理岗位操作规程》《药材病虫害岗位操作规程》《药材采收加工岗位操作规程》。

（三）操作过程

1. 播种

（1）选地整地　如是林地栽参，宜选用坡向北或东北、坡度在15°以下、排水良好、土质疏松肥沃的阔叶林地，pH为5.5~6.8、腐殖质含量高的砂壤土。坡地畦一般采用“东北阳”。

在栽参的土壤中，将大量腐熟的猪圈肥、堆肥、草炭等按每平方米3kg施入，若再加上头年湿玉秆扎成段经堆沤腐熟后施入更好，用旋耕机或畜力犁每月耕翻1次，使之充分腐熟，日光杀病虫，种参前一月做成土垄，再翻捣两次。结合翻耕施入5%辛硫磷1kg/667m^2或50%退菌特3kg/667m^2对土壤进行消毒处理。为便于灌溉、喷药等田间管理，最好搭2m左右的高棚，作业道比林地栽参窄约40cm，过窄不利于排水。夏播作畦时间为7~8月；秋播和春播作畦时间为9~10月。畦宽1.2m，畦高30cm左右，畦间距1~1.2m，畦长根据地形而定，同时要挖好排水沟和出水口。

（2）选种和种子处理　选育良种和选用大籽是培育大苗的必备条件。目前国内外栽培的均属紫茎绿叶红果种类型，我国已繁育出一定数量的青茎黄果种。在红果类型中又分出青茎红果和紫茎青叶红果两个品系，此两种类型正在分离繁育之中。

人参产区一般用层积法处理种子，将框（高40~60cm，宽90~100cm，长度根据种子多少而定）安置于地上，框底铺20cm厚的石子，其上铺10cm厚的过筛细砂，种子经筛选、水选后，用清水浸泡24h，浸种后捞出稍晾干（以种子和砂土混拌不黏为度），然后向种子中加入2倍量（以体积计算）的调好湿度的混合土，混匀后装床。床上扣盖铁纱网防鼠害。框外围填土踏实，盖上席帘或架设阴棚，以防温度过高。8~9月间，经常检查，温度控制在15~20℃。土壤水分保持在10%~15%。经

60~80天种子裂口时，即可播种。如次春播种，可将炸口种子与砂混合装入罐内，或埋于室外，置冷凉干燥处贮藏。播种前将种子放入冷水浸泡2天左右，待充分吸水后播种。

（3）播种 可分为春播、夏播（伏播）、秋播。产区多行伏播和秋播。春播在4月中下旬，多数播种冷冻贮存后种子的催芽籽，播后当年春季就出苗。夏播亦称伏播，采用的是干籽（指将从果实搓洗出来的自然风干后的种子），一般要求在6月下旬前播完。天气暖和，生育期长的地方（播种后高于15℃，天数不少于80天），可延迟到7月中旬或下旬。秋播多在10月中下旬进行，播种当年催芽籽，播后第二年春季出苗。

（4）移栽 目前多用"二三制"（育苗2年，移栽3年）、"二四制"（育苗2年，移栽4年）、"三三制"（育苗3年，移栽3年）和"三二二制"（育苗3年，移栽2年，再移栽2年）。

1）移栽时间 人参有春栽和秋栽之别，现多采用秋栽，秋栽一般在10月中旬地上茎叶枯黄时进行，一般以栽后床土冷凉，渐渐结冻为佳。过早移栽易烂芽苞，过晚参根易受冻害。春栽一般在4月参根生长层土壤解冻后进行移栽。

2）参株的选择及消毒 目前参区多选健壮完整、芽苞肥大、浆液饱满、无病虫害的2、3年生参苗，对从病区选出的参苗应进行消毒处理。一般用65%代森锌可湿性粉剂100倍液浸渍10min，或用400倍液喷洒参苗，以防治病害。

3）栽植密度 移栽密度应根据移栽年限和参苗等级而定。年限长，株行距要大些，反之则小些。一般栽植密度为行距20~30cm，株距8~10cm（"二四制"）。

4）栽植方法 多采用"摆参法"，即在做好的畦上开槽，按规定的株行距，将参苗的芦头朝上30°~40°顺次摆开，随摆随盖土、搂平以防位置移动。覆土深度，应根据参苗的大小和土质情况而定。土质砂性大，阳坡易旱地，覆土要厚些；反之应薄些。秋栽后，畦面上应用秸秆或干草等覆盖，保湿防寒，厚10~15cm。冻害严重的地区，在覆盖物上还要加盖10~12cm防寒土。

2. 田间管理

（1）搭设阴棚 人参属于阴性植物，整个生长发育期间需要适宜的水分但不能被伏雨淋渍，需要一定强度的光照但怕强日照暴晒。所以出苗后应立即搭设阴棚。根据棚架的高矮和外形来分，有高棚、矮棚、平棚、脊棚、拱棚之分。按透光、透雨情况来分，有单透棚和双透棚之分，单透棚只透光不透雨，双透棚既透光又透雨。双透棚因未用塑料薄膜隔雨，只适合雨水较少、土壤透性好、腐殖质含量不太多的地区采用，还必须畦面覆盖，否则雨水冲刷、浸泡，致使土壤板结，病害严重。不论什么棚都必须使帘子的稀密度保持在透光15%~30%为好，因此，要适当调光。如吉林省长白县气候较冷凉，5月只盖一层膜，6月一层膜加一层花帘，7月一层膜加两层花帘，8月同6月，9月同5月。

（2）松土除草 必须适时适度松土。一般4月上中旬，芽苞开始向上生长时，及时撤除覆盖物，并耙松表土，耧平畦面。参苗出土后，5月中下旬（小满至芒种）进行第一次松土除草，以提高地温，促进幼苗生长。第二次在6月中下旬。以后每隔20天进行一次。全年共进行4~5次松土除草。松土除草时切勿碰伤根部和芽苞，以防缺苗。育苗地可在出苗接近畦面时松松表土，待小苗长出后，见草就拔，做到畦面无杂草。

（3）摘蕾疏花　人参3年以后年年开花结实。5月中下旬，花蕾抽出时，对不留种的参株应及时摘除花蕾，使养分集中，从而提高人参的产量和质量。

5年生人参留种时，要把花序上的花蕾疏掉1/3或1/2，可使种子千粒重由23g左右提高到30~35g。疏花在6月上旬，把花序中间的1/3~1/2摘掉即可。

（4）水肥管理　4年生以下人参因根浅，多喜湿润土壤；而高龄人参对水分要求减少，水分过多时，易发生烂根，因此要控制水分，做好防旱排涝。农田栽参可用滴灌或微喷等先进灌溉技术，既省水，土壤又不易板结。畦面盖草更比不盖草节约灌溉用水。由于农田土有机质不如林地土高，孔隙度也相应少，人参生长的相对含水率不能高于84%，否则透气性不够，影响生长。

人参以基肥为主，多施有机肥可改良土壤。追肥宜早施，肥料必须腐熟，以免肥害。移栽后的参苗可于出土后在行间开浅沟，将农家肥（猪粪、牛粪、马厩肥5~10kg/m^2）或饼肥、过磷酸钙或复合化肥50g/m^2左右施入沟内，覆土。施肥后应及时浇水，否则土壤干旱，容易发生肥害。根侧追肥多在5月下旬至6月初，结合第一次松土开沟施入。一般参地每平方米施150g豆饼粉，或100g豆饼粉加50g炒熟并粉碎的芝麻或苏子。6月下旬或7月初进行根外追肥，追施人参叶面肥。

（5）越冬防寒　人参耐寒性强，但是气温在0℃上下剧烈变动，即一冻一化时，常使参根出现“缓阳冻”。因此，在10月中下旬植株黄枯时，将地上部分割掉，烧毁或深埋，以便消灭越冬病原。同时要在畦面上盖防寒土，先在畦面上盖一层秸秆，上面覆土8~10cm以防寒。

3.病虫害及防治

（1）立枯病　主要发生在出苗展叶期。由丝核菌侵染，在低温多湿条件下易发生，发病盛期为5~6月份。土壤黏重、排水不良的低洼地，发病更严重。1~3年生人参发病重，受害参苗在土表下干湿土交界的茎部呈褐色环状缢缩，幼苗折倒死亡。

防治方法：①播种前用3kg 50%多菌灵/667m^2处理土壤。②发病初期用50%多菌灵1000倍液浇灌病区，浇灌后，参叶用清水淋洗。③发现病株立即清除烧毁，病穴用5%石灰乳等消毒。④加强田间管理，保持苗床通风，避免土壤湿度过大。

（2）黑斑病　发病盛期为6~8月份，主要危害叶片，也可危害茎、花梗、果实等部位。叶片上为黄褐色至黑褐色的近圆形或不规则形病斑。茎上病斑黄褐色椭圆形，向上、下扩展，中间凹陷变黑，上生黑色霉层，致使茎秆倒伏。果实受害时，表面产生褐色斑点，逐渐干瘪成“吊干籽”。

防治方法：①建立种子田，选留无病种子。播种前用50%代森锰锌1000倍液浸泡24h，或按种子重量0.3%~0.5%拌种。②秋季清除病残体；早春用100倍硫酸铜溶液对参畦、作业道及参棚进行全面消毒。③选择地势高、排水性好的地块栽参，床面最好用落叶覆盖，采光要合理。夏季要采取防雨和避强光措施。④人参出苗展叶初期开始喷药防治，可选用50%代森锰锌600倍液或1∶1∶120波尔多液等药剂视病情喷5~8次（1次/7~10天），每次大雨后需补喷。

（3）疫病　7~8月雨季时发生，危害根部及茎叶。叶片呈暗绿色不规则形水浸状病斑，病患和健康部位交界处不明显。茎上出现暗色长条斑，很快腐烂，使茎软化倒伏。根部发病呈水浸状黄褐色软腐，内部组织呈黄褐色花纹，根皮易剥离，并附有白色菌丝黏着的土块，具特殊的腥臭味。

防治方法：①发现中心病株及时拔除，并移出田外烧掉，用生石灰粉封闭病穴。②加强田间管理，保持合理密度，注意松土除草。③严防参棚漏雨，注意排水和通风透光。双透棚栽参，床面必须覆盖落叶。④雨季开始前喷施1次1∶1∶160波尔多液，以后每7~10天喷药1次，可选用50%代森锰锌600倍液、40%乙磷铝300倍液、25%甲霜灵600倍液、58%瑞毒霉锰锌500倍液，视病情喷3~5次。

（4）炭疽病　6~7月间发生，主要危害叶片，也危害茎、花和果实。发病初期叶片上出现暗绿色小圆形或近圆形病斑，逐渐扩大变为褐色，中央黄白色，边缘清楚，有时边缘红褐色，中央淡褐色，并有同心轮纹，上生有黑色小点，干燥时易破碎穿孔，多雨时易腐烂，危害严重的病叶，斑点多而密集，叶片常连叶柄从植株上脱落。

防治方法：①在春秋两季清洁田园，将病株及病叶集中烧掉，减少越冬初侵染源。②选用无病种子，或播种前用75%百菌清500倍液浸种20min对种子进行消毒，用清水洗净后播种。③早春撤去防寒土后，用硫酸铜150倍液或50%多菌灵200倍液进行床面消毒。④参苗展叶后，选择50%多菌灵600倍液、65%代森锰锌500倍液、1∶1∶160波尔多液或50%甲基托布津500倍液等药剂交替喷雾。

（5）锈腐病　全年都能发生，6~7月为发病盛期。主要危害人参的根部，病斑初期为黄白色小点，逐渐扩大融合，呈不规则形的铁锈样黄褐色病斑，边缘稍隆起，中央微陷，病健交界明显，严重时使人参根部腐烂，不能药用或没有产量。参根染病后，地上部分表现为植株矮小，叶片不展，叶片上出现红褐色或黄褐色斑点，以致全部变红枯萎死亡。

防治方法：①精细整地做床，清除树根等杂物。②精选无病参苗，并用多抗菌素0.2g/kg浸喷参根后移植。实行2年制移栽。改秋栽为春栽。注意防旱排涝，保持稳定的土壤湿度。③栽前用多菌灵、速克灵、托布津等药剂进行土壤消毒。

（6）菌核病　5~6月发生，秋后亦有蔓延。主要危害3年生以上参根，也可危害茎基部和芦头。病部初生水浸状黄褐色斑块，上有白色棉絮状菌丝体，后期组织呈灰褐色软腐，烂根表面及根茎部均有不规则形黑色菌核。芦头受害则春季不能出苗。发病初期地上部分与健株无明显区别，后期地上部分萎蔫，易从土中拔出。该病主要分布在东北局部参区，一旦发病，可使整畦参根大半烂掉。

防治方法：①参床避免选在背阴低洼处；早春注意提前松土，以提高地温、降低湿度。②出苗前用1%硫酸铜溶液或1∶1∶120波尔多液床面消毒；发现病株及时拔除，并用生石灰粉对病穴进行土壤消毒。③发病初期用50%速克灵800倍液或40%菌核净500倍液灌根。移栽前用上述药剂处理土壤可起到预防作用。

（7）猝倒病　主要危害幼苗茎基部。发病初期在近地面处幼茎基部出现水浸状暗色病斑，很快缢缩软腐倒伏，上生白色棉絮状菌丝体。严重发病，参成片倒伏死亡。

防治方法：①床要整平、松细。肥料要充分腐熟，并撒施均匀。播种不宜过密。防止参棚漏雨。②发病初期拔除病苗，并及时浇灌65%代森铵500倍液，或40%乙磷铝300倍液、25%甲霜灵800倍液或64%杀毒矾500倍液。③发病后用80%代森锌800~1000倍液喷雾防治。

（8）害虫　主要有东北大黑鳃金龟、小地老虎、蝼蛄、金针虫。

防治方法：①施用的粪肥要充分腐熟，最好用高温堆肥。②灯光诱杀成虫，即在田间用黑光灯或电灯进行诱杀，灯下放置盛水的容器，内装适量的水，水中滴少许煤油即可。③毒饵诱杀，用50%辛硫磷乳油50g，拌炒香的麦麸5kg加适量水或配成毒饵，在傍晚于田间或畦面诱杀。

4.采收与加工　人参皂苷含量是随着人参生长年限的增长而增加，5、6年生积累增长速度最快，7年生以后，虽然根体总皂苷含量增加，但积累速度逐渐下降。我国人参产区多数在6年生收获参根。一般于9~10月中旬挖取，早收比晚收好。挖时防止创伤，摘去地上茎，装筐运回，并将人参根按不同品种的加工质量要求挑选分类。做到边起、边选、边加工。

人参加工的种类，按其加工方法和产品药效可分为四大类，即活性人参、生晒参、红参和糖参。

（1）活性人参　清除不符合质量标准的部分后，对人参进行分级。在冷冻盘铺上聚乙烯塑料薄膜，在塑料薄膜上摆上人参，将冷冻盘装入速冻箱，密闭后开启冷冻机，人参速冻后维持低温2h，然后移入真空脱水干燥箱中脱水，使水分含量在5%~12%之间，抽真空包装。

（2）生晒参　分为下须生晒和全须生晒。下须生晒选体短、无病斑的；全须生晒应选体形好而大，须全的参。下须生晒除保留芦、体和主体粗细匀称的支根的中上部外，其余的艼、须全部下掉。全须生晒则不下须，可用线绳捆住须根，防止参根晒干后须根折断。下须后洗净泥土。晒干或用40~50℃的文火烘干即可。

（3）红参　选浆足不软、完整无病斑、体形较大的参根，再把体上、腿上的细须根去掉，然后洗刷干净，分别大小倒立放蒸笼中蒸2~3h，先武火后文火，至参根呈黄色半透明时停火，等冷却后取出晒半天或1天，再放入50~60℃的烤箱中烘烤，当参根发脆时取出烘参，用喷水器向参根喷水打潮，同时剪掉“艼”和支根的下段。反复晒烘3~5天，剪下的“艼”和支根捆把晒干成为红参须，主根即成红参。

（4）糖参　将缺头少尾、根软、浆液不足的参根，同生晒参的方法下须，然后刷洗干净，取出，头朝下摆入筐中，放沸水中烫15min，参根变软，内心微硬时捞出，用冷水冷却后取出，晒0.5h左右。将参根平放于木板上，用排针器在根体从头到尾排一遍，再用骨制顺针顺参体向芦头方向扎几针，但不要穿透。扎后参头向外，尾向内，平摆于缸内，把糖熬到挑起发亮并有丝不断，趁热倒入装好的缸内。浸10~12h出缸，摆到参盘中晾晒到不发黏时进行第二次排针灌糖，依此法灌第三次，晒干即可。注意糖参干后，表面有一层附着的糖，这不仅影响糖参的美观，而且容易吸湿感染细菌、霉菌等生物。因此，糖参干后，要用沸水把表面附着的糖冲洗干净后，再次烘干。

（四）学习结果评价

根据实验结果，填写下列表格。

序号	人参的品种	栽培时间	施肥时间	病虫害防治时间	加工方法	质量标准
1						
2						
3						
4						
5						

五、课后作业

1. 简单撰写人参规范化栽培技术流程。
2. 调查当地人参的栽培情况，并填写下表。

序号	栽培品种	栽培时间	施肥时间	病虫害防治方法	加工方法	备注
1						
2						
3						
4						
5						

任务2　能进行丹参规范化栽培

一、基本概念

1. 条丹参　可将直径0.8cm以上的根条在母根处切下，顺条理齐，暴晒，经常翻动，七八成干时，扎成小把，再暴晒至干，装箱即成。

2.统丹参　如不分粗细，晒干去杂后装入麻袋者。

二、学习目标

1.学会丹参药材的规范化种植技术。

2.学会丹参药材的田间管理技术。

3.学会丹参药材的规范化产地加工技术。

三、基本知识

（一）丹参产地

丹参俗称紫丹参、血参、大红袍、红根等。家种丹参主要分布在河北、天津、江苏、上海、浙江、安徽、河南、山东、四川等地。

（二）植物形态

丹参*Salvia miltiorrhiza* Bge.为多年生草本。肉质根，肥厚，有分枝，外皮朱红色，内黄白色，长约30cm。茎直立，四棱形，表面有浅槽，多分枝。奇数羽状复叶对生。轮伞总状花序，顶生或腋生，密被腺毛和长柔毛；花萼钟状，萼筒喉部密被白色柔毛；花冠蓝紫色，唇形；发育雄蕊2，退化雄蕊2。小坚果4，长圆形。花期6~9月，果期7~10月。

（三）生长环境

丹参种子在20℃左右开始发芽，种根在土温15℃以上开始萌芽，植株生长发育的适宜气温为20~26℃。丹参茎叶不耐严寒，气温降至10℃以下时地上部分开始枯萎；茎叶只能经受短期-5℃左右的低温，地下部分耐寒性强，可耐受-15℃的低温。丹参怕水涝和积水，干燥的环境也不利于其生长发育。一般以相对湿度80%左右的地区生长较好。一般土壤均能生长，但以地势向阳、土层深厚、中等肥沃、排水良好的砂质壤土栽培为好。忌在排水不良的低洼地种植。对土壤酸碱度要求不严。丹参为喜阳植物，在向阳的环境下生长发育较好。

（四）生长过程

丹参种子小，寿命1年。种子春播当年不开花；2年生以后，年年开花结实。育苗移栽的第一个快速增长时期出现在返青后30~70天。从返青到现蕾开花约需60天。种子成熟后，植株生长从生殖生长再次向营养生长过渡，叶片和茎秆中的营养物质集中向根系转移，出现第二个生长高峰。3~6月是茎叶生产旺季，7~10月是根部增长的最快时期。

（五）质量标准

1. 外观 丹参根茎短粗，顶端偶见残留茎基。根数条，长圆柱形，略弯曲，有须状细根。表面棕红色或暗棕红色，具纵皱纹。外皮紧贴不易剥落。质硬而脆，断面平整而致密，略呈角质样，皮部棕红色，木部灰黄色或紫褐色，导管束黄白色（习称“白茬”），呈放射状排列。气微，味微苦涩。以外皮紫红无脱落、条粗、质坚实、无断碎条者为佳；外皮脱落、色灰褐者质次。

2. 含量 按照《中国药典》规定：含丹参酮ⅡA（$C_{19}H_{18}O_3$）、隐丹参酮（$C_{19}H_{20}O_3$）和丹参酮Ⅰ（$C_{18}H_{12}O_3$）不得少于0.25%；含丹酚酸B（$C_{36}H_{30}O_{16}$）不得少于3.0%。

四、能力训练

（一）操作条件

1. 地点 丹参药材生产基地。

2. 材料 丹参。

3. 工具 丹参规范化种植的工具（大型拖拉机、旋耕机等）、丹参病虫害防治的工具（无人机）、丹参采收加工的工具（收获机）等。

（二）安全及注意事项

1. 严格按照实训基地的要求进行实训，注意安全。

2. 大型拖拉机、旋耕机、无人机、收获机、清洗工具、切削工具、蒸煮烫工具、修制工具、烘干工具使用时的注意事项。

3.《药材种植岗位操作规程》《药材田间管理岗位操作规程》《药材病虫害岗位操作规程》《药材采收加工岗位操作规程》。

（三）操作过程

1. 播种

（1）选种 山东丹参的品种有鲁丹参1、2号，是常规选育高产优质品种；鲁丹参3号是通过航天搭载诱变和地面定向培育的新品种。

四川省中江县栽培的丹参主要是中江大叶型丹参和中江小叶型丹参，另外还有中江野丹参。大叶型丹参根条较短而粗，植株较矮，叶片大而较少，为当前主栽品种，产量高，但退化较严重，要注意提纯复壮；小叶型丹参根较细长而多，主根不明显，植株较高，叶多而小，花序多，目前栽培面积较小。

（2）选地整地 丹参根系发达，适宜选择光照充足、土层深厚、疏松肥沃、浇水方便、排水良好、地下水位不高、pH 6~8的砂质壤土进行合理轮作，低洼地、黏土和盐碱地均不宜栽种。丹参为深根多年生植物，不宜连作，可与小麦、玉米、大蒜、蓖麻等作物或非根类药材轮作，不适于与豆科或其他根类药材轮作。前作收获后，施腐熟农家肥（堆肥或厩肥）1500~3000kg/667m^2、磷肥750kg作基肥，深翻30~40cm入土中，然后整细整平，并作成宽70~150cm的高畦，北方雨水较少的地区可作平畦，南方作高畦，开好排水沟使其旱能浇、涝能排，以利于排水。

（3）播种　丹参用种子繁殖、扦插繁殖、分根繁殖和芦头繁殖，以分根繁殖和种子繁殖为主。

1）种子繁殖　丹参种子细小，发芽率70%左右，直播法往往出苗不齐，故多选用育苗移栽法。播种时间，应在种子收获后即时播种，一般在6月底或7月初。采取条播（种子与河砂混合）或穴播，行距30~45cm，株距25~30cm挖穴，穴内播种量5~10粒，覆土2~3cm。条播沟深3~4cm，覆土2~3cm。播种量0.5kg/667m^{2}左右。如果遇干旱，播前浇透水再播种。播后盖地膜，保温保湿。当地温达到20℃左右时，15~20天出苗。当开始出苗返青时，于傍晚或阴天逐渐多次揭去覆盖物（注意：覆盖物揭得太迟会将苗捂黄或捂死）。幼苗3~5片真叶时，如发现过密应进行间苗，间出的苗可外行栽植、培育。播种后经2个月生长，即可移栽。储存时间超过9个月的种子，发芽率极低，不宜使用。

种苗在移栽前要进行筛选，对烂根、色泽异常及有虫咬的或病苗、弱苗要除去（特别要注意根部有小疙瘩的苗子必须剔除，此为根结线虫病）。优选无病虫的丹参苗，栽前用50%多菌灵或70%甲基托布津800倍液蘸根处理10min，晾干后移栽，以有效地控制根腐等病菌的侵染。

种苗移栽在10月下旬至11月上旬（寒露至霜降之间）进行，春栽在3月初。株行距20cm×20cm左右，视土壤肥力而定，肥力强者株行距宜大。在垄面开穴，穴深以种苗根能伸直为宜，苗根过长的要剪掉下部，保留约10cm长的种根即可；将种苗垂直立于穴中，培土、压实至微露心芽，约栽12000株/667m^2，栽后视土壤墒情浇适量定根水，忌漫灌。

2）分根繁殖　栽种时间一般在当年2~3月，也可在前年11月上旬（收获时）立冬前栽种，也可湿砂藏至翌春。也可采用留种地，当年不挖，到第二年2~3月间随挖随栽。冬栽比春栽产量高。

一般选直径1cm左右，色鲜红、无病虫害、顶端有宿芽3~5个的一年生侧根作种，最好用上、中段，细根萌芽能力差。在准备好的栽植地上按株行距（20~30）cm×（25~40）cm开穴，穴深5~7cm，穴内施入充分腐熟的猪粪尿，然后将种根条掰成约5cm左右的节段，每节有2个芽，直立放入穴内，边掰边栽，上下端切勿颠倒，最后覆土3~5cm，不宜过厚，否则影响出苗，稍压实。为使丹参提前出苗，可用根段催芽法，还可盖地膜以提高地温，改善土壤环境，促进丹参的生长发育，从而提高产量。第二年3~4月根段上部都长出白色的芽时，可以栽植于大田。该法栽植出苗快、齐，不抽薹，不开花，当年难收到种子，叶片肥大，根部充分生长，产量高。

3）扦插繁殖　南方春栽1~4月，北方秋栽6~8月，在整好的畦内浇水灌透，将健壮、无病的茎枝剪成17~20cm的小段，下部切口要靠近茎节部位，呈马蹄形。按行距20cm、株距10cm，斜插入土2/3，顺沟培土压实，地上留1~2个叶片。边剪边插，不能久放，否则影响插条成活率。保持土壤湿润，适当遮阴。一般20天左右便可生根，成苗率90%以上。待根长3cm时，便可定植于大田。

4）芦头繁殖　3月选无病虫害的健壮植株或野生丹参，剪下粗根药用，而将细根连芦头带心叶用作种苗进行种植。剪去地上部分的茎叶，留长2~2.5cm的芦头做种栽，按株行距（25~30）cm×（30~40）cm，挖3cm深的穴，每穴栽1~2株，芦头向上，覆土盖住芦头为度，浇水，4月中下旬苗出齐。芦头繁殖，栽种后第二年即可收获。

2.田间管理

（1）大田土壤处理　如选地块属根结线虫等病害多发区，施入3%辛硫磷颗粒3kg/667m^2，撒入地面，翻入土中，进行土壤消毒；或者用50%辛硫磷乳油200~250g，加10倍水稀释成2~2.5kg，喷洒在25~30kg细土上，拌均匀，使药液充分吸附在细土上，制成毒土，结合整地均匀撒在地面，翻入土中，或者将此毒土顺垄撒施在丹参苗附近，如能在雨前施下，效果更佳。

（2）大田的清理及起垄　清除大田四周杂草，远离田间集中烧毁，施充分腐熟的厩肥或绿肥1500~2000kg/667m^2、磷酸二铵10kg作底肥，深翻30~35cm，整细、耙平、作垄。垄宽1.2m，高20cm，垄间留沟25cm宽。大田四周开好宽40cm、深35cm的排水沟，以利田间排水。

（3）查苗补苗　在每年5月上旬以前，对缺苗地块进行检查。选择与移栽时质量一致的种苗，选择晴天的下午3点以后补栽；如种苗已经出苗或抽薹，则需剪去抽薹部分，只留1~2片单叶即可，移栽后需浇透定根水。

（4）中耕除草　分根繁殖法因盖土太厚妨碍出苗的，刨开穴土，以利出苗。一般中耕除草3次，4月幼苗高10cm左右时进行一次，6月中旬开花前后进行一次，8月下旬进行一次，平时做到有草就除。育苗地拔草。避免造成荒苗，导致严重减产或死苗。

（5）水肥管理　5~7月是丹参生长的旺盛期，需水量较大，丹参根系增重最快的时期为8月中旬至10月中旬，因此这一时期营养水分充足与否对产量影响很大，如遇干旱，土壤墒情为缺水时，应及时由垄沟放水渗灌或喷灌，禁用漫灌。丹参最忌积水，在雨季要及时清沟排水。

丹参在开春后，要经过9个月的生长期才能收获，除栽种时多施底肥外，在生长过程中还需追肥3次。第一次在全苗后中耕除草时结合灌水施提苗肥。第二次在4月底至5月中旬，不留种的地块，可在剪过第一次花序后再施；留种的地块，可在开花初期施。一般以施氮肥为主，以后配施磷肥、钾肥。如使用肥饼、过磷酸钙、硝酸钾等，最后一次要重施，以促进根部生长。第一、二次可施腐熟粪肥1000~2000kg/667m^2、过磷酸钙10~15kg/667m^{2}或尿素5~10kg/667m^2，硫酸钾复合肥5~10kg/667m^{2}或肥饼50kg/667m^2。第三次施肥于收获前2个月，应重施磷、钾肥，促进根系生长，施肥饼50~75kg/667m^2、过磷酸钙4kg/667m^2，或硫酸钾复合肥

10~15kg/667m^2，二者堆沤腐熟后挖窝施，施后覆土。

（6）摘蕾　除了留作种用外，其余花蕾全部打掉，否则影响根的产量和质量。

3.病虫害及防治

（1）根腐病　危害植株根部。受害植株细根先发生褐色干腐，逐渐蔓延至粗根，根部横切维管束断面有明显褐色病变。后期根部腐烂，地上部分萎蔫枯死。

防治方法：①选择地势较高、排水良好的地块种植，有条件的地区可实行水旱轮作。②加强田间管理，增施磷、钾肥，提高植株抗病力；封行前及时中耕除草，并结合松土用木霉制剂10~15g/667m^{2}撒施。③发病期用50%多菌灵800~1000倍液，或50%甲基托布津1.5~2.5kg/667m^{2}稀释成1000倍液浇灌病株，每周一次，连续2~3次。

（2）叶枯病　主要危害叶片。植株下部叶片先发病，逐渐向上蔓延。初期叶面产生褐色、圆形小斑；后病斑不断扩大，中央呈灰褐色。最后叶片焦枯，植株死亡。

防治方法：①选用健康种栽，栽种前用1∶1∶100波尔多液浸种10min。②增施磷、钾肥，增强植株抗病力；雨后及时开沟排水，降低田间湿度。③发病初期选用50%多菌灵600倍液、65%代森锌600倍液或50%代森锰锌500倍液等药剂喷雾，间隔10~15天，连续2~3次。

（3）根结线虫病　危害根部。线虫侵入后，细根及粗根各部位产生大小不一的不规则瘤状物，用针挑开，肉眼可见白色小点，此为雌线虫。其初为黄白色，外表光滑，后呈褐色并破碎腐烂。线虫寄生后，根系功能受到破坏，使植株地上部分生长衰弱、变黄，影响产量。

防治方法：①实行水旱轮作，以减轻危害；选择肥沃的土壤，避免在砂性过重的地块种植。②用阿维菌素防治根结线虫时，一般每亩冲施1.8%阿维菌素2~4kg。如果灌根，可以用1.8%的阿维菌素来兑水1000倍，每株的药液为0.2~0.25kg；使用5%的阿维菌素兑水一般在2000倍左右。

（4）蚜虫　主要危害叶及幼芽。

防治方法：用50%杀螟松1000~2000倍液或2.5%溴氰菊酯乳剂3000倍液喷雾，7天喷1次，连喷2~3次。

（5）银纹夜蛾　属于鳞翅目夜蛾科。以幼虫咬食叶片，夏秋季发生。咬食叶片造成缺刻，严重时可把叶片吃光。

防治方法：①冬季清园，烧毁田间枯枝落叶；悬挂黑光灯诱杀成虫。②幼虫期可用松毛杆菌防治，制成每毫升水含1亿孢子的菌液喷雾，0.6~0.8kg/667m^2。

（6）棉铃虫　属鳞翅目夜蛾科。幼虫危害蕾、花、果，影响种子产量。

防治方法：可用天敌日本追寄蝇或螟蛉悬茧姬蜂防治。

（7）蛴螬类、地老虎类　4~6月发生危害，咬食幼苗根部。

防治方法：撒毒饵诱杀，在上午10时进行人工捕捉。

4.采收加工

（1）采收　春栽于当年10~11月地上部分枯萎或第二年春萌发前采挖。丹参根入土较深，根系分布广泛，质地脆而易断，应在晴天较干燥时采挖。先将地上茎叶除去，在畦一端开一深沟，使参根露出，顺畦向前挖出完整的根条，防止挖断。也可采用大型工具进行采收。

（2）加工　挖出后，剪去残茎。可将直径在0.8cm以上的根条在母根处切下，顺条理齐，暴晒，经常翻动，七八成干时，扎成小把，再暴晒至干，装箱即成。

产品以无芦头、须根、泥砂杂质、霉变，无不足7cm长的碎节者为合格；以根条粗壮、外皮紫红色、光洁者为佳。

（四）学习结果评价

根据实验结果，填写下列表格。

序号	丹参的品种	栽培时间	施肥时间	病虫害防治时间	加工方法	质量标准
1						
2						
3						
4						
5						

五、课后作业

1. 简单撰写丹参规范化栽培技术流程。

2. 调查不同丹参种植基地的栽培情况，填写下表。

序号	基地	栽培时间	施肥时间	病虫害防治时间	加工方法	质量标准
1						
2						
3						
4						
5						

任务3　能进行当归规范化栽培

一、基本概念

1. **归头**　当归的根头。

2. 归尾　当归的支根。

3. 归身　当归的主根。

二、学习目标

1. 学会当归药材的规范化种植技术。
2. 学会当归药材的田间管理技术。
3. 学会当归药材的规范化产地加工技术。

三、基本知识

（一）当归产地

当归别名秦归、云归、西当归、岷当归等。主产于甘肃岷县、武都、漳县等地，其次是云南，四川、陕西、湖北等地也有栽培。

（二）植物形态

当归*Angelica sinensis*（Oliv.）Diels多年生草本。主根粗短、肥大肉质、有香气，下面分为多数粗长支根，略呈圆柱形，表皮黄色或土黄色，断面粉白色，具菊花纹。茎直立，带紫色，表面有纵沟。叶互生，基部扩大呈鞘状抱茎，紫褐色，边缘有齿状缺刻或粗锯齿。复伞形花序，顶生，花白色，子房下位。双悬果，侧棱具翅。花期6~7月，果期8~9月。

（三）生长环境

当归耐寒冷，怕酷热、高温。当归种子在温度为6℃左右就能萌发，10~20℃之间，其萌发速度随温度升高而加快。种子在0~5℃条件下贮存，3年后发芽率仍有60%左右。根在5~8℃时开始萌动，9~10℃出苗，日平均温度达14℃时生长最快。当归是一种低温长日照类型的植物。必须通过0~5℃的春化阶段（秋播作物在苗期必须经过一定时间的低温条件，才能正常抽穗开花，这个时期称为春化阶段）和长于12h日照的光照阶段，才能开花结实。因此，为了避免抽薹，第一年控制幼苗仅生长2个半月左右，作为种栽；第二年定植，生长期不抽薹，秋季收获肉质根药用。留种地第三年开花结实。当归幼苗经强光直射后，易枯萎死亡。所以，人工育苗要搭棚控光。当归在幼苗期、肉质根膨大前期，要求较湿润的土壤环境；肉质根膨大后，特别是物质积累时期怕水。当归对土壤的要求不十分严格，以土层深厚、疏松肥沃、排水良好，富含有机质，微酸性或中性的砂壤土、腐殖土为宜，忌连作。

（四）生长过程

一年生当归根瘦小，性状差，因此采用夏育苗（最好控制在6月中下旬）。用第二年移栽的方法来延长当归的营养生长期，但一定要控制好栽培条件，防止当归第二年的“早期抽薹”现象。采用夏育苗后，当归的个体发育在3年中完成，头两年为营养生长阶段，第三年为生殖生长阶段。第一年可长出3~5片真叶，根粗约0.2cm，单根平均鲜重0.3g左右。第二年4月上旬，气温达到5~8℃时，移栽后的当归开始发芽，9~10℃时出苗，称返青，大概需要15天。8月上中旬叶片伸展达到最大值，当温度低于8℃时，叶片停止生长并逐渐衰老直至枯萎。当归的根在第二年7月以前生长与膨大缓慢，但7月以后，气温为16~18℃时肉质根生长最快，8~13℃时有利于根膨大和物质积累。到第二次枯萎时，根长可达30~35cm，直径可达3~4cm。

第三年当归从叶芽生长开始到抽薹前为第二次返青。此时，当归利用根内储存的营养物质迅速生根发芽。待返青后半个月，开始茎节花序的分化，约需30天，但外观上见不到茎，从茎的出现到果实膨大前这一时期为抽薹开花期，根逐渐木质化并空心。5月下旬抽薹现蕾，6月上旬开花，花期一个月左右。花落7~10天出现果实，果实逐渐灌浆膨大，复伞形花序弯曲时，种子成熟。

（五）质量标准

1.外观

（1）全归　上部主根圆柱形，下部有多条支根，表面黄褐色或黄棕色，具纵皱纹和横长皮孔样突起。根头（归头）直径1.5~4cm，具环纹，上端圆钝，或具数个明显突出的根茎痕，有紫色或黄绿色的茎和叶鞘的残基；主根（归身）表面凹凸不平；支根（归尾）上粗下细，多扭曲，有少数须根痕。质柔韧，断面黄白色或淡黄棕色，皮部厚，有裂隙和多数棕色点状分泌腔，木部色较淡，形成层环黄棕色。断面淡黄色或黄白色，具油味。香气浓，味甘、微苦。要求断根、麻口（由于土质等因素引起皮层老化、枯死，严重时中空的现象）少。

（2）归头　呈长圆形或拳状，色泽粉白。要求麻口少。

两种商品规格均以主根粗长、油润，外皮色黄棕，断面色黄白、香气浓郁者为佳。柴性大、干枯无油或断面呈绿褐色者不可供药用。

2.含量　按照《中国药典》规定：含挥发油不得少于0.4%（ml/g），含阿魏酸（$C_{10}H_{10}O_4$）不得少于0.050%。

四、能力训练

（一）操作条件

1.地点　当归药材生产基地。

2.材料　当归。

3.工具　当归规范化种植的工具、当归病虫害防治的工具、当归采收加工的工具等。

（二）安全及注意事项

1.严格按照实训基地的要求进行实训，注意安全。

2.清洗工具、切削工具、蒸煮烫工具、修制工具、烘干工具使用时的注意事项。

3.《药材种植岗位操作规程》《药材田间管理岗位操作规程》《药材病虫害岗位操作规程》《药材采收加工岗位操作规程》。

（三）操作过程

1.播种

（1）选地整地　育苗地宜选阴凉的半阴山，以土质疏松肥沃、结构良好的砂质壤土为宜。栽培前，选土层深厚休闲地。7月中旬，先把灌木砍除，把草皮连土铲起，晒干堆起烧成熏土灰，均匀扬开，随后田地深耕20~25cm，日晒风化熟化。然后在栽种前，结合整地施入腐熟厩肥2500kg/667m^2，翻入土中作基肥。播前再深耕1次，作成宽1.3m的高畦，高为25~30cm，畦间距为30~40cm，四周开好排水沟。

（2）播种　播种早，则苗龄长，早期抽薹率高；过晚则成活率低，生长期短，幼苗弱小。一般认为苗龄控制在110天以内，单根重量控制在0.4g左右为宜。高海拔地区宜于6月上中旬播种，低海拔地区宜6月中下旬播种。在畦面上按行距15~20cm横畦开沟，沟深3cm左右，将种子均匀撒入沟内，覆土1~2cm，整平畦面，盖草保湿遮光。当归萌发生长温度为11~16℃。播种前3~4天可先将种子用30℃的温水浸24天，然后保湿催芽，种子露白时，就可均匀撒播。8月初揭去盖草。播种量5kg/667m^{2}左右，播后半个月左右出苗，此时将盖草挑松，以防揭草时伤苗。如采用撒播，播种量可达10~15kg/667m^2。

也可采用地膜覆盖育苗，选用70~80cm、厚度0.005~0.006mm的强力超微膜。膜上加盖遮阴物。苗基本出齐时，应及时揭除平膜，翻抖盖草或松毛，间除杂草，并逐次揭除松毛，此时药苗幼嫩，需加盖或更新遮阴物，使遮阴率达80%以上。

幼苗2叶1心后，既可进行通风炼苗，按先两头（7天左右）后四周进行（不能去除拱膜，以防霜冻）。至3叶1心后，可逐次适量减少遮阴物。

（3）移栽　一般于春季4月上旬移栽为适期。过早，易遭晚霜危害；过晚，移栽时易伤苗。种苗选择一般选用直径2~5mm、生长均匀、无病伤、分叉少、表皮光滑的小苗备用（苗龄90~110天），过细和大苗尽量慎用。种苗栽种前用40%多菌灵500g兑水10~15kg配成药液，浸蘸种苗10h后再移植，可预防病虫害和当归麻口病。栽时，将畦面整平，按株行距30cm×40cm按三角形错开开穴，穴深15~2cm，每穴按品字形栽大、中、小苗共3株，移栽时要理顺根系，使之全部入土，注意不使根尖上翘露泥，不能掩埋心叶，做到随取随栽。栽后边覆土边压紧，覆土至半穴时，将种苗轻轻向上一提，使根系舒展，然后盖土至满穴。也可采用沟播，即在整好的畦面上横向开沟，沟距40cm，深15cm，穴距20cm，大、中、小相间置于沟内，芽头低于畦面2cm，盖土2~3cm。

2.田间管理

（1）间苗、定苗、补苗　直播时，苗高3cm可间苗。穴播者，每穴留苗2~3株，株距3~5cm，苗高10cm时定苗，最后一次中耕应定苗；条播的，株高10cm时定苗。当归一般移栽后20~30天出苗，苗齐后及时查苗补苗。

（2）松土除草　每年进行3~4次，第一次于苗高3cm时，结合间苗除草1次；第二次于苗高6cm时，此时因主根扎入土层较浅，宜浅松土；第三次于定苗后，可适当加深；第四次于苗高20~25cm时，可深锄。封行后不再松土除草。

（3）水肥管理　当归苗期需要湿润条件，降雨不足时，应及时适量灌水。雨季应挖好排水沟，注意排水，以防烂根。

当归为喜肥植物，除了施足底肥外，还应及时追肥，但幼苗期不可多追氮肥，以免旺长。追肥应以油渣、厩肥等为主，同时配以适量速效化肥。追肥分两次进行，第一次在5月下旬，以油渣和熏肥为主。若为熏肥，应配合适量氮肥以促进地上叶片充分发育，提高光合效率。第二次在7月中下旬，以厩肥为主，配合适量磷、钾肥，以促进根系发育，获得高产。

（4）摘花薹　栽培中因控制不当有提早抽薹的植株时，应及早剪除摘净，否则会影响药材质量。

3.病虫害及防治

（1）麻口病　移栽后的4月中旬、6月中旬、9月上旬、11月上旬为其发病高峰期，危害根部，地下害虫多有利于发病。

防治方法：①用毒虫菌加细土拌匀撒施，翻入土中。②定期用广谱长效杀虫剂灌根，每667m^{2}用40%多菌灵胶悬剂250g或托布津600g加水150kg，每株灌稀释液50g，5月上旬、6月中旬各灌1次。

（2）菌核病　危害叶部，低温高湿条件下易发生，7~8月危害较重。

防治方法：不连作，在发病前半个月，连续3~4次用1000倍的50%甲基托布津喷药。

（3）根腐病　病原是真菌中一种半知菌。主要危害根部，受害植株根尖和幼根呈水渍状，随后变黄脱落，主根呈锈黄色腐烂，最后仅剩下纤维状物；地上部分枯黄死亡。

防治方法：①栽种前用70%五氯硝基苯对土壤进行消毒。②与禾本科作物轮作，雨后及时排除积水。③选用无病健壮种苗，并用65%可湿性代森锌600倍液浸种苗10min，晾干栽种。④发病初期及时拔除病株，并用石灰消毒病穴，用50%多菌灵1000倍液全面浇灌病区。

（4）黄凤蝶　属鳞翅目凤蝶科。幼虫咬食叶片呈缺刻，甚至仅剩叶柄。

防治方法：幼虫较大，初期可人工捕杀；也可用苏云金杆菌乳剂300倍液毒杀。

（5）蚜虫、红蜘蛛　危害新梢和嫩芽。

防治方法：用50%杀螟松1000~2000倍液或2.5%溴氰菊酯乳剂3000倍液喷雾，7天喷1次，连喷2~3次。

（6）蛴螬、蝼蛄、地老虎　危害根茎。

防治方法：铲除田内外青草，堆成小堆，7~10天换鲜草，用毒饵诱杀。

4. 采收加工

（1）采收　秋季直播繁殖的于第2年、育苗移栽的于当年10月下旬植株枯黄时采挖。在收获前，先割去地上叶片，让太阳暴晒3~5天。割叶时要留下叶柄3~5cm，以利采挖时识别，然后小心挖取全根。

（2）加工　全当归：先将泥土除净，挑出病烂根，掰去残留叶柄，晾干数日至根条变软时，除去须根，按根条数大小理顺，扎成0.5~1kg的扁平把子，平放与立放相间铺在特制的熏棚内的炕架上，于室内用湿草作燃料生烟烘熏，使当归上色，熏烤以暗火为好，忌用明火，温度保持在60~70℃，要定期停火回潮，10~15天后，上下翻堆，使干燥程度一致。翻棚后用急火熏2天，再用文火熏至根把内外干燥一致，待全部干度达70%~80%时，停火，利用余温使其完全干燥。用手折断时清脆有声，表面黄棕色，断面乳白色为好。当归加工时不可经日晒或阴干。阴干质轻，皮肉发青，日晒易干枯如柴，皮色变红走油。也不宜直接用煤火熏，否则色泽发黑，影响质量。当归头（葫首归）：选当归根头部分单独干燥后，撞去表面浮皮，露出粉白肉色为度。

（四）学习结果评价

根据学生实验结果，填写下表。

序号	当归的品种	栽培时间	施肥时间	病虫害防治时间	加工方法	质量标准
1						
2						
3						
4						
5						

五、课后作业

1. 简单撰写当归规范化栽培技术流程。

2. 调查不同当归栽培基地的栽培情况，填写下表。

序号	栽培基地	栽培时间	施肥时间	病虫害防治时间	加工方法	质量标准
1						
2						
3						
4						
5						

任务4 能进行百合规范化栽培

一、基本概念

1. 剥片 即把鳞片分开，剥片时应把外鳞片、中鳞片和芯片分开，以免泡片时老嫩不一，难以掌握泡片时间，影响质量。

2. 泡片 待水沸腾后，将鳞片放入锅内，及时翻动，5~10min，待鳞片边缘柔软，背部有微裂时迅速捞出，在清水中漂洗去黏液。每锅开水，一般可连续泡片2~3次。

3. 晒片 将漂洗后的鳞片轻轻薄摊晒垫，使其分布均匀，待鳞片六成干时，再翻晒直至全干。

二、学习目标

1. 学会百合药材的规范化种植技术。
2. 学会百合药材的田间管理技术。
3. 学会百合药材的规范化产地加工技术。

三、基本知识

（一）百合产地

百合别名山丹、倒仙、百合蒜、夜合花等。主产于湖南、四川、河南、江苏、浙江、甘肃等地，全国各地均有种植，少部分为野生资源。

（二）植物形态

百合*Lilium brownii* F.E. Brown var. *viridulum* Baker多年生草本，鳞茎球形；鳞片披针形，无节，白色。茎有的有紫色条纹，有的下部有小乳头状突起。叶散生，通常自下向上渐小，披针形、窄披针形至条形，先端渐尖，基部渐狭，全缘，两面无毛。花单生或几朵排成近伞形；花梗稍弯；苞片披针形；花喇叭形，有香气，乳白色，外面稍带紫色，无斑点，向外张开或先端外弯而不卷；外轮花被片先端尖；雄蕊向上弯，中部以下密被柔毛，少有具稀疏的毛或无毛；花药长椭圆形；子房圆柱形，柱头3裂。蒴果矩圆形，有棱，具多数种子。花期5~6月，果期9~10月。

（三）生长环境

百合喜凉爽，较耐寒。高温地区生长不良。喜干燥，怕水涝。土壤湿度过高则引起鳞茎腐烂死亡。对土壤要求不严，但在土层深厚、肥沃疏松的砂质壤土中，鳞茎色泽洁白、肉质较厚。黏重的土壤不宜栽培。根系粗壮发达，耐肥。春季出土后要求充足的氮素营养及足够的磷、钾肥。

（四）生长过程

百合的生长过程大致分为以下几个时期。

1.播种越冬期　百合从9月播种至第二年3月上旬出苗的时期，在这一时期鳞茎底盘根不断生长，9~10月是形成根系的关键时期，当冬季地温较低时根系生长缓慢，鳞茎的芽不断分化叶片，并感应自然低温通过春化阶段，打破休眠后，春季气温回升后即可出苗。

2.营养生长期　3月上旬至5月上旬，从出苗至珠芽分化期，是植株生长和发育的关键时期，随着自然气温的升高，叶片大量展开，植株旺盛生长，是植株肥料吸收最多的时期，为百合鳞茎膨大奠定基础。

3.珠芽期　5月上旬至6月中旬，从珠芽分化至珠芽成熟，此时期百合的叶腋上形成珠芽，鳞茎开始膨大，是打顶控制植株生长的关键时期。

4.现蕾开花期　6月中旬至7月上旬，从肉眼看到花蕾至开花期，是鳞茎膨大最快的关键时期。

5.成熟期　7月中旬至8月初，叶片开始老熟至叶片完全枯黄，茎秆萎缩。

（五）质量标准

1.外观　本品呈长椭圆形，长2~5cm，宽1~2cm，中部厚1.3~4.0mm。表面黄白色至淡棕黄色，有的微带紫色，有数条纵直平行的白色维管束。顶端稍尖，基部较宽，边缘薄，微波状，略向内弯曲。质硬而脆，断面较平坦，角质样。气微，味微苦。

2.含量　按照《中国药典》规定：百合水分不得过13.0%；总灰分不得过5.0%；水溶性浸出物不得少于18.0%；含百合多糖以无水葡萄糖（$C_6H_{12}O_6$）计，不得少于21.0%。

四、能力训练

（一）操作条件

1.地点　百合药材生产基地。

2.材料　百合。

3.工具　百合规范化种植的工具、百合病虫害防治的工具、百合采收加工的工具等。

（二）安全及注意事项

1.严格按照实训基地的要求进行实训，注意安全。

2.清洗工具、切削工具、蒸煮烫工具、修制工具、烘干工具使用时的注意事项。

3.《药材种植岗位操作规程》《药材田间管理岗位操作规程》《药材病虫害岗位操作规程》《药材采收加工岗位操作规程》。

（三）操作过程

1. 播种

（1）选地整地　应选择土壤肥沃、地势高爽、排水良好、土质疏松的砂壤土栽培。前茬以豆类、瓜类或蔬菜地为好，每667m^{2}施有机肥3000~4000kg（或复合肥100kg）作基肥。每667m^{2}施50~60kg石灰（或50%地亚农0.6kg）进行土壤消毒。整地精细，作高畦，宽幅栽培，畦面中间略隆起利于雨后排水，畦面宽3.5m左右，沟宽30~40cm，深40~50cm，以利排水；在丘陵地、坡地、地下水位低且排水通畅的地方，可采用平畦，畦面宽1~3.5m，两畦间开宽20~25cm、深10~15cm的排水沟，并且要做好肥料准备工作：每667m^{2}备好腐熟栏肥2000~2500kg，钙镁磷肥200kg，土杂灰肥1500~2000kg，人粪尿250kg，后三种拌匀堆制发酵30天以上。

（2）繁殖与育苗　百合的繁殖方法较多，可以用鳞茎、鳞片、珠芽、根基繁殖，也可用种子和茎干繁殖，还可用组织培养法繁殖。

1）鳞片繁殖法　秋季当地上叶片开始枯黄时，选择健壮无病植株，采挖鳞茎，剥除鳞茎表面质量差或干枯的鳞片，或者百合收获后，选择生长健壮、无损伤和病虫危害的大鳞茎。切去鳞茎基部，留下鳞片，稍加晾晒，在整好的砂壤土的苗床上按行距15cm开横沟，沟深7cm左右，然后每隔3~4cm摆入鳞片一块，顶端朝上，栽后覆土3~5cm厚。床土经常洒水保湿，但水不可过多，以防止鳞片腐烂。床温保持20℃左右。也可在春季，用鳞片在大地栽植，可垄栽，可畦栽，栽植方法同苗床栽植一样。约一个月后，鳞片基部便可生根，并在基部长出几个小鳞茎。第二年春可长成幼苗，再培育2年，可药用、食用和花用。每667m^{2}需种鳞片150kg左右。

目前国内和国外一些产区，为保证种苗的质量，多采用育苗箱育种。即将上法剥取的鳞片，于9~10月扦插到填入酸性红土或发酵木屑的育苗箱中，10~11月开始加温至20℃，3个月后，即1月份将育苗箱放置于室外，进行自然低温处理，经8~12周处理，气温回暖时，植株能很快萌生绿叶，正常生长。此法培育的幼苗，抽薹开花早，鳞茎增长快，病害显著减轻，是优良的种苗。

2）小鳞茎繁殖法　百合在生长过程中，能从老鳞茎上部及埋于土中的茎节处，生长出多个小鳞茎，可把它们分离，作为繁殖材料另行栽植。为使百合多产生小鳞茎，常用人工促成法，即适当深栽鳞茎或在开花前后摘除花蕾，均有助于小鳞茎的发生。有时在大鳞茎的根基部也能生长出小鳞茎，并逐渐扩大，与母球自然分离。在大鳞茎收获时，可摘下小鳞茎栽种。苗床行距25cm，沟深5~7cm，每隔5~7cm摆一个小鳞茎覆土。第二年春季出苗后，加强田间管理，秋季可收获。

3）株芽繁殖法　百合植株在叶腋间长有紫黑色株芽，夏季开花前后，株芽一触即落时，从下往上分期摘下，稍加阳光晾晒消毒，这时便可在苗床上播种繁殖，也可直接种入大田，覆土3cm，当年可生根。第二年长成一叶小苗，第三年即可开花，收获。大田育苗每667m^{2}可种植10万~20万株。

4）分蘖繁殖法　百合种球经1年生长后，少数母鳞茎会形成2个以上环抱新鳞茎，可分开后栽种，春秋均可。垄栽，双行，沟深约12cm，株距15cm，盖土，耧平即可。

5）根基繁殖法　当百合收获后，将长成鳞茎的鳞片逐一全部剥下，只剩下根基部分，鳞片可用于食用、药用，或加工成食品等，将根基部分再重新栽入泥土。可垄栽，可畦栽，可沟栽，可穴栽，覆土约5cm，密度视百合根基数量和土地面积而定。这样过月余，从根基部分又可生长出新生小鳞茎，经2、3年的培养，便可长成商品种球。

6）种子繁殖法　百合种子不易贮藏，播后生长慢且常有品质变劣的缺点，故多用于培育新品种时或结实多又易发芽的种类。一般在9~10月采集即将成熟的蒴果，置通风干燥的室内晾干，成熟。可当时播种，20~30天便可发芽。无播种条件，也可阴干后第二年播种，可用砂藏法处理种子。第二年春季筛出种子春播，行距10~15cm，沟深3cm，将种子播入沟内，盖一层土，畦面盖一层稻草，保温保湿。幼苗出土后加强管理，培育3年可收获。

7）茎干繁殖法　有的品种的百合花可用茎节来繁殖，在百合花凋谢之后，将百合茎干切成小段，每段带3~4片叶。将茎节埋入湿砂，露出叶片，保持湿润，大约过一个月，百合茎节的叶腋里，就会长出仔球。仔球培育3年，便可作为种球使用。

8）组织培养法　是百合繁殖率最高的方法，也是百合繁殖中科技含量最高的一种方法。一般要用高科技手段才能进行。其具体操作程序是：选用生长健壮的又无病虫害侵扰的百合各个部位，作为外植体，如果条件许可，宜选用鳞片作为最佳植体材料。将健康的鳞茎取出2、3株，取此中间部分的鳞片，用水洗干净，用蘸了中性肥皂的细毛刷，刷去表面的泥土，用自来水冲洗，再用蒸馏水冲洗。接着用0.1%升汞将其浸泡30min后，用蒸馏水冲洗3遍，再将其置入70%乙醇，浸渍30s后，用无菌水冲洗3~5遍，用无菌纱布吸去表面水分，放入表面皿中切成0.4cm×0.4cm的小块，进行接种，接入以MS为基本培养基，加浓度为0.5mg/ml的萘乙酸和浓度为1mg/ml的6-苄基氨基嘌呤的培养基。在25℃条件下，加光照1200lx，每日光照时间为10h。培养6周后，就会形成百合新生苗，而组培苗再经过2~3年后就会自然而然形成开花母球。

2.田间管理

（1）中耕除草　百合定植后，年前要中耕除草1~2次，也可用草甘膦1.5~2kg/667m^{2}兑水60kg在晴天喷雾；开春后，要中耕除草3~4次，3月在杂草生长旺盛时期可用盖草能，盖草能对百合这样的宽叶作物无不良影响。药效受气温和土壤墒情影响较大，在气温低、土壤墒情差时施药，除草效果不好，在气温高、土壤墒情好、杂草生长旺盛时施药，除草效果好。3~4叶期，每667m^{2}用10.8%高效盖草能25~30ml；4~5叶期，每667m^{2}用30~35ml；5叶期以上；百合的根系入土较浅，再生能力弱，因此中耕宜浅不宜深。追肥后进行中耕结合培土，防止鳞茎露出地面和促进流水畅通；培土不能过厚，以免影响植株发育。生长至封行后，可不再中耕除草，少量的杂草能起到遮阴降温作用，对鳞茎生长有利。

（2）追肥　一般追肥三次。第一次在12月中下旬施冬肥，以有机肥为主，加施适量复合肥。第二次在4月上中旬苗高10cm左右，施20kg/667m^{2}复合肥，或5kg/667m^{2}尿素的提苗肥，在5月上中旬百合植株已从茎叶生长向鳞茎膨大转变，但上面叶片未全部展开，应通过摘顶来控制茎叶生长，促进百合鳞茎膨大。第三次施复合肥30kg/667m^2，打顶后不再施用尿素等氮肥。第四次在6月上中旬收获珠芽后，追施速效复合肥10kg/667m^2。此外，用0.2%磷酸二氢钾或0.1%硝酸钾+0.1%磷酸二氢钾进行叶面追肥，分别在苗期、打顶期和珠芽收获后三次喷施，增产效果明显。

（3）灌溉排水　做到及时清沟排水。百合怕涝又怕旱。排水不良，容易生腐烂病；春末夏初地下部分新的仔鳞茎形成后，温度高，湿度大，土壤板结，病害极易发生，因此，应做到沟路畅通，下雨后立即排除积水，做到雨停水干，7~8月鳞茎增大进入夏季休眠，更要保持土壤干燥疏松，切忌水涝。在雨天及雨后防人员下田踩踏，以免踏实土壤，造成渍水引起鳞茎腐烂，拔草也应在晴天土壤干燥时进行。

（4）去顶与打珠芽　5月20~25日为打顶适合时期，及时摘除植株顶心，一般植株高度40~50cm、叶片60~70片展开时打顶最适时，这样既能保证有足够的叶片数，又可及时调控植株生长，促进光合产物向鳞茎传送，有利于鳞茎的膨大，打顶一般在晴天中午进行，有利于伤口愈合。6月上中旬珠芽成熟，晴天用短棒轻敲植株基部，珠芽自行脱落到地上，或人工摘除珠芽。

（5）预防人畜危害　雨后地未干时，不准人员下地；否则，踩一个脚印后遇雨积水，就会烂掉几个鳞茎。出苗后不能让畜禽进入地里，因为碰断茎秆会烂鳞茎。

3.常见病虫害防治

（1）镰刀菌茎腐病　鳞茎感染后会造成种球根盘和鳞片腐烂，植株生长十分缓慢，叶片褪绿并自下而上枯黄。在地下，初期感染形成褐黄色的斑点，可分布在鳞片或鳞片与根盘连接处，感染后期鳞片腐烂，如果根盘被侵染，那么整个种球会腐烂。镰刀菌侵染地上茎部位，造成基部叶片黄化，最后叶片呈褐色并脱落，侵染地下茎部位，茎上呈现黑褐或褐黄色斑点，以后病斑扩大，由外向内腐烂，植株未开花即枯死。

防治方法：用一般的土壤消毒剂消毒被感染的土壤或有怀疑的土壤。夏季栽培时，土壤和温室温度要尽可能最低，用50%敌克松800倍+65%代森锌1000倍+97%恶霉灵3000倍液灌根。

（2）百合疫病　是百合常见的病害之一，造成茎叶腐败，严重影响鳞茎产量。病菌可侵害茎叶、花和鳞片。茎基部被害后呈水渍状缢缩，导致全株迅速枯萎死亡。叶片发病，病斑水渍状，淡褐色，呈不规则大斑。发病严重时，花、花梗和鳞片均可被害，造成病部变色腐败。

防治方法：①实行轮作。②选择排水良好、土壤疏松的地块栽培或采用高厢深沟或超垄栽培，要求畦面要平，以利水系排除。③种前，种球用1∶500的福美双或用40%甲醛加水50倍浸种15min。④加强田间管理，注意开沟排水；采用配方施肥技术，适当增施磷、钾肥，提高抗病力，使幼苗生长健壮。⑤出苗前喷1∶2∶200波尔多液一次，出苗后喷50%多菌灵800倍液2~3次，保护幼苗；发病初期喷洒58%甲霜灵、锰锌可湿性粉剂，64%杀毒矾可湿性粉剂500倍液，72%杜邦克露可湿性粉剂800倍液。⑥发病后及时拔除病株，集中烧毁或深埋，病区用50%石灰乳处理。

（3）病毒病　受害植株表现为叶片变黄或发生黄色斑点、黄色条斑，急性落叶，植株生长不良，发生萎缩。花蕾萎黄不能开放，严重者植株枯萎死亡。

防治方法：①选育抗病品种或无病鳞茎繁殖，有条件的应设立无病留种地。②适当增施磷肥、钾肥，使植株生长健壮，增强抗病能力；生长期及时喷洒10%吡虫可湿性粉剂1500倍液或50%抗蚜威超微可湿粉剂2000倍液。③发病初期喷洒20%毒克星可湿性粉剂500~600倍液或0.5%抗毒剂1号水剂500倍液，隔7~10天喷1次，连喷3次。

（4）蚜虫　多个种类的蚜虫均可产生危害，其群集在心叶、幼叶和花蕾上刺吸汁液，影响植株生长。

防治方法：用1.8%阿维菌素乳油2000~4000倍液，20%氰戊菊酯乳油1000倍液，50%灭蚜威可湿性粉剂1500倍液喷杀。

（5）地下害虫　主要有地老虎、蛴螬、金针虫危害。

防治方法：①农家肥要堆沤发酵、腐熟后使用；②铲除田内外青草，堆成小堆，7~10天换鲜草，用毒饵诱杀。

4. 采收加工

（1）采收　定植后的第二年秋季，待地上部分完全枯萎，地下部分完全成熟后采收。百合一般在大暑前后（7月下旬）选晴天采挖。收后，切除地上部分、须根和种子根，放在通风处贮藏。

（2）加工　可分为如下几步：剥片、泡片、晒片。

（四）学习结果评价

根据学生实验结果，填写下表。

序号	百合的品种	栽培时间	施肥时间	病虫害防治时间	加工方法	质量标准
1						
2						
3						
4						
5						

五、课后作业

1. 简单撰写百合规范化栽培技术流程。
2. 调查不同百合的栽培基地情况，填写下表。

序号	栽培基地	栽培时间	施肥时间	病虫害防治时间	加工方法	质量标准
1						
2						
3						
4						
5						

（刘国顺）

任务 5　能进行黄连规范化栽培

一、基本概念

过桥　黄连的节间表面平滑如茎秆。

二、学习目标

1. 学会黄连药材的规范化种植技术。
2. 学会黄连药材的田间管理技术。
3. 学会黄连药材的规范化产地加工技术。

三、基本知识

（一）黄连产地

黄连别名云连、雅连、川连、味连、鸡爪连。野生或栽培。分布于重庆、湖北、四川、贵州、陕西等地。主产于重庆市石柱县。

（二）植物形态

黄连 *Coptis chinensis* Franch. 多年生草本。根茎黄色，常分枝，密生多数须根。叶全部基生；叶片坚纸质，卵状三角形。花葶1~2，二歧或多歧聚伞花序；萼片5，黄绿色；花瓣线形或线状披针形，中央有蜜槽；雄蕊多数，外轮雄蕊比花瓣略短或近等长；心皮8~12，离生，有短柄。蓇葖果6~12，具细柄。种子7~8粒，长椭圆形，褐色。花期2~4月，果期3~6月。

（三）生长环境

黄连性喜冷凉阴湿，在渝东、鄂西海拔1200~1800m的高山地区有大量栽培，产区多雨多雾，年平均温度在10℃左右，7月平均21℃，1月平均-3~-4℃，冬季在冰雪覆盖下越冬，叶可保持常绿不枯。年平均降雨量1300~1700mm，大气相对湿度90%左右。耐肥力很强；土壤以上泡下实，土壤上层以富含腐殖质、肥沃疏松的砂壤土，下层以保水保肥力较强的黏壤土最适宜；酸性至微酸性土，pH 5.5左右。黄连为阴地植物，有强大的叶面积群，可利用林间间隙照射的阳光，忌直射强光。

（四）生长过程

黄连从种到收，经种子、幼苗、成苗、成熟4个阶段。种子有胚后熟现象，须经过一段低温，种胚才能分化完成；种子播种后，育苗2年，幼苗期只长叶子和须根，少数2龄苗根茎稍膨大。第一年株高3cm左右，细小而弱。2龄苗株高6cm左右，有叶4~5片，为幼苗阶段；幼苗移栽到根茎成熟，称成熟阶段，也是植株生长最旺盛时期，一般4年。9月开始形成芽苞，2~3月开花，4~6月结实；根茎在成苗阶段前2年发育慢，后2年快，接近收获时减慢。成熟时，叶片逐渐枯萎，须根亦逐渐脱落。

（五）质量标准

1.外观　黄连多集聚成簇，常弯曲，形如鸡爪，单枝根茎长3~6cm，直径0.3~0.8cm。表面灰黄色或黄褐色，粗糙，有不规则结节状隆起、须根及须根残基，有的节间表面平滑如茎秆，习称“过桥”。上部多残留褐色鳞叶，顶端常留有残余的茎或叶柄。质硬，断面不整齐，皮部橙红色或暗棕色，木部鲜黄色或橙黄色，呈放射状排列，髓部有的中空。气微，味极苦。

2.含量　按照《中国药典》规定：水分不得过14.0%；总灰分不得过5.0%；照醇溶性浸出物测定法项下的热浸法测定，用稀乙醇作溶剂，不得少于15.0%；味连照高效液相色谱法测定，按干燥品计算，以盐酸小檗碱计，含小檗碱（$C_{20}H_{17}NO_4$）不得少于5.5%，表小檗碱（$C_{20}H_{17}NO_4$）不得少于0.80%，黄连碱（$C_{19}H_{13}NO_4$）不得少于1.6%，巴马汀（$C_{21}H_{21}NO_4$）不得少于1.5%。

四、能力训练

（一）操作条件

1.地点　黄连药材生产基地。

2.材料　黄连。

3. 工具 黄连规范化种植的工具、黄连病虫害防治的工具、黄连采收加工的工具等。

（二）安全及注意事项

1. 严格按照实训基地的要求进行实训，注意安全。

2. 清洗工具、切削工具、蒸煮烫工具、修制工具、烘干工具使用时的注意事项。

3.《药材种植岗位操作规程》《药材田间管理岗位操作规程》《药材病虫害岗位操作规程》《药材采收加工岗位操作规程》。

（三）操作过程

1. 播种

（1）选地整地 黄连性喜冷凉阴润，忌高温干燥，故宜选择早晚有斜射光照的半阴半阳的阳山种植，尤以早阳山为佳。黄连对土壤的要求比较严格，由于栽培年限长，密度大，须根发达，且多分布于表层，应选用土层深厚、肥沃疏松、排水良好、表层腐殖质含量丰富、下层保水保肥力较强的土壤。植被以杂木、油竹混交林为好，不宜选土壤瘠薄的松、杉、青冈林。pH在5.5~6.5，呈微酸性。最好选缓坡地，以利排水，但坡度不宜超过30°。坡度过大，冲刷严重，水土流失，黄连存苗率低，生长差，产量低。搭棚栽种黄连还需考虑附近有无可供采伐的木材，以免增加运料困难。

先把地表的残渣及石头等杂物清除出棚外，堆成堆，熏烧成黑土，再翻挖2次，整细耙平。然后顺着坡向整成宽130~150cm、高10cm的高畦（厢），沟宽16~26cm，畦面呈瓦背形，并在棚的周围开好排水沟。畦整好后，每667m^2施腐熟牛、马粪4000~5000kg；捣碎，均匀铺于畦面，然后浅挖，与表土拌匀，再覆盖6cm左右的熏土。

过去一直采取搭架遮阴，破坏森林太厉害；现在利用林下栽和玉米套作，或搭简易棚，通光度保持在40%左右即可，排水良好，土壤湿度50%~60%，怕积水和直光，选择半阴半阳，15°~25°坡地为好。多采用架子棚和简易棚。架子棚是砍去竹丛和树木，均作遮阴材料，长216cm，桩距200~230cm，行距160cm，柱埋深30~50cm，桩高都是160cm，再搁上檩子及横杆，上面盖遮阴物，荫蔽度要均匀，60%~70%。简易棚是用3~5cm粗的木叉作极，棚高80~100cm，边栽边搭，栽完一畦，搭一棚。

（2）繁殖方法 用种子育苗繁殖和扦插繁殖两种方法。

1）种子育苗繁殖

①采种：立夏前后，采移栽3年以上健壮植株所结的种子，当种子呈黄绿色即应采收，晴天摘回果枝堆放于室内1~2天，即可脱粒，忌日晒，保持湿润，低温处理，完成种胚后熟。生产中采用温床或腐殖质混合均匀，埋于窖中厚3cm，上面再覆盖砂或腐殖质土3~6cm厚，再盖树枝保湿，经常检查。

②育苗：a.精细育苗：选半阴半阳、湿润肥沃的杂木林或二荒地，铲除杂草和

不需要的条木烧炭作肥，搭80cm左右阴棚及栏边，并深翻土地23cm左右，作130cm宽的高畦，畦沟宽30cm，畦面平整，呈弓背形，无碎石、树根，土细，每667m^{2}施腐熟牛、马粪1000~1500kg，畦面盖1.5cm厚的熏土。11月左右取贮藏的种子，拌好20~30倍腐殖质土，均匀撒在畦面（每667m^{2}用种2.5kg左右），再撒牛粪粉或草木灰0.6cm厚。第二年春，苗长出3片叶时结合除草追施清粪水或尿素，施化肥应分多次少量，硫酸铵每667m^{2}施5~7.5kg，最好是在晴天叶上无露水时撒施，再用小竹枝轻轻扫一下，使药掉落，防止烧苗。6月施腐殖质土培土保苗，11月每667m^{2}牛粪或马粪拌草木灰750kg，利于幼苗越冬。b.林间青苗：选荫蔽度在80%以上、林高度在300cm以下的树林。地整好后，每667m^{2}播种5kg左右的种子，播法基本同精细育苗，于2月中下旬出苗前，清扫一次落叶，出苗后至移栽前应进行2~3次拔草施肥，此法节省劳动力。

③移栽：出苗第二年春移栽，按株行距10cm×10cm、深3~5cm栽。此外还可采用林间栽黄连，使遮阴在70%左右，做自然天棚，方法同上。也可与高秆作物早熟的玉米间作，先播玉米，按株距30cm开穴，插入畦的两旁，每穴3~4粒种子，定苗留一株苗，7月玉米封垄，在畦中，玉米行间按株行距10cm×10cm栽黄连苗，玉米收后，在畦两旁搭100cm高的架子，把5m秆均匀放在架上遮阴，每年重新播种玉术，第二年株距40cm，第三年50cm，第四年60cm，第五年60~100cm。

2）扦插繁殖　在种子或幼苗缺少的地区可采用此法。即在黄连栽培5年后，提早于8~9月收获，收获后将黄连植株自根茎顶端以下0.1~0.13cm处连茎叶摘下（剪），作插条用，随剪随栽。栽时应将叶柄全部埋入土中，只留叶片在外，并压紧即可。此方法的整地、作畦、施肥等均与种子育苗繁殖相同，亦要5年才能收获。

2.田间管理　黄连高产优质的关键在于田间管理，应注意追肥除草，栽后3~5天，有缺苗立刻补之，并要施肥、清粪水或猪粪水助苗成长，发根后一个月施硫酸铵7.5~10kg，10~11月每667m^{2}施腐熟牛、马粪2000~2500kg，前期以氮肥为主，后期再撒一层薄熏土，以后每年春秋各施肥培土一次，春季每667m^{2}施硫酸铵7.5~10kg或人粪尿或腐殖质土1000~1500kg，冬肥每667m^{2}施2500~4000kg腐熟牛、马粪为主。冬肥施后都要培熏土，3~4年后少施氮肥或不施氮肥。以磷、钾肥为主，注意收获前不能追肥。黄连从小苗至收获，除草很重要，见草就除，小苗期用于拔，做到除小、除净，除草同时注意培土，先薄后厚，逐年增加，第二年1.5cm厚，第三、四年1.5~3cm厚。

在管理中应注意调整遮阴度，3年内遮阴要经常检查，有缺遮阴者尽快遮上，遮阴逐年减少。如果是架子棚，在收获当年于种子收后，揭去遮阴材料，让黄连在日光下生长，使养分向根茎转化，使根充实。如作为扦插繁殖材料的黄连，到收时才能撤棚；若林间栽黄连，栽后第三年开始砍修树枝，遮阴50%，第四年30%，第五年20%。

3.病虫害防治

（1）白粉病　由真菌中的一种子囊菌引起。发生于5月下旬，6~7月较重。主要危害叶片。

防治方法：实行轮作；用庆丰霉素80单位喷洒2~3次；或者用50%或70%甲基托布津1000~1500倍液喷洒3~4次。在发生初期防治1次，发生后期防治2~3次。

（2）炭疽病　5月初发生，5月中旬至6月上旬严重。危害叶缘，呈椭圆形浸水状斑。

防治方法：实行轮作；苗床和一年生苗用1∶1∶（100~150）波尔多液或用代森铵800倍液加洗衣粉0.2%。在发生初期和盛期防治3~4次。雅连在海拔1900m以下山区发病较严重，采取高山低山秧苗互换栽培；勤除杂草，注意排水；发病前选晴天用1∶1∶200波尔多液或65%代铵锌可湿性粉剂800倍液喷洒。

（3）白绢病　6月初发生，6月下旬至7月中旬危害较重。

防治方法：实行轮作；选无病植株作种，栽种前用50%退菌特1000倍液浸秧苗根部3~5min；整地时进行土壤消毒；挖除病株和病土，并用石灰消毒，再用50%退菌特500倍液加石灰5%及尿素0.2%灌病株周围健株，防止蔓延。

（4）虫害　主要为蛞蝓，3~11月危害，早、晚咬食嫩叶，甚至全部吃光。

防治方法：冬季翻晒土壤；栽种前每667m^2用40~50kg菜子饼作基肥；发生期于畦面撒石灰粉或喷洒3%石灰水；或用毒饵诱杀。

（5）兽害　黄连的兽敌很多，如锦鸡、鼠类等。危害黄连嫩叶、花薹及种子，有的也危害根状茎，一般发生在12月至第二年4月的寒冷季节。地老鼠危害黄连根，一年四季均有发现。

防治方法：人工捕杀；或用毒饵诱杀。防鼠可用磷化锌和玉米粉按1∶20拌成毒饵撒于田间或鼠洞内。

4.采收加工　黄连在栽后5~6年的10~11月间收获。用黄连抓子连根抓起，抖掉泥土，剪去须根和叶，取根茎在黄连炕上干燥，烘时用操板翻动，并打掉已干燥的泥土。五六成干时出炕，根据根茎大小，分为3~4等，再分别细炕，勤翻动，待根茎断面呈干草色时即可出炕，装入槽笼，撞掉泥土和须根即成。每667m^2可产干黄连100~150kg。

（四）学习结果评价

根据学生实验结果，填写下表。

序号	黄连的品种	栽培时间	施肥时间	病虫害防治时间	加工方法	质量标准
1						
2						
3						
4						
5						

五、课后作业

1. 简单撰写黄连规范化栽培技术流程。
2. 调查不同黄连的栽培基地情况，填写下表。

序号	栽培基地	栽培时间	施肥时间	病虫害防治时间	加工方法	质量标准
1						
2						
3						
4						
5						

任务6　能进行菘蓝规范化栽培

一、基本概念

大青叶　菘蓝的干燥叶。

二、学习目标

1. 学会菘蓝的规范化种植技术。
2. 学会菘蓝的田间管理技术。
3. 学会菘蓝的规范化产地加工技术。

三、基本知识

（一）菘蓝产地

菘蓝别名北板蓝根、菘兰、菘青等。主产于河北、北京、黑龙江、河南、江苏、甘肃等地区。

（二）植物形态

菘蓝 *Isatis indigotica* Fort. 二年生草本。主根深长，外皮灰黄色。茎直立。叶互生；基生叶较大，具柄，叶片长圆状椭圆形；茎生叶长圆形至长圆状倒披针形，先端钝尖，基部箭形，半抱茎，全缘或有不明显的细锯齿。总状花序，花小，无苞，花梗细长；花萼4；花瓣4；雄蕊6，4强；雌蕊1，长圆形。长角果长圆形，扁平翅状，具中肋。种子1枚。花期5月。果期6月。

（三）生长环境

喜温和、湿润气候，耐寒、怕涝，水浸后易烂根，对土壤要求不严，pH为6.5~8的土壤都能适应，一般夹砂土或微碱性的土壤均可种植。

（四）生长过程

一般春播秋收，春季4月播种，11月采挖。留种植株第二年春季发芽，继续生长，并开花，夏季结实作为种子。

（五）质量标准

1. 外观

（1）板蓝根　本品呈圆柱形，稍扭曲，长10~20cm，直径0.5~1cm。表面淡灰黄色或淡棕黄色，有纵皱纹、横长皮孔样突起及支根痕。根头略膨大，可见暗绿色或暗棕色轮状排列的叶柄残基和密集的疣状突起。体实，质略软，断面皮部黄白色，木部黄色。气微，味微甜后苦涩。

（2）大青叶　本品多皱缩卷曲，有的破碎。完整叶片展平后呈长椭圆形至长圆状倒披针形，长5~20cm，宽2~6cm；上表面暗灰绿色，有的可见色较深稍突起的小点；先端钝，全缘或微波状，基部狭窄下延至叶柄呈翼状；叶柄长4~10cm，淡棕黄色。质脆。气微，味微酸、苦、涩。

2. 含量　按照《中国药典》规定：板蓝根水分不得过15.0%；总灰分不得过9.0%；酸不溶性灰分不得过2.0%；含（*R*, *S*）-告依春（C_5H_7NOS）不得少于0.020%。大青叶水分不得过13.0%；醇浸出物不得少于16.0%；含靛玉红（$C_{16}H_{10}N_2O_2$）不得少于0.020%。

四、能力训练

（一）操作条件

1. 地点　板蓝根药材生产基地。

2. 材料　菘蓝。

3. 工具　菘蓝规范化种植的工具、菘蓝病虫害防治的工具、菘蓝采收加工的工具等。

（二）安全及注意事项

1. 严格按照实训基地的要求进行实训，注意安全。

2. 清洗工具、切削工具、蒸煮烫工具、修制工具、烘干工具使用时的注意事项。

3.《药材种植岗位操作规程》《药材田间管理岗位操作规程》《药材病虫害岗位操作规程》《药材采收加工岗位操作规程》。

（三）操作过程

1. 播种

（1）选地整地　选排水良好、疏松肥沃的砂质壤土种植，土质深厚的缓坡地最好，地势低洼易积水、黏重的土地不宜种植。每667m²施腐熟厩肥4000kg，过磷酸钙50kg，硫酸钾30kg，尿素20kg，施足底肥，深翻30cm，耕细耙平，打碎土块，然后开横沟，沟宽30cm，四周做好排水沟。板蓝根比较耐连作，但一般应在2~3年换一次地，以减少病虫害。

（2）播种　播种前，对种子进行处理，用40℃的温水浸种24h，捞出，晾干表层，即可播种，这样可使苗齐、苗全，7~10天可出苗，每667m²用重量为1.5~2kg。在整好的畦面上按行距30cm开沟，沟深3cm，将种子均匀撒在沟内，覆土1.5~2cm。

2. 田间管理

（1）中耕除草、间苗、定苗　播种后，要注意观察，盖地膜的有70%出苗，就可揭开地膜，进行浅锄，除去小杂草。当苗高3~5cm时进行间苗，剔除小苗、弱苗，留壮苗，苗距4~6cm；当苗高7~10cm时进行定苗，苗距8~10cm。留苗距太密时，根小，叶片不肥厚；苗距过大，主根易分杈，须根多、条不直，产量降低。

（2）水肥管理　定苗后，根据板蓝根的生长情况，可追施一次人粪尿水或无机肥。每割一次大青叶，都要注意重施粪肥，促进根部后期生长，增加产量。可喷施叶面肥，以0.2%的磷酸二氢钾为好，在生长中后期喷2~3次。天旱时注意浇水，以利于板蓝根正常生长，可在每天早、晚进行，切忌在阳光暴晒下进行。雨季注意排水，若长期积水，板蓝根易烂根，造成减产。

3. 病虫害防治

（1）霜霉病　3~4月始发，尤在春夏梅雨季节发病严重，主要危害叶柄及叶片。发病初期，叶片上产生黄白色病斑，叶背面出现似浓霜的病斑。随着病程的发展，叶片变黄，最后呈褐色干枯，使植株死亡。

防治方法：①发现病株，及时拔除，集中烧毁或深埋。②发病初期用40%的乙磷铝200~300倍液喷雾防治，7~10天一次，连续2~3次。

（2）菌核病　4月始发，6~7月多雨高温时发病严重。此病危害全株，从土壤中传染，发病初期茎基部或茎叶呈水浸状、淡褐色，周缘有不明显的病斑，最后腐烂，引起幼苗猝倒。

防治方法：①避免偏施氮肥，增施磷、钾肥，提高植株抗病能力。②水旱轮作或禾本科植物轮作。③发病初期用50%多菌灵可湿性粉剂1000倍液喷雾防治，7~10天一次，连续2~3次。喷药时，应着重于植株茎基部及地面。

（3）白锈病　主要侵害十字花科植物的叶片。病叶表面出现绿色小斑点，病斑破裂后，散出白色粉状物。

防治方法：①合理密植，加强水肥管理，降低田间湿度，提高植株抗病能力。

②清净田园。③发病初期用50%粉锈宁400~600倍液喷雾防治，7~10天一次，连续2~3次。

（4）根腐病　发病初期用70%甲基托布津可湿性粉剂1000倍液淋穴，并拔除病株。

（5）菜粉蝶　偏食十字花科植物，虫害严重时可将叶片吃光，只剩叶脉和叶柄，严重影响产量和质量。5月危害叶片，6~7月发病严重。

防治方法：①清除田间残株病叶，减少虫源。②在幼虫3龄以前施药。可用杀螟杆苗或青虫菌（每克含活孢子数100亿个以上的菌粉），稀释2000~3000倍，并按药液量加适量的肥皂粉或茶枯粉等黏着剂：用苦树皮粉500g，加肥皂30g，兑水15kg，浸24h，以浸出液喷洒，或将树皮研成粉末500g加1.5~2.5kg草木灰，于朝露未干时撒在叶上；或用20%杀灭菊酯乳油2000~3000倍液，或1.8%阿维菌素乳油6000~8000倍液喷雾2~3次。

（6）桃蚜和萝卜蚜　主要危害十字花科植物，植株被害后严重失水卷缩，扭曲变黄。对板蓝根，一般于春季危害刚生成的花蕾，使花蕾萎缩，不能开花，影响种子产量。

防治方法：用1.8%阿维菌素乳油2000~4000倍液，20%氰戊菊酯乳油1000倍液，50%灭蚜威可湿性粉剂1500倍液喷杀。

（7）蝼蛄、蛴螬　清理田园杂草，这样可以切断害虫栖息和繁殖路径。也可以使用诱饵毒杀。

4.采收加工

（1）采收

1）大青叶　采收时间：春播板蓝根在水、肥管理较好的情况下，地上部分正常生长。每年收割大青叶2~3次，第一次在六月中旬；第二次在8月下旬；第三次结合收根，割下地上部分，选择合格的叶片入药。以第一次收获的大青叶质量最好。伏天高温季节不能采收，以免发生病害而造成植株死亡。采收方法：选择最近几日晴天进行收获，这样既利于植株重新生长，又利于大青叶的晾晒，以获取高质量的大青叶。具体方法：用镰刀在离地面2~3cm处割下大青叶，这样既不伤芦头，又可获取较大产量。

2）板蓝根　根据板蓝根药效成分的高低，适时采收。实验证明，12月的含量最高，因此，在初霜后的12月中下旬采收，可获取药效成分含量高、质量好的板蓝根药材。故这段时间选几日晴天，进行板蓝根的采收。首先用镰刀贴地面2~3cm处割下叶片，不要伤到芦头，捡起割下的叶片，然后从畦头开始挖根，用锹或镐深刨，一株一株挖起，拣一株挖一株，挖出完整的根。注意不要将根挖断，以免降低根的质量。

（2）加工　大青叶的初加工：将大青叶运回晒场后，进行阴干或晒干。如阴干，需在通风处搭设阴棚，将大青叶扎成小把，挂于棚内阴干；如晒干，需放在芦席上，并经常翻动，使其均匀干燥。无论是阴干或晒干的都要严防雨露，以免发生霉变。

以叶大、洁净、无破碎、色墨绿、无霉味者为佳。板蓝根的初加工：将挖取的板蓝根去净泥土、芦头、茎叶，摊放在芦席上晒至七八成干（晒的过程中要经常翻动），然后扎成小捆，晒至全干，打包或装袋储藏。以根长直、粗壮、坚实而粉性足者为佳。晒的过程中严防雨淋、发生霉变，避免降低板蓝根的产量。板蓝根抽薹开花后的根老化，不宜入药。

（四）学习结果评价

根据学生实验结果，填写下表。

菘蓝的品种	栽培时间	施肥时间	病虫害防治时间	加工方法	质量标准
1					
2					
3					
4					
5					

五、课后作业

1. 简单撰写菘蓝规范化栽培技术。
2. 调查不同菘蓝的栽培基地情况，填写下表。

序号	栽培基地	栽培时间	施肥时间	病虫害防治时间	加工方法	质量标准
1						
2						
3						
4						
5						

任务 7　能进行浙贝母规范化栽培

一、基本概念

1. 元宝贝　选大的浙贝母鳞茎，挖去心芽加工即得。

2. 珠贝　较小的浙贝母鳞茎不去心芽，整个加工而成。

3. 贝芯　挖下浙贝母的心芽加工而成。

二、学习目标

1.学会浙贝母药材的规范化种植技术。
2.学会浙贝母药材的田间管理技术。
3.学会浙贝母药材的规范化产地加工技术。

三、基本知识

（一）浙贝母产地

浙贝母别名土贝母、象贝、浙贝、象贝母、大贝母。主产于浙江（北部）、江苏（南部），江西、上海、湖北和湖南等地也有分布。

（二）植物形态

浙贝母*Fritillaria thunbergii* Miq.多年生草本，植株长50~80cm。鳞茎由2~3枚鳞片组成。叶对生或散生，向上常兼有散生、对生和轮生的，近条形至披针形，先端不卷曲或稍弯曲。花1~6朵，淡黄色，有时稍带淡紫色，顶端的花具3~4枚叶状苞片，其余的具2枚苞片；苞片先端卷曲；花被片长2.5~3.5cm，宽约1cm，内、外轮相似；雄蕊长约为花被片的2/5；花药近基着生，花丝无小乳突；柱头裂片长1.5~2mm。蒴果，棱上有翅。花期3~4月，果期5月。

（三）生长环境

浙贝母生于海拔较低的山丘荫蔽处或竹林下。浙贝母喜温和湿润、阳光充足的环境。根的生长要求气温在7~25℃，25℃以上，根生长受抑制。平均地温达6~7℃时出苗，地上部分生长发育温度范围为4~30℃，在此范围内，生长速度随温度升高而加快。开花适温为22℃左右。–3℃时植株受冻，30℃以上植株顶部出现枯黄。鳞茎在地温10~25℃时能正常膨大，–6℃时将受冻，25℃以上时就会出现休眠。

（四）生长过程

浙贝母9月下旬至10月上旬栽种，10月中旬发根，11~12月萌芽，地下鳞茎略有膨大，2月上旬出苗，2月下旬至5月中下旬为鳞茎膨大的主要时期，3月中下旬地上部分生长最快，除有一个主杆外，还可抽出第二个茎秆（称“二秆”），并现蕾开花，4月上旬凋谢，4月下旬至5月上旬植株开始枯萎，5月中下旬种子成熟，鳞茎停止膨大，全株枯萎，6月鳞茎越夏休眠。

（五）质量标准

1.外观

（1）大贝　为鳞茎外层的单瓣鳞叶，略呈新月形，高1~2cm，直径2~3.5cm。外表面类白色至淡黄色，内表面白色或淡棕色，被有白色粉末。质硬而脆，易折断，断面白色至黄白色，富粉性。气微，味微苦。

（2）珠贝　为完整的鳞茎，呈扁圆形，高1~1.5cm，直径1~2.5cm。表面黄棕色至黄褐色，有不规则的皱纹；或表面类白色至淡黄色，较光滑或被有白色粉末。质硬，不易折断，断面淡黄色或类白色，略带角质状或粉性；外层鳞叶2瓣，肥厚，略似肾形，互相抱合，内有小鳞叶2~3枚和干缩的残茎。

（3）浙贝片　为椭圆形或类圆形片，大小不一，长1.5~3.5cm，宽1~2cm，厚0.2~0.4cm。外皮黄褐色或灰褐色，略皱缩；或淡黄色，较光滑。切面微鼓起，灰白色；或平坦，粉白色。质脆，易折断，断面粉白色，富粉性。

2. 含量　按照《中国药典》规定：浙贝母按干燥品计算，含贝母素甲（$C_{27}H_{45}NO_3$）和贝母素乙（$C_{27}H_{43}NO_3$）的总量，不得少于0.080%。水分不得过18.0%。总灰分不得过6.0%。浸出物不得少于8.0%。

四、能力训练

（一）操作条件

1. 地点　浙贝母药材生产基地。

2. 材料　浙贝母。

3. 工具　浙贝母规范化种植的工具、浙贝母病虫害防治的工具、浙贝母采收加工的工具等。

（二）安全及注意事项

1. 严格按照浙贝母实训基地的要求进行实训，注意安全。

2. 清洗工具、蒸煮烫工具、修制工具、烘干工具使用时的注意事项。

3.《药材种植岗位操作规程》《药材田间管理岗位操作规程》《药材病虫害岗位操作规程》《药材采收加工岗位操作规程》。

（三）操作过程

1. 播种

（1）选地整地　选择土层深厚、富含腐殖质、排水良好的砂质壤上。种过浙贝母的地，不能连种3次，否则易得病害。地选好后深翻18~20cm，耙细耙平，作成宽200cm、高12~15cm的畦，畦沟深15~20cm，宽30cm左右。每667m^{2}施腐熟的厩肥和堆肥2500~5000kg，均匀施入表土层。

（2）繁殖方法　有鳞茎繁殖和种子繁殖两种。生产上多用鳞茎繁殖，种子繁殖多在种鳞茎缺乏时采用。

1）鳞茎繁殖　9月至10月上旬，将种子田里的浙贝母挖出来，选种鳞茎，一般选中间号贝作种用。中间号鳞茎是在挖贝母时选择，最大的鳞茎称为土贝，直径4.5~7.0cm，最小的鳞茎称为杂贝，最小号贝比中间号贝小一点，但质量还是好的，既可作商品，又可作种子田的种子，而大贝和杂贝都可作商品用。

种子田的鳞茎，选择的标准是鳞茎直径3~5cm（0.5kg有16个左右），鳞瓣紧密抱合，芽头饱满，无损伤和病害，边挖边栽，其他号的贝母暂时在室内存放，厚度5cm。冬季套种的作物及时下种，及时收挖，不影响浙贝母生长，之后再栽商品田，10月末全部种完。

浙贝母种子田的栽培，株行距大小主要根据种鳞茎的大小决定。种子田要深栽一些，栽浅了，鳞茎抱合不紧，易伤芽，10~15cm深，种子大则深一些，种子小则浅一些，商品用栽要浅一些，否则鳞茎长不大。株距按12cm把种子均匀排在沟内，芽向上，若栽到边上种，要深一些，以免雨水冲刷时露出来，栽一行盖一行。

新引种的地方，准确定什么时间栽为合适，当见到个别鳞茎在潮湿情况下根已伸出鳞片时，表明已到下种季节。从气温来看，当气温达到22~27℃时即可下种。一般情况下，每667m^{2}下种400~600株。

2）种子繁殖　浙贝母的种子在5月底成熟，此时种子的胚尚未发育好，需要在5~10℃低温下后熟2个月左右，胚才能长成。通过后熟的种子春播，当年可以出苗；如用当年采收的种子秋播，第二年春季可出苗。种子繁殖形成的植株很小，1年生植株的叶是一片线性叶，小鳞茎如绿豆大；2年生苗为一枚披针形叶，鳞茎似玉米粒大；3年生植株开始抽茎，株高10cm以上，鳞茎达5g；4年生以后，植株开始开花，鳞茎才达到鳞茎繁殖的要求。种子繁殖可提高繁殖率，节约大量的药材，但种子繁殖时间太长，绝大多数采用无性繁殖。

2. 田间管理

（1）中耕除草　在浙贝母未出土前和植株生长的前期进行，栽后半个月浅除一次草，每隔半个月进行一次，并与施肥结合起来。在施肥之前要除一次草，使土壤疏松，肥料易吸收。苗高12~15cm抽薹，每隔15天除草一次，种子田5月中耕一次。

（2）施肥　肥料需要期比较集中，仅是出苗后追肥不能满足整个生长期的需要，而冬肥能够满足整个生长期的需要，能源源不断地供给养分，因此，冬肥应以迟效性肥料为主。重施基肥，在畦面上开浅沟，每667m^{2}人粪尿1000kg，施于沟内，覆土，上面再盖厩肥、垃圾和饼肥混合发酵的肥料，打碎，2500kg左右，整平，以免妨碍出苗。商品田再加化肥20kg，第二年2月苗齐后再浇苗肥，每667m^{2}人粪尿750~1000kg，稀释水浇于行间。摘花以后再施一次化肥，方法同上。

（3）灌溉排水　浙贝母在2~4月需水多一点，如果这一段缺水植株生长不好，直接影响鳞茎的膨大，影响产量。整个生长期水分不能太多，也不能太少。但北方春季干旱，每周浇一次水，南方雨季要注意排水。

（4）摘花　为了使鳞茎充分得到养分，花期要摘花，不能摘得过早或过晚。3月下旬，当花茎下端有2~3朵花初开时，选晴天将花和花蕾连同顶梢一齐摘除，打顶长度一般为8~10cm。

3.病虫害防治

（1）黑斑病 是一种由真菌引起的病害。发病是从叶尖开始，叶色变淡，出现水渍状褐色病斑，渐向叶基蔓延，病部与健部有明显界限，一般在3月下旬开始发生危害，直至浙贝母地下部分枯死。如在清明前后春雨连绵，则受害较为重，浙贝母黑斑病以菌丝及分生孢子在被害植株和病叶上越冬，第二年再次浸染危害。

防治方法：①清除被害植株和病叶，并将其烧毁。②不宜重茬种植；③加强田间管理，合理施肥，增强浙贝母的抗病力。④3月下旬喷射1∶1∶100波尔多液，7~10天1次，连续3~4次。

（2）软腐病 是一种由病原细菌引起的病害。鳞茎受害部分开始为褐色水渍状，蔓延很快，受害后鳞茎变成糟糟的豆腐渣状，有时停止危害。腐烂部分和健康部分界明显。表皮常不受害，内部软腐干缩后，剩下空壳，腐烂鳞茎具特别的酒酸味。

防治方法：①选用健壮无病的鳞茎作种。②选择排水良好的砂壤进行种植。③用20%可湿性三氯杀螨砜800倍液浸种10~15min。

（3）灰霉病 是一种由真菌引起的病害。发病后先在叶片上出现淡褐色的小点，以后扩大成椭圆形或不规则形病斑，边缘有明显的水渍状环，不断扩大形成灰色大斑；花被害后，干缩不能开花；幼果被害，呈暗绿色而干枯。一般在3月下旬至4月初开始发生，4月中旬盛发，危害严重。

防治方法：①收获后，清除被害植株和病叶。②发病严重的土地不宜重茬。③3月下旬喷射1∶1∶100波尔多液，7~10天1次，连续3~4次。

（4）干腐病 是一种由真菌引起的病害。鳞茎基部受害后呈蜂窝状，鳞片被害后呈褐色皱褶状。鳞茎种下后，根部发育不良，植株早枯，新鳞茎很小。有的鳞茎维管束受害，鳞片横切面可见褐色小点。

防治方法：①选用健壮无病的鳞茎作种。②选择排水良好的砂壤进行种植。

（5）蛴螬 危害浙贝母鳞茎的主要是铜绿金龟子幼虫。蛴螬在4月中旬开始危害浙贝母鳞茎，浙贝母过复期危害最盛，到11月中旬以后危害停止。成虫在5月中旬出现，傍晚活动，卵散产于较湿润的土中，喜在未腐熟的厩肥上产卵。

防治方法：①冬季清除杂草，深翻土地，消灭越冬虫口。②施用腐熟的厩肥、堆肥，并覆土盖肥，减少成虫产卵。③灯诱杀金龟子成虫。④下种前半月每667m^2施25~30kg石灰氮，撒于上面后翻入，以杀死幼虫。⑤用石蒜鳞茎进行防治，将石蒜鳞茎洗净捣碎，每50kg粪放3~4kg石蒜浸出液进行浇治。

（6）豆芫菁 主要食害大豆、花生等叶子，也喜吃浙贝母叶片。成虫喜群集危害，将叶片咬成缺刻、空洞或全部吃光，留下较粗的叶脉。严重时成片浙贝母被吃成光杆，影响地下部分鳞茎产量。

防治方法：①人工捕杀：利用成虫的群集性，及时用网捕捉，集中杀死。②20%

啶虫哒螨灵微乳剂（中等毒），使用20~25ml/667m²。安全间隔期为7天，每季最多使用次数为2次。

（7）葱螨　危害浙贝母鳞茎主要是在过夏期间，在下种后及收获前的一段时间内也能危害。被害的鳞茎呈凹洞或整个腐烂，但可见部分维管束残体。常与其他病害混在一起。

防治方法：①室内贮藏的鳞茎在起土后适当排放7~10天，使螨在干燥环境下死亡或离开鳞茎。贮藏前将腐烂及有螨的鳞茎选出，分别贮藏。②下种前严格挑选种子，把腐烂有螨的剔出。③下种前结合防病，用杀螨杀虫剂与杀菌剂混合浸种。

4. 采收加工

（1）采收　5月中下旬植株枯萎时选择晴天收获，从畦的一端采挖，不伤鳞茎，洗出鳞茎上的泥土，选大的鳞茎挖去心芽，加工成元宝贝。较小的鳞茎不去心芽，整个加工成为珠贝。挖下的心芽可加工成贝芯。商品分三档，一般珠贝占10%~15%，贝芯占5%~10%，其他为元宝贝，这一比例因生长好坏而不同。

（2）加工　加工时边擘鳞片边挖心，同时进行分档。即较大的鳞茎选出，取下鳞片挖下贝芯，分别放置，留下直径2cm以下的作为珠贝。在进行取鳞片挖贝心时，应注意有重瓣的鳞片要分开，便于晒干；心芽不要挖得太大，以免影响产量和质量。

去皮加石灰：去皮的方法是将鳞茎相互碰撞摩擦。去皮的目的在于使内部的水分容易挥发。加石灰的目的，一方面是将鳞茎内部的水吸到外表来，另一方面石灰有一定的防腐作用。去皮是在特制的木桶（当地称柴桶）中进行的，长100cm，宽50cm，高25cm，形状似船。加工时将木桶悬于三脚木架上，贝母装进桶内，每次可装20~25kg，然后由两人各在一边握住水桶来往推动，使贝母相互摩擦，经15~20min，见表皮大部分脱落，浆液渗出时放入石灰（用贝壳烧成的壳灰），每50kg鲜贝母加贝壳及1.5~2.5kg。石灰加好后，再继续推动撞击约15min，等贝母全部粘满石灰为止。近来，去皮摩擦的方法已逐渐采用电动机械，木桶也适当扩大，每次可放鲜鳞茎90kg，来往摩擦时间也缩短4~8min。

晒干：加工后的浙贝于第二天放在阳光下晒，连晒3~4天后，用麻袋装起来，在室内堆放1~3天，让内部水分渗到表面来，再晒1~2天，就可以晒干。在晒干的过程中，每天用筛子（筛眼的孔径约0.5cm）将脱落的石灰及杂物等筛去。一般150~160kg可加工成干货50kg，如加工不好，则200kg才能加工成50kg干货。贝母干燥的标准是折断时松脆，断面白粉状，颜色一致，中心无玉色。如断面中心三色者，说明未干，需要再晒。

在连续阴雨的情况下，可用火烘干。烘的方法，有条件的可利用蚕茧的烘灶进行。烘的温度不可过猛，以不超过70℃为宜，并要及时翻动，否则会使贝母成为发硬的“僵子”而造成损失。如没有烘灶等设备，则可搭临时性土烘灶，用木炭来烘。

最好用探温烘干器来烘。

（四）学习结果评价

根据学生实验结果，填写下表。

浙贝母的品种	栽培时间	施肥时间	病虫害防治时间	加工方法	质量标准
1					
2					
3					
4					
5					

五、课后作业

1. 简单撰写浙贝母规范化栽培技术流程。
2. 调查不同浙贝母的栽培基地情况，填写下表。

序号	栽培基地	栽培时间	施肥时间	病虫害防治时间	加工方法	质量标准
1						
2						
3						
4						
5						

任务 8　能进行山药规范化栽培

一、基本概念

零余子　山药叶腋间生的珠芽。

二、学习目标

1. 学会山药药材的规范化种植技术。
2. 学会山药药材的田间管理技术。
3. 学会山药药材的规范化产地加工技术。

三、基本知识

（一）山药产地

山药别名淮山药、山芋。主产于河南、山西，湖南、湖北、四川、河北、陕西、江苏、浙江等地亦产。全国除西北、东北高寒地区外，其他各省均有栽培。

（二）植物形态

薯蓣*Dioscorea polystachya* Turczaninow多年生缠绕草质藤本。根茎直生，肉质肥厚，呈棍棒形，长达lm，断面白色，带黏性。外皮灰黄色，生有很多须根。茎细长，通常紫色，光滑无毛。叶对生或3叶轮生；叶柄细长；叶片常呈三角状卵形至三角状广卵形。基部楔形，通常耳状3裂，中央裂片先端渐尖，两侧裂片呈圆耳状。雌雄异株，穗状花序；雄花序直立，雌花序下垂；花极小，黄绿色；雄花具雄蕊6枚；子房下位。蒴果有3棱，呈翅状。种子扁圆形，有阔翅。花期6~8月，果期7~9月。

（三）生长环境

喜温暖、湿润、阳光充足的环境，耐寒，在排水良好、土层深厚、疏松肥沃的砂质壤土（尤其是河流两岸冲积土、山坡下部砂壤土）上生长最好。薯蓣生育适温为20~30℃，15℃以下不开花，10℃块茎可以萌芽，1℃不受冻。但地上部分茎叶不耐霜冻，温度降到10℃以下时植株停止生长，5℃以下的低温很难忍耐，短时间的0℃气温也会冻死。薯蓣幼苗的适温范围较广，一般在15~20℃。但短时间的低温，如在5℃以下甚至是0℃，也不至于冻死。地上部分茎叶的生长适温为25~28℃，超过30℃，呼吸便会上升；到40℃，茎叶基本停止伸长；到45℃，出现日灼，导致叶脉和幼嫩组织变色坏死；在5℃低温出现时，茎叶停止生长。昼夜温差对块茎形成和膨大有利。薯蓣块茎形成和肥大的最适气温是20~24℃，适应范围很窄。在20℃以下时，生长缓慢；在24℃以上时，由于呼吸作用不能得到有效的控制，消耗养分过多，影响同化物质的运转和储存，致使块茎肥大受阻。

（四）生长过程

多用芦头繁殖，于3月前后栽种，当年秋季11月前后收获。整个生长期为230~240天。

（五）质量标准

1.外观 以色黄白，无外皮、黑斑、霉变、虫蛀，中部周径长3.5cm以上者为合格；以条粗、质坚实、粉性足、色白者为佳。

2.含量 按照《中国药典》规定：水分不得过16.0%；总灰分不得过4.0%；照水溶性浸出物测定法项下的冷浸法测定，不得少于7.0%。

四、能力训练

（一）操作条件

1.地点　山药药材生产基地。

2.材料　山药。

3.工具　山药规范化种植的工具、山药病虫害防治的工具、山药采收加工的工具等。

（二）安全及注意事项

1.严格按照山药实训基地的要求进行实训，注意安全。

2.清洗工具、切削工具、蒸煮烫工具、修制工具、烘干工具使用时的注意事项。

3.《药材种植岗位操作规程》《药材田间管理岗位操作规程》《药材病虫害岗位操作规程》《药材采收加工岗位操作规程》。

（三）操作过程

1.播种

（1）选地整地　根据薯蓣的生物学特性，宜选向阳、土层深厚、疏松肥沃、排水良好的砂质壤土地块进行种植。选好地后，要深耕土地。以秋末冬初翻耕土地为好，经过风化，第二年种植时土壤疏松，在栽种前，每667m^2施堆、厩肥4500~5000kg，均匀撒在地面上，再细翻1次，深50cm左右，然后耙细整平，作成宽120cm的高畦。畦沟宽30cm，沟深20cm，畦面呈瓦背形。

（2）繁殖方法　以芦头繁殖为主，其次是用零余子繁殖，这两种方法应交替进行，单用任何一种都易引起退化。

1）芦头繁殖　在秋末收获薯蓣时，选取芽头饱满、颈短、粗壮、无分枝、健壮无病虫害的薯蓣芦头作繁殖用，长15~20cm，取下后晾4~5天使伤口愈合，防止感染腐烂。然后用湿砂贮存，在室内的一角，先铺一层湿砂，厚约15cm，再铺15cm的芦头，一层芦头一层稍湿的河砂，堆至60~90cm，上盖一层河砂，再盖一层稻草即可越冬。一般室温保持在5℃为好。待第二年春季化冻后栽种。贮存期间常检查温湿度，随时调节。直至第二年春季取出栽种。

2）零余子繁殖　薯蓣茎叶枯黄时，于10月下旬左右，收摘零余子，选无损伤、无病虫害、大而圆的零余子，置于木桶内或室内，用干砂贮藏。翌春天气转暖栽种。作高畦或高垅，3月中旬在作好的畦面上按行距20~30cm开沟，每隔10cm种2粒，覆土深6cm左右。栽种后浇透水，半个月便可出苗。当年秋季挖出地下部分，选其中无病虫害、健壮的作繁殖用。贮存方法同上。

（3）栽种　当第二年春气温上升至10℃以上时，于3月中旬栽种。取出芦头和用零余子繁殖的一年生小薯蓣根，选其中健壮、无病虫害的种栽分别栽种。栽种时在畦面上按行距30cm开深10cm、宽15cm的沟。将繁殖材料按照顺序卧放于沟内，头尾相接，株距15~20cm，每行最后1个繁殖材料应回头倒放。沟内每667m^2施混合肥1500kg，之后覆土与畦面持平。每667m^2用种5000~10000个，合理密植可提高产量。

2.田间管理

（1）中耕除草　当苗高5~6cm时进行第一次中耕除草，因苗小根浅，宜浅耕，以免伤苗。当苗高10cm时进行第二次中耕，并进行间苗，零余子栽种的按株距15cm定苗。苗高30cm时进行第三次中耕，之后搭架，封行后不能进行中耕。

（2）追肥　结合中耕进行追肥，定苗后每667m^2追堆、厩肥22500~30000kg，饼肥750kg，或施入畜粪水30000kg。若肥料充足，可再追施1次。

（3）立柱搭架　最后1次中耕，在每株旁插1支柱，可用细竹竿、柳条等，长2m左右，将两行相邻4根支柱上端捆紧固定，牢固不倒。然后引蔓上架，这样通风透光，茎、叶生长旺盛，可显著提高产量。

（4）灌排水　苗期春旱应及时浇水，7~9月旺盛生长期也应满足水分的供给，使土壤保持一定的湿度，植株才能旺盛生长。水分过少时块根扁平、瘦小，水分过多时易发病死亡，严重影响产量和质量。

3.病虫害防治

（1）褐斑病　病原是真菌中一种半知菌，危害叶片。雨季严重，被害叶片发病，叶面病斑褐色，呈不规则形，严重时，后期病斑穿孔。

防治方法：①轮作。②清洁田园，烧毁病残株。③发病期可用50%的瑞毒霉1000~1500倍液喷雾防治。

（2）炭疽病　病原是真菌中一种半知菌。危害茎叶。患病叶片上有略下陷的褐色病斑，并具有不规则的轮纹。7~8月雨季发病重。

防治方法：①栽之前用1∶1∶120波尔多液浸种5min，晾干栽种。②收获后，清洁田园，枯枝落叶集中烧毁，消灭越冬菌源。③发病前喷65%代森锌500倍液；发病后喷50%多菌灵1000倍液，连续喷2~3次。

（3）枯萎病　症状：发病初期主要表现为茎基部出现梭形褐色斑块，病斑逐渐向四周扩展，导致茎基部表皮腐烂，上部叶片黄化脱落，藤蔓枯死，病茎内部变褐，块根染病会导致皮孔的四周产生圆形至不规则形褐色病斑。

防治方法：①选择无病的山药栽子作种，必要时在栽种前用70%代森锰锌可湿性粉剂1000倍液浸泡山药嘴子10~20mm后下种。②入窖前在山药嘴子的切口处涂1∶50石灰浆预防腐烂。③施用酵素菌沤制的堆肥。④药剂防治：6月中旬开始用70%代森猛锌可湿性粉剂600倍液或50%杀菌王水溶性粉剂1000倍液喷淋茎基部，共防治5~6次。

（4）蛴螬　危害根部。

防治方法：整地时施毒土或毒饵诱杀。

（5）红蜘蛛　危害叶片。

防治方法：7~8月喷0.2~0.3波美度石硫合剂或20%三氯杀螨砜600~800倍液喷雾防治。

4.采收加工

（1）采收　栽种当年10月中下旬，地上部分枯萎时，先采收珠芽，后拆除立柱、割除茎叶，就可以采挖。采挖时，注意不要挖断，把顶部芦头取下作种用，下部的块根装筐运回。

（2）加工　块根运回后，应趁鲜及时加工。将块根洗净，用竹刀刮光外面的粗皮，然后放入蒸灶或蒸箱，蒸24h左右。当块根变软后，取出晒干或炕干。炕干或烘干时控制温度，不能过高，以50℃左右为宜，以免烘焦。产量为每667m^{2}产干货（毛条）250~300kg。折干率20%~30%。

（四）学习结果评价

根据学生实验结果，填写下表。

山药的品种	栽培时间	施肥时间	病虫害防治时间	加工方法	质量标准
1					
2					
3					
4					
5					

五、课后作业

1.简单撰写山药规范化栽培技术规程。

2.调查不同山药的栽培基地情况，填写下表。

序号	栽培基地	栽培时间	施肥时间	病虫害防治时间	加工方法	质量标准
1						
2						
3						
4						
5						

（王化东）

项目十　花类药材规范化栽培技术

教学目标

▶ 知识目标：

1. 掌握　花类药材的规范化种植技术、规范化田间管理技术和规范化产地加工技术。

2. 熟悉　花类药材的质量标准和病虫害防治技术。

3. 了解　花类药材植物学特征。

▶ 素质目标：

具有质量意识、环保意识、安全意识、信息素养、工匠精神和创新思维。

▶ 技能目标：

1. 能够熟练运用花类药材的规范化种植技术、产地加工技术。

2. 能够进行花类药材的田间管理与病虫害防治。

任务 1　能进行金银花规范化栽培

一、基本概念

忍冬藤　忍冬的干燥藤茎。

二、学习目标

1. 学会金银花药材的规范化种植技术。

2. 学会金银花药材的田间管理技术。

3. 学会金银花药材的规范化产地加工技术。

三、基本知识

（一）金银花产地

金银花别名金花、银花、双花、二花、忍冬花。忍冬主产于河南、山东。产山东（平邑、费县等）者称“东银花”；产河南（密县、封丘）者称“南银花”。全国大部分地区均产，以栽培为主。

（二）植物形态

忍冬*Lonicera japonica* Thunb.半常绿藤本，茎细，多分枝，左缠，中空，幼时密被黄褐色柔毛和腺毛。单叶对生，叶片卵形至长卵形，全缘，嫩叶有短柔毛。花成对，腋生，初开时白色，后变为黄色，苞片叶状；花冠稍成二唇形，有清香。浆果球形，成熟时黑色，种子4~7粒。花期5~10月；果期7~10月。

（三）生长环境

忍冬生活力很强，适应范围广，喜阳也能耐阴，耐寒性强，耐干旱及水湿，在平地、丘陵、山地均能正常生长。对土壤要求不严，酸、碱土壤均能适应，但以湿润、深厚、肥沃的砂质壤土生长最好。野生忍冬常生长在溪边、山地及灌丛中。忍冬种子具有休眠特性，于5℃低温下砂藏2个月左右，便能打破休眠。

（四）生长过程

忍冬年生育期可分为以下几个时期：春分叶芽开始萌动，清明前后展叶。立夏始蕾，孕蕾后15天开花，小满至芒种开头茬花，头茬花占全年总花量的90%左右。一般在花期的第4~6天是盛花期，可采到头茬花量的2/3。1个月后，即小暑至立秋，又开2茬花，这茬花仅占全年总花量的10%左右。花蕾先是绿色，然后变为全白，一般在下午4~5时开花。2茬花后即行结实，10月为果熟期，11月降霜后，部分叶子枯萎脱落，植株进入越冬休眠。

（五）质量标准

1.外观　该品呈棒状，上粗下细，略弯曲，长2~3cm，上部直径约3mm，下部直径约1.5mm。表面黄白色或绿白色（贮久色渐深），密被短柔毛。偶见叶状苞片。花萼绿色，先端5裂，裂片有毛，长约2mm。开放者花冠筒状，先端二唇形；雄蕊5个，附于筒壁，黄色；雌蕊1个，子房无毛。气清香，味淡、微苦。

2.含量　按照《中国药典》规定：水分不得过12%；总灰分不得过10.0%；酸不溶性灰分不得过3.0%；绿原酸（$C_{16}H_{18}O_9$）不得少于1.5%；含酚酸类以绿原酸（$C_{16}H_{18}O_9$）、3，5-二-*O*-咖啡酰奎宁酸（$C_{24}H_{25}O_{12}$）和4，5-二-*O*-咖啡酰奎宁酸（$C_{24}H_{25}O_{12}$）的总量计，不得少于3.8%；含木犀草苷（$C_{21}H_{20}O_{11}$）不得少于0.050%。

四、能力训练

（一）操作条件

1.地点　金银花药材生产基地。

2. 材料 金银花。

3. 工具 金银花规范化种植的工具、金银花病虫害防治的工具、金银花采收加工的工具等。

（二）安全及注意事项

1. 严格按照金银花实训基地的要求进行实训，注意安全。

2. 清洗工具、切削工具、蒸煮烫工具、修制工具、烘干工具使用时的注意事项。

3.《药材种植岗位操作规程》《药材田间管理岗位操作规程》《药材病虫害岗位操作规程》《药材采收加工岗位操作规程》。

（三）操作过程

1. 选地整地 金银花栽培对土壤要求不严，抗逆性较强。为便于管理，以平整的土地，有利于灌水、排水的地块较好。移栽前每667m^{2}施入充分腐熟有机肥3000~5000kg，深翻或穴施均可，耙磨、踏实。

2. 繁殖与育苗

（1）扦插繁殖 生产上常用的方法是扦插育苗法。凡有灌水条件者，一年四季都可扦插育苗，但一般多冬插、春插和伏雨季节扦插。冬春季扦插育的苗，到雨季约半年即可挖出栽培；伏雨季节扦插育的苗，冬春季即可栽植。扦插圃地只要能保持地面湿润，成活率一般可达90%以上。

1）插穗的选用 选1~2年生健壮、充实的枝条，截成长30cm左右的插条，约保留3个节位。亦可结合夏剪和冬剪采集，采后剪成25~30cm的穗段。选用结实母枝作插穗者，上端宜留数个短梗。

2）扦插 在整好的苗床上，按行距30cm定线开沟，沟深20cm。沟开好后，按株距5~10cm直埋于沟内，或只松土不挖沟，将插条1/2~2/3插入孔内，压实按紧。待一畦或一方扦插完毕，即应及时顺沟浇水，以镇压土壤，使插穗和土壤密接。水渗下后再覆薄土一层，以保墒保温。插穗埋土后上露5~8cm为宜，以利新芽萌发和插枝。

3）插后管理 要加强圃地管理。根据土壤墒情，适时浇水，松土除草。夏季扦插，经过7~8天，芽即开始萌动，十多天后开始生根。冬春季扦插，一般先生根后发芽。幼苗发生病虫害时要及时防治。

4）移栽 于早春萌发前或秋冬季休眠期进行。在整好的栽植地上，按行距130cm、株距100cm挖穴，宽、深各30~40cm，把足量的基肥与底土拌匀施入穴中，每穴栽壮苗1株，填细土压紧、踏实，浇透定根水。

（2）分株繁殖 冬季或早春萌芽发叶前，选取4年生以上生长健壮、无病虫害、长有根蘖苗的植株，将其根际周围挖开，选择占根蘖苗1/3的苗株连根取出定植。被分株的母株，当即施肥复土踏实，以恢复株势。

（3）压条繁殖　秋冬季植株休眠期或早春萌发前进行。选择3~4年生、生长健壮、产量高的忍冬作母株，将近地面的1年生枝条弯曲埋入土中，覆盖10~12cm厚的细肥土，并用枝杈固定压紧，枝梢露出地面，若枝条长，可连续弯曲压入土中，压后需浇水施肥，秋后即可将发根的压条苗截离母株定植。

移栽：于秋冬季休眠期或早春萌发前进行。忍冬生活力强，起苗可不带宿土，如遇天旱，为保证成活，需带宿土或用黄泥浆根。定植时，先在挖好的穴内施肥，每穴施腐熟厩肥或土杂肥30kg，与整地挖穴时的表层肥土拌匀施入，每穴栽苗1株，填表层肥土压紧踏实，浇透定根水，盖上细土后，再覆草保湿，以利成活。

3. 田间管理

（1）中耕除草　定植成活后的头两年，每年中耕除草3~4次，第1次在春季萌芽展叶时进行；第2、3、4次分别在6~9月进行。在植株根际周围宜浅，其他地方宜深，避免伤根。第3年以后，视杂草生长情况，可适当减少中耕除草次数。进入盛花期，每年春夏之交，需中耕除草1次，每3~4年深翻改土1次，结合深翻，增施有机肥，促使土壤熟化。

（2）追肥　每年早春萌发后和每次采花蕾后，都需追肥1次，春夏季每株施腐熟人畜粪水20kg，或尿素0.3~0.5kg；冬季每株施腐熟厩肥或土杂肥20kg、尿素0.3kg、过磷酸钙0.5kg。在植株根际周围开沟施入并覆土盖肥。冬季施肥盖土后，还需在根际周围培土，厚约5cm，以利防寒越冬。

（3）整形修剪　忍冬的整形修剪主要是培养成伞形直立小灌木。栽后成活的1~2年内，当主干长至40cm时，剪去顶梢，促进侧芽萌发成枝条。第2年春季在主干上部选留粗壮枝条4~5个，作为主枝。冬季从主枝上长出的1级分枝中，保留6~7对芽，剪去顶部。以后，再从1级分枝上长出的2级分枝中，保留6~7对芽，剪去顶部，再从2级分枝上长出的枝条上，摘去勾状的嫩梢，如没有这种嫩梢，就不要摘除。一般入春后在2级分枝中或原来的老枝上萌发出节密而短、叶细的幼枝均是花枝，应予保留。通过修剪整形，忍冬便从原来缠绕生长改为枝条疏朗、通风透光、分布均匀、主干粗壮直立的伞形灌木状花墩。由于忍冬当年生枝条具有能发育成花枝的特性，通过上述修剪措施，能促进多发新枝，多形成花蕾，从而达到增产的目的。冬剪于霜降后至封冻前进行。冬剪在培养伞形树型的同时，还应剪除枯老枝、细弱枝、病虫枝、交叉扰乱树型的长枝等，使养分集中于抽生新枝和形成花蕾。在每茬采花后，同样进行夏季修剪。每次修剪后。都应追肥1次。

（4）灌溉排水　花期若遇天气干旱或雨水过多时，均会造成大量落花、沤花、幼花破裂等现象。因此，要及时做好灌溉和排水工作。

4. 病虫害防治

（1）白粉病　危害忍冬叶片和嫩茎。发病初期，叶片出现圆形白色绒状霉斑，并不断扩大，连接成片，形成大小不一的白色粉斑，最后引起落花、凋叶，使枝条干枯。

防治方法：①选育抗病品种。②发病严重时可用25%粉锈宁1500倍液喷雾防治，每隔7天1次，连喷3~4次。

（2）褐斑病　是一种真菌病害。常于7~8月发生。发病后，叶片上病斑呈圆形，或受叶脉所限呈多角形，黄褐色，潮湿时背面生有灰色霜状物。

防治方法：①清除病枝落叶，减少病菌来源。②加强管理，增施肥料，增强植株抗病能力。③发病初期可用65%代森锌500倍液或1∶1.5∶300波尔多液喷雾，每隔7~10天1次，连续2~3次。

（3）蚜虫　成虫、幼虫刺吸汁液，使幼叶卷曲发黄。用1.8%阿维菌素乳油2000~4000倍液，20%氰戊菊酯乳油1000倍液，50%灭蚜威可湿性粉剂1500倍液喷杀。

（4）尺蠖　幼虫暴吃叶片。利用成虫的趋光性，每2~3.3公顷安装1个频振式杀虫灯，可以减少成虫数量。也可用药剂1.2%烟碱·苦参碱乳油1000倍液喷洒等。

（5）咖啡虎天牛　7~8月为严重危害期。以幼虫和成虫两种虫态越冬。越冬成虫于第二年4月中旬咬穿金银花枝干表皮，出孔危害。越冬幼虫于4月底至5月中旬化蛹，5月下旬羽化成虫，成虫交配后产卵于粗枝干的老皮下。卵孵化后，幼虫开始向木质部内蛀食，造成主干或主枝枯死。折断后，蛀道内充满木屑和虫屎。

防治方法：①茎叶突然枯萎时，清除枯枝，进行人工捕捉。②田间释放天牛肿腿蜂。

5. 采收加工

（1）金银花

1）采收　采花时间在上午9~12时，有露水时和降雨天不宜采，如有烘干设备也可采摘。上午采的花青白色质重，干燥容易，香气浓厚，出商品率高，质量好。中午以后和阴天采的花质较差，加工率低。采摘时用竹篮或藤笼，不能用布袋、塑料袋、纸盒装，以防受热生潮，使体内的酶和蛋白质发酵，变色生霉。花蕾和花组织很嫩，必须轻采轻放，忌用手捋掐紧压，以免影响质量。

2）加工　采摘后要及时加工，防止堆沤发酵。可晾干或烘干。①晾干：将鲜花薄摊于晒席上晾干，不要随意翻动，否则会使花变黑或烂花，最好当天晾干，花白，色泽也好。②烘干：初烘时温度不宜过高，控制在30℃左右。烘2h后，可将温度提高到40℃，鲜花逐渐排出水汽。经5~10h后，使室温保持在45~50℃，再烘10h，水分大部分可排出，最后将室温升至55~60℃，使花迅速干透。烘干的花比晾干的花质量好。烘时不能翻动，也不能中途停烘，否则会变质。

（2）忍冬藤　采回后拣除混入的其他植物的茎枝，扎成束晒干。再用绳捆或麻袋、芦席包装贮于干燥处备用。

（四）学习结果评价

根据学生实验结果，填写下表。

金银花的品种	栽培时间	施肥时间	病虫害防治时间	加工方法	质量标准
1					
2					
3					
4					
5					

五、课后作业

1.简单撰写金银花规范化栽培技术规程。
2.调查不同金银花的栽培基地情况，填写下表。

序号	栽培基地	栽培时间	施肥时间	病虫害防治时间	加工方法	质量标准
1						
2						
3						
4						
5						

任务 2　能进行菊花规范化栽培

一、基本概念

杭菊　主产于浙江桐乡和江苏射阳，有白菊和黄菊之分。

二、学习目标

1.学会菊花药材的规范化种植技术。
2.学会菊花药材的田间管理技术。
3.学会菊花药材的规范化产地加工技术。

三、基本知识

（一）菊花产地

菊花别名杭菊、白菊花、药菊花等。主产于浙江、河南、安徽、河北、山东等地。

（二）植物形态

菊*Chrysanthemum morifolium* Ramat.多年生草本。全株被白色绒毛。茎基部稍木质化，上部多分枝。单叶互生，叶片卵形或长卵形，边缘羽状深裂，裂片具粗锯齿，先端钝，基部阔楔形，略下延，具叶柄。头状花序少数或多数，顶生或腋生，大小不一，形色奇异；总苞的外层苞片绿色，线形，边缘膜质，被白色绒毛；舌状花着生于花序边缘；舌片白色、红色、紫色或黄色，雌性；花盘黄色，管状花位于花序中央，花冠管状，黄色，两性。瘦果不发育，具4棱，无毛。花期9~11月，果期10~11月。

（三）生长环境

菊生长适宜温度为15~25℃，花芽分化适宜温度为10~15℃，昼夜温差要求在3~5℃之间，越冬适宜温度为4~8℃，其根部可忍受短时−10℃以下的低温，在常规栽培条件下，菊花11月花期结束。菊花喜温和凉爽气候以及向阳、稍干燥的环境。能耐寒，怕水涝。在荫蔽的环境里生长不良。生长期要求土壤稍湿润，若过于干旱，植株抽枝少，发育缓慢，产量低，尤其是近花期，不能缺水，否则花蕾数大为减少，产花量明显下降。但水分过多，则易造成烂根死苗的现象。菊花喜肥，在疏松肥沃、含腐殖质丰富、排水良好的夹砂土中生长良好，花多产量高。土壤反应以中性至微酸性或微碱性为适宜。菊花属短日照植物。对日照长短反应敏感，要求每天不超过11h的光照，才能现蕾开花。

（四）生长过程

开春后，当气温稳定在10℃以上时，在根际的茎节萌发成芽丛，随着茎节的伸长，基部密生许多须根。苗期生长缓慢，苗高10cm以后，生长加快，苗高50cm后开始分枝；在日照短于13.5h、夜间温度降至15℃、昼夜温差大于10℃时，开始从营养生长转入生殖生长，即花芽开始分化，此时植株不再增高和分枝；9月下旬，当日照短于12.5h、夜间气温降到10℃左右，花蕾开始形成，此时，茎叶、花进入旺盛生长时期。10月中下旬始花，11月上中旬盛花，花期30~40天，头状花序花期为15~20天，朵花期5~7天。授粉后种子成熟期50~60天，1~2月种子成熟。

（五）质量标准

1.外观 该品亳菊呈倒圆锥形或圆筒形，有时稍压扁呈扇形，离散。总苞碟状；总苞片3~4层，卵形或椭圆形，草质，黄绿色或褐绿色，外面被柔毛，边缘膜质。花托半球形，无托片或托毛。舌状花数层，雌性，位于外围，类白色，劲直，上举，纵向折缩，散生金黄色腺点；管状花多数，两性，位于中央，为舌状花所隐藏，黄色，顶端5齿裂。瘦果不发育，无冠毛。体轻，质柔润，干时松脆。气清香，味甘、微苦。

滁菊呈不规则球形或扁球形。舌状花类白色，不规则扭曲，内卷，边缘皱缩，有时可见淡褐色腺点；管状花大多隐藏。

贡菊呈扁球形或不规则球形。舌状花白色或类白色，斜升，上部反折，边缘稍内卷而皱缩，通常无腺点；管状花少，外露。

杭菊呈碟形或扁球形，常数个相连成片。舌状花类白色或黄色，平展或微折叠，彼此粘连，通常无腺点；管状花多数，外露。

2. 含量　按照《中国药典》规定：水分不得过15.0%；含绿原酸（$C_{16}H_{18}O_9$）不得少于0.20%，含木犀草苷（$C_{21}H_{20}O_{11}$）不得少于0.080%，含3,5-*O*-二咖啡酰基奎宁酸（$C_{25}H_{24}O_{12}$）不得少于0.70%。

四、能力训练

（一）操作条件

1. 地点　菊花药材生产基地。

2. 材料　菊花的不同栽培品种。

3. 工具　菊花规范化种植的工具、菊花病虫害防治的工具、菊花采收加工的工具等。

（二）安全及注意事项

1. 严格按照菊花实训基地的要求进行实训，注意安全。

2. 清洗工具、切削工具、蒸煮烫工具、修制工具、烘干工具使用时的注意事项。

3.《药材种植岗位操作规程》《药材田间管理岗位操作规程》《药材病虫害岗位操作规程》《药材采收加工岗位操作规程》。

（三）操作过程

1. 选地整地　应选择地势略高、排水畅通、土壤肥沃的砂壤土。以旱坡地、旱田（不存水的砂田）、休闲地最为适宜，低洼存水地不能种植。

（1）育苗地的选地与整地　菊花育苗地，应选择地势平坦、土层深厚、疏松肥沃和灌溉方便的地块。于头年秋冬季深翻土地，使其风化疏松。在当年春季进行扦插繁殖前，再结合整地施足基肥，浅耕一遍。深翻（最好冬前翻地），耙平，较平地块或旱田栽种必须开箱（面积大的地块需开排水沟），箱面中间略高，利于排水。坡地不开箱，开横向排水沟既可（与洋芋地开横沟相似即可）。

（2）栽植地的选地与整地　栽植地，宜选择地势高燥、阳光充足、土质疏松、排水良好的地块，以砂质壤土最为理想。于前作收获后，深翻（最好冬前翻地），结合整地每667m^{2}施入腐熟厩肥或堆肥2500kg，翻入土内作基肥，来不及施用基肥的后期施肥也可。较平地块或旱田栽种必须开箱（面积大的地块需开排水沟），箱面中间略高，利于排水。坡地不开箱，开横向排水沟即可（与洋芋地开横沟相似即可行）。菊花忌连作。如需套作，则以胡豆、豌豆、油菜、小麦地为前茬（种植较稀，确保能栽进去才行）。

2.繁殖方法 菊花生产上以分株繁殖为主，亦可扦插繁殖。

（1）分株繁殖

1）培育壮苗和选苗 于11月收获菊花后，将地上茎枝齐地面割除。选择生长健壮、无病虫害的植株，将其根蔸全部挖起，集中移栽到一块肥沃的地块上，用腐熟厩肥或土杂肥覆盖保暖越冬。当年3~4月，扒开土粪等覆盖物，浇施1次稀薄人畜粪水，促其萌发生长。4~5月，当菊苗长到15cm左右时，挖出全株，顺着茎枝分成带白根的单株。然后，选取种根粗壮、须根发达、无病虫害的作种苗，立即栽入大田。

2）移栽定植 移栽前，将苗根用50%多菌灵600倍液浸渍12h，可预防叶枯病等病害。栽时，在整好的栽植地上按株行距30cm×40cm挖穴，每穴栽入种苗2~3株。栽后用手压紧苗根并浇水湿润。一般每667m^{2}可分栽大田1公顷左右。

（2）扦插繁殖 于每年4~5月或6~8月，在菊花打顶时，选择发育充实、健壮无病虫害的茎枝作插条。去掉嫩茎，将其截成10~15cm长的小段，下端近节处，削成马耳形斜面。先用水浸湿，快速在1500~3000ppm吲哚乙酸（1AA）溶液中浸蘸一下，取出晾干后立即进行扦插。扦插时，在整好的插床上，按株行距8cm×10cm划线打引孔，将插条斜插入孔内。插条入土深度为穗长的1/2~2/3。插后用手压实并浇水湿润。约20天即可发根。插条生根萌发后，若遇高温天气，应给予搭棚遮阴，增加浇水次数；发现床面有杂草，要及时拔除，加强水肥管理，促使菊苗生长健壮。当苗高20cm左右时，即可出圃定植。定植密度同分株繁殖。移栽时将菊苗顶端用手掐去3cm左右的嫩头，可减少养分消耗，并促进多分枝，生长快，产量高。

3.田间管理

（1）中耕除草 菊苗栽植成活后至现蕾前要中耕除草4~5次。第1次在立夏后进行，松土宜浅，勿伤根系，除净杂草，避免草荒；第2次在芒种前后进行，此时杂草滋生，应及时除净，以免与菊苗争夺养分；第3次在立秋前后进行；第4次在白露前进行；第5次在秋分前后进行。前2次宜浅不宜深，后3次宜深不宜浅。在后2次中耕除草后，应进行培土壅根，防止植株倒伏。

（2）追肥 菊花喜肥、耐肥，除施足基肥外，在生长期还应追肥3次。第1次于移栽后半个月左右追施，当菊苗成活开始生长时，每667m^{2}追施稀薄人畜粪水1000kg或尿素8~10kg兑水浇施，以促进菊苗生长；第2次在植株开始分枝时追施，每667m^{2}施入稍浓的人畜粪水1500kg或腐熟饼肥50kg兑水浇施，以促多分枝；第3次在孕蕾前追施，每667m^{2}施入较浓的人畜粪水2000kg或尿素10kg加过磷酸钙25kg兑水浇施，以促多孕蕾开花。菊花是“七死八活九开花”的作物。意指菊花在7月生长不旺盛，常因缺水而萎蔫；8月菊花又开始旺盛生长了。因此，大量的速效肥料应在7月中旬至8月中下旬施入，有利于增产。此外，在孕蕾期叶面喷施0.2%的磷酸二氢钾溶液，能促进开花整齐，提高菊花产量和质量。

（3）摘心打顶　为了促进菊花多分枝、多孕蕾开花和主杆生长粗壮，应于小满前后，当苗高20cm左右时进行第1次摘心，即选晴天摘去顶心1~2cm。以后每隔半个月摘心1次，共3次。在大暑后必须停止，否则分枝过多，营养生长过旺，营养跟不上，则花朵变得细小，反而影响菊花产量和质量。此外，对生长衰弱的植株，也应少摘心。

4.病虫害防治

（1）霜霉病　危害叶片和嫩茎。春秋两季均可发病，春季发病，使幼苗叶片褪绿，微向上卷曲，叶背和幼茎长满白色霉层，随着幼苗的生长，叶片自下而上变为褐色，最后干枯而死。秋季发病，使叶片、嫩茎、花蕾全部布满白色霉层，叶片呈现灰绿色，微显萎蔫，最后植株逐渐枯死。

防治方法：①选育抗病品种，实行轮作栽植。②移栽前，幼苗用40%乙磷铝300倍液浸种苗5~10min，或用50%多菌灵600倍液浸泡12h，晾干药液后栽植。③春季发病，喷洒40%乙磷铝250~300倍液，每隔7~10天1次，连喷2次。④秋季发病，于9月上旬发病前和发病初期，喷洒50%多菌灵800~1000倍液或40%乙磷铝300倍液或50%瑞毒霉300倍液，每隔7~10天1次，多菌灵、乙磷铝、瑞毒霉交替使用，连喷5次，效果显著。

（2）褐斑病　又称叶枯病、斑枯病。危害叶片，由下至上蔓延。发病初期，叶片上出现圆形的黄色至紫褐色病斑。后期病斑中心变为灰褐色至灰黑色，并生有许多小黑点。严重时几个病斑连接成大斑，使叶片干枯。在雨水过多、湿度过大的季节，叶片枯死率可达90%以上。

防治方法：①增施磷、钾肥，增强植株抗病能力。②注意排水，降低田间湿度。③发病初期，用50%多菌灵800~1000倍液或50%托布津1000~1500倍液喷雾。④梅雨季节，喷洒1次1：1：100波尔多液，再于9月上中旬各喷1次，共3次。

（3）花叶病　又名病毒病。危害叶片，症状有的为花叶，有的为红叶。均由病毒引起。被害植株的叶片有的变为灰绿色，具灰白色不规则微隆起的线状条纹；有的叶脉绿色，叶肉出现色泽不同、形状不规则的斑纹；有的叶片变小变厚，叶尖短而钝圆，叶缘内卷，正面暗绿色，背面沿叶缘变为紫红色。病株生长衰弱，叶片自下而上枯萎而死。

防治方法：①选健壮植株作为母株。②增施磷、钾肥，增强植株抗病能力。③及时防治传毒害虫如红蜘蛛等，可减少病毒病的发生。

（4）线虫　危害叶片和花芽。由于线虫侵染叶片组织，使叶片变黄，后逐渐变为褐色。叶片上的病斑逐渐扩大成为三角形的褐色枯斑，或因受叶脉的限制而成为角状枯死斑。发病严重时全株叶片枯死。花芽由线虫浸染，使其干枯或退化不能形成花蕾，或使花器变成畸形。

防治方法：①建立无病留种田。②及时销毁病株，并深埋以防止扩大蔓延。③育苗时，将插穗用50℃的温水浸泡10min，以杀死线虫，然后进行扦插。

（5）菊蚜　多于4~5月间发生，菊蚜常密集在嫩梢、叶片背面或花蕾上吸取汁液，使叶片变黄、皱缩、枯萎，严重影响菊花产量和质量，还能传播病害。

防治方法：用10%杀灭菊酯乳油3000倍液或50%灭蚜松乳油1000~1500倍液喷雾灭杀。

（6）菊天牛　又名菊虎、蛀心虫。其成虫和幼虫咬食茎梢以至根部。成虫为小天牛，黑色。多于5月发生，咬食茎顶嫩梢，使嫩梢枯死。成虫产卵于茎中，孵化后的幼虫蛀入茎的髓部，并向下取食直至根部，使茎秆折断。

防治方法：①捕杀成虫。②从断茎处以下4cm处摘除枯茎，集中烧毁或深埋。③分株繁殖时，注意检查越冬成虫，进行人工捕杀。

（7）网目拟地甲　其成虫和幼虫危害菊花的幼嫩茎叶；成株时，则以成虫群集于近土表的根茎部啃食菊花的皮层，使植株茎叶变黄，生长势衰弱。

防治方法：用98%晶体敌百虫，加水适量溶解稀释，再拌入炒香的麦麸或油饼，再加少量水湿润，做成毒饵，在傍晚撒入田间进行诱杀。

5. 采收加工

（1）采收时间　菊花的采收适期为霜降至立冬。根据产品要求差异，分为两种。

1）胎菊采收　采白头花，花将开未开，刚露白头之时采收。

2）朵菊采收　花开散开到8~9成满时采收。

（2）采收方法　采菊花宜在晴天露水干后采收，不采露水花，否则容易腐烂、变质，加工后色逊，质量差。如果遇到连日下雨，也可以雨天采收，采后摊放在干净的塑料布或者竹席上，铺开，防止发热，晾1~2天，花上的水汽干后，进行杀青。

（3）加工方法

1）杀青　就是把菊花杀死，防止花瓣松散脱落、香气散失，品质下降。杀青最好用锅炉蒸汽杀青，一般0.5min内就能完成。

2）烘干　杀青后直接倒入烘干盘或者竹筛，放入烘房烘干。太阳天也可以晒干。

（四）学习结果评价

根据学生实验结果，填写下表。

菊花的品种	栽培时间	施肥时间	病虫害防治时间	加工方法	质量标准
1					
2					
3					
4					
5					

五、课后作业

1. 简单撰写菊花规范化栽培技术规程。

2. 调查不同的菊花栽培基地情况，填写下表。

序号	栽培基地	栽培时间	施肥时间	病虫害防治时间	加工方法	质量标准
1						
2						
3						
4						
5						

（王向平）

项目十一　果实及种子类药材规范化栽培技术

教学目标

▶ **知识目标：**

1. 掌握　果实及种子类药材的规范化种植技术、规范化田间管理技术和规范化产地加工技术。

2. 熟悉　果实及种子类药材的质量标准和病虫害防治技术。

3. 了解　果实及种子类药材植物学特征。

▶ **素质目标：**

具有质量意识、环保意识、安全意识和创新思维。

▶ **技能目标：**

1. 能够熟练运用果实及种子类药材的规范化种植技术、产地加工技术的能力。

2. 能够进行果实及种子类药材的田间管理与病虫害防治。

任务1　能进行枸杞规范化栽培

一、基本概念

1. 夏果子　6月中旬至8月中旬结实，夏果产量高，质量好。

2. 秋果子　9~10月结实，秋果产量低，质量次于夏果。

二、学习目标

1. 学会枸杞药材的规范化种植技术。

2. 学会枸杞药材的田间管理技术。

3. 学会枸杞药材的规范化产地加工技术。

三、基本知识

（一）枸杞产地

枸杞别名宁夏枸杞、西枸杞、中宁枸杞、枸杞子。主产于宁夏、河北、天津，其次新疆、甘肃、内蒙古、青海等地产量也较大。产宁夏（中宁、中卫等）者称“宁夏枸杞”“西枸杞”；产河北（巨鹿）、天津者称“津枸杞”。主要分布于我国华北及西北等地区，以栽培为主。

（二）植物形态

宁夏枸杞*Lycium barbarum* L.是落叶灌木，茎粗壮，树皮条状沟裂；分枝细密，有纵棱纹，有棘刺。单叶互生或簇生，披针形、条状披针形或卵状披针形，全缘，具短柄。2~8朵花腋生，花冠漏斗状，粉红色或紫色。浆果，成熟时鲜红色、橙红或橙黄色，种子多数。花果期较长，5~10月边开花边结实。

（三）生长环境

宁夏枸杞生活力很强，适应范围广，喜阳，在荫蔽条件下生长不良，耐寒性强，耐干旱怕水湿，在平地、丘陵、山地均能正常生长。对土壤要求不严，耐盐碱性强，但以湿润、深厚、肥沃的壤土生长最好。野生宁夏枸杞常生长在溪边、山地及灌丛中。宁夏枸杞种子生活力强，在适宜的条件下，7~10天就能发芽。5年以后，种子生活力则急剧下降。其枝条有较强的生根能力，故多采用扦插繁殖。

（四）生长过程

宁夏枸杞年生育期可分为以下几个时期。4月上旬休眠芽放叶，4月中下旬春梢生长，开始现蕾，5月上旬开花，花授粉后4天左右，子房开始迅速膨大形成青果，从花谢形成青果到青果变色，约需30天时间；青果变色到果实红熟，只需2天时间。6月中旬春梢停止。6月中旬至8月中旬结实，夏果产量高，质量好。7月下旬至8月上旬，春叶脱落。8月上旬枝条再次放叶并抽生秋梢，9月中旬停止生长，在8~9月开花，9~10月结实。秋果产量低，质量次于夏果。10月下旬后，部分叶子枯萎脱落，植株进入越冬休眠。

（五）质量标准

1.外观　呈类纺锤形或椭圆形，长6~20mm，直径3~10mm。表面红色或暗红色，顶端有小突起状的花柱痕，基部有白色的果梗痕。果皮柔韧，皱缩；果肉肉质柔润。种子20~50粒，类肾形，扁而翘，长1.5~1.9mm，宽11.7mm，表面浅黄色或棕黄色。气微，味甜。以肉厚、籽小、色红、质柔润、籽少、味甜者为佳。气清香，味甜。

2.含量　按照《中国药典》规定：枸杞水分不得过13.0%；总灰分不得过5.0%；

水溶性浸出物不得少于55.0%；枸杞多糖以葡萄糖（$C_6H_{12}O_6$）计，不得少于1.8%；含甜菜碱（$C_5H_{11}NO_2$）不得少于0.50%。

四、能力训练

（一）操作条件

1.地点 枸杞药材生产基地。

2.材料 不同品种的枸杞。

3.工具 枸杞规范化种植的工具、枸杞病虫害防治的工具、枸杞采收加工的工具等。

（二）安全及注意事项

1.严格按照枸杞实训基地的要求进行实训，注意安全。

2.清洗工具、蒸煮烫工具、修制工具、烘干工具使用时的注意事项。

3.《药材种植岗位操作规程》《药材田间管理岗位操作规程》《药材病虫害岗位操作规程》《药材采收加工岗位操作规程》。

（三）操作过程

1.选地整地 宁夏枸杞对土壤要求不严，抗逆性较强。为便于管理，以地势平坦，有排灌条件，地下水位1.0~1.5m，土壤较肥沃的砂壤、轻壤或中壤为好。建园时依据园地大小和地势以及水渠灌溉能力划分地条。移栽前每667m^{2}施入充分腐熟有机肥适量，深翻或穴施均可，耙磨，踏实。

2.繁殖与育苗 大面积栽培主要采用种子繁殖和扦插繁殖，其次是分株繁殖。种子繁殖，植株生长旺盛，结实晚，后代变异率高。目前生产中多采用扦插繁殖，可保持优良的遗传性状。

（1）扦插繁殖 生产上常用的方法是扦插育苗法。宁夏产区扦插育苗一般在3月下旬至4月上旬，树液流动后萌芽以前进行，或者6月上旬选择直径在0.4cm粗左右的春发半木质化嫩茎进行。

1）插穗的选用 采集树冠中、上部着生的1~2年生的徒长枝和中间枝，截成长20cm左右的插条，上端剪成平口，下端削成斜口。

2）扦插 在平整好的苗床上，按行距40cm、株距20cm定点扦插于苗床上，入土深度以顶芽稍露出地面为度，并压实周围土壤，以利插条生根成活。插条下端还可用适宜浓度的生长素处理，以提高插条的成活率。针对主产地早春低温和干旱，最好覆盖地膜以保持土壤湿度和提高土温，促其早生根发芽。

3）插后管理 要加强圃地管理。根据土壤墒情，适时浇水，松土除草。苗高15cm以上时，选一健壮枝作主干，其余都应剪掉，以减少养分消耗。为了防止风害，苗高30cm时，在基部培高10cm左右的土，以防被吹折。苗高40cm以上时剪顶，促发侧枝。幼苗发生病虫害时要及时防治。

（2）种子繁殖

1）种子处理　在水中浸泡搓揉果实，使果肉与种子分离，获得沉于水底的干净种子。最后将洗净的种子稍晾干，与3倍细砂拌匀，置于室内20℃条件下催芽，种子有30%露白时，即可取出播种。

2）播种　宁夏产区以3月下旬至4月上旬最好，管理当年就可以出圃。播种时先在畦上按行距30cm开播种沟，沟宽5cm，深2~3cm，将催芽后的种子拌10倍细土或细砂，均匀撒入沟中，覆土2cm。播后稍镇压并盖秸秆以保持土壤湿度。

3）苗期管理　播种后一般7~10天出苗，出苗时及时揭去盖草。苗高3~6cm时进行间苗，苗高20~30cm时进行第二次间苗，留苗株距15cm左右。其他田间管理同扦插苗。

3.移栽　苗高60cm以上便可出圃定植。种子育苗管理较好的，当年就有80%可以出圃；扦插苗当年就可以出圃。春秋两季均可定植，以春季为好。春季定植在3月下旬至4月上旬，秋季定植在10月中下旬。

宁夏枸杞生活力强，起苗可不带宿土，如遇天旱，为保证成活，需带宿土。按株行距2m×3m定点开穴。定植时，先在挖好的穴内施肥，每穴施适量的腐熟厩肥或土杂肥，与整地挖穴时的表层肥土拌匀施入，每穴栽苗1株，填表层肥土压紧踏实，浇透定根水，盖上细土后，再覆草保湿，以利成活。

4.田间管理

（1）中耕除草培土　幼树生长快，发枝旺，树冠迅速扩大，但是主干较细，灌水后易被风刮倒。发现植株倒伏，应扶正培土。幼龄树枸杞由于树冠未定形，易滋生杂草，中耕除草宜勤；每年中耕除草3~4次，第1次在春季萌芽展叶时进行；第2、3、4次分别在6~9月进行。在植株根际周围宜浅，其他地方宜深，避免伤根。树冠定形后，视杂草生长情况，可适当减少中耕除草次数。在春季3月中旬至4月中旬和秋季10月下旬进行深中耕15~20cm，树冠下宜浅些，有保墒增温、除草、治虫和促进根系活动的作用。中耕时除去无用的萌蘖。

（2）追肥　宁夏枸杞喜肥，年年大量结实，养分消耗多，必须及时追肥。生长期追肥多用速效性肥料，一般5月上旬追施尿素，6月上旬和7月上旬各追1次磷铵复合肥。采用穴施，施肥后灌水。在花果期还可用0.5%磷酸二氢钾喷洒树冠。冬季每株施适量腐熟厩肥或土杂肥、尿素、过磷酸钙。在植株根际周围开沟施入并覆土盖肥。冬季施肥盖土后还需在根际周围培土。

（3）整形修剪　宁夏枸杞定植后大量结实前，主要是树体生长和树冠的形成，这时必须进行整形修剪，培养树型。一般培养成半圆树型，株高1.5m左右，树冠1.6m。

1）幼树整形　宁夏枸杞定植后当年去顶定干，留主干高50cm左右。当年秋季在主干上选留3~5个粗壮枝条作主枝，并于20cm左右处短截，第2年春又在此枝上选留3~5个新发枝，并于20~25cm处短截作为骨干枝。第3~4年按第2年的方法，从骨干枝上发出的新枝中选留3~4个枝条，并于30cm处短截，以延长骨干枝，从而加高和充实树冠骨架。经过几年整形培养后，树冠下层各级主枝和骨干枝都已基本形成，于第5~6年时，在下层树冠骨干上，选一个接近树冠中心的直立枝，从30~40cm处摘顶，促使其发新侧枝，以构成上层树冠的骨架，经过5~6年整形培养，树冠基本形成，就进入成年树阶段。

2）成年树修剪　成年宁夏枸杞进入大量结实期，修剪以果枝更新为主，维护饱满树冠的整形修剪为辅。修剪可在春、夏、秋三季进行。春季修剪在枸杞萌芽至新梢生长初期进行，主要是剪去枯死的枝条。夏季修剪在6月进行，剪去徒长枝。如果树冠空缺或秃顶，则应保留徒长枝，并在适当高度摘顶，促使其发新侧枝，来补空缺。秋季修剪在8~9月进行，主要是剪去徒长枝和树冠周围的老、弱、横及虫害枝条，同时清除树冠膛内的串条、老枝、弱枝。

（4）灌溉排水　2~3年生幼龄树应适当少灌水，以利根系向土层深处生长。一般每年采一批果后灌一次水。冬季施肥灌一次水，以利于越冬。灌水不能太深，更不能长期积水，灌水过量或大雨后要及时排除积水，以免引起烂根和死亡。

5.病虫害防治

宁夏枸杞因其叶、枝梢鲜嫩，果汁甘甜，常遭受多种病虫害危害。防治工作中优先采用农业防治措施：统一清园，将树冠下部及沟渠路边的枯枝落叶及时清除销毁，早春土壤浅耕、中耕除草、挖坑施肥、灌水封闭和秋季翻晒园地，均能杀灭土层中羽化虫体，降低虫口密度。通过中耕除草、清洁田园等一系列措施起到防治病虫的作用，能降低越冬虫口基数30%以上。

（1）枸杞炭疽病　一般于7月中旬进入雨季后发生，雨水较多时发生严重。枸杞青果染病后，开始出现小黑点或黑斑或黑色网状纹，病斑迅速扩大，使果变黑。花染病后，首先花瓣出现黑斑，轻者花冠脱落后仍能结实，重者成为黑色花，子房干瘪，不能结实。花蕾染病后，初期出现小黑点或黑斑，严重时为黑蕾，不能开放。枝和叶染病后，出现小黑点或黑斑。

防治方法：①连续阴雨时，提前喷施50%托布津1000倍液，全园预防。②雨后及时开沟排水，降低田间湿度，减轻危害。③发病初期，摘除病部，再喷洒百菌清或绿得保800倍液。

（2）枸杞根腐病　主要危害根部。受病初期须根变褐腐烂，后蔓延至主根致发黑腐烂，严重时植株枯死。因病死亡植株每年在3%~5%，给枸杞生产造成很大损失。

防治方法：①发现病株，立即拔除烧毁，病穴用石灰消毒。②发病初期用50%多菌灵1000~1500倍液灌根。

（3）枸杞白粉病　危害叶和嫩枝。受害叶片上有薄层白粉，发病的嫩叶皱缩卷曲，叶早落，严重时枝梢、花朵和幼果都会染病。

防治方法：①枸杞展叶、抽梢期使用2.5%扑虱蚜3500倍液树冠喷雾防治。②开花坐果期使用1.5%苦参素1200倍液树冠喷雾防治。

（4）枸杞瘿螨　以成虫在冬芽的鳞片内或枝干皮缝中越冬。4月中下旬芽苞开放时，越冬虫即从越冬场所迁移到新展嫩叶上，6月上旬和8月下旬至9月间达到危害高峰，在叶片反面刺伤表皮吮吸汁液，损毁组织，使之渐呈凹陷，以后表面愈合，形成瘤痣或畸形，使树势衰弱，早期脱果落叶，严重影响生产。

防治方法：成虫转移期虫体暴露，选用40%毒死蜱800倍液树冠及地面喷雾防治。

（5）枸杞负泥虫　每年夏秋季成虫、幼虫均危害叶片。成虫常栖息于树叶上。幼虫背负着自己的排泄物，故称负泥虫。被害叶在边缘形成大缺刻或叶面成孔洞，严重时，全叶被吃光。

防治方法：4月中旬在地面撒5%西维因粉剂拌土，防治成虫。

（6）蚜虫　成虫、幼虫刺吸汁液，使幼叶卷曲发黄，可用1%苦参碱可溶液剂400倍液或2.8%阿维菌素乳油5500倍液喷施防治。

（7）其他虫害　尚有枸杞蛀果蛾、枸杞红瘿蚊、枸杞裸蓟马、红斑芫菁、榆木蠹、印度谷螟等，可用常规方法防治。

6.采收加工

（1）枸杞

1）采收　6~10月当果实由绿变红、果蒂松软时采摘。摘果应选晴天露水干后进行，摘时连同果柄一同采收，并注意轻采、轻放，防止压烂或受损伤，以免果浆外流而影响质量。每隔1~2天摘一次。忌在有晨露或雨水未干时采摘。

2）加工　①晾干：将鲜果薄摊于晒席上晾干，不要随意翻动，否则易变成黑色（油籽）。不要晒得过干，否则颜色发暗，皮脆易破碎。如能晾干就不要晒，晾干的色泽更佳。②烘干：将鲜枸杞轻轻摊放在果栈（烤盘）上，送入热风干燥室，先在40~45℃条件下烘烤24~36h，果皮略皱时，将温度调至45~50℃，烘烤24h即可干透。整个烘干过程约4天。烘时不能翻动，也不能中途停烘，否则会变质。③现代工艺热风烘干：先将采收后的鲜果经冷浸液（土碱粉、碳酸钠粉、碳酸氢钠粉、油酸钾配制而成，起破坏鲜果表面蜡质层的作用）处理1~2min后均匀摊在果栈上，送入烘道。然后在热风炉中，将鲜果在45~65℃递变的流动热风作用下，经过55~60h的脱水过程，果实含水量在13%以下即可。

（2）地骨皮　地骨皮采收选择淘汰的老龄树，挖取树根、剥下树皮，扎成束晒干。再用绳捆或麻袋、芦席包装贮于干燥处备用。

（四）学习结果评价

根据学生实验结果，填写下表。

枸杞的品种	栽培时间	施肥时间	病虫害防治时间	加工方法	质量标准
1					
2					
3					
4					
5					

五、课后作业

1. 简单撰写枸杞规范化栽培技术规程。
2. 调查不同枸杞的栽培基地情况，填写下表。

序号	栽培基地	栽培时间	施肥时间	病虫害防治时间	加工方法	质量标准
1						
2						
3						
4						
5						

任务 2　能进行五味子规范化栽培

一、基本概念

辽五味　紫红色，肉厚，气味浓，主产于辽宁。

二、学习目标

1. 学会五味子药材的规范化种植技术。
2. 学会五味子药材的田间管理技术。
3. 学会五味子药材的规范化产地加工技术。

三、基本知识

（一）五味子产地

五味子别名北五味子、辽五味子、山花椒、乌梅子、软枣子。主产于辽宁、吉林、黑龙江等地，河北、山西、内蒙古等地亦产。

（二）植物形态

五味子*Schisandra chinensis*（Turcz.）Baill.是多年生落叶木质藤本。茎枝红棕色或灰紫色，具多数圆形皮孔。幼枝上单叶互生，老茎上则丛生于短枝；叶片薄，阔椭圆形、阔倒卵形至卵形，边缘疏生小齿。花单性，雌雄异株或同株，数朵丛生于叶腋而下垂，乳白色至粉红色；花被6~9；雄花具雄蕊5，花药无柄，雄蕊柱细长圆筒状；雌花心皮多数，分离，螺旋状排列于花托上，子房倒梨形，受粉后，花托逐渐伸长，结实时成长穗状。肉质浆果球形，熟时呈深红色，内含种子，种子肾形，种皮光滑。花期5~7月，果期8~10月。

（三）生长环境

喜湿润环境，但不耐低洼水浸，耐寒，需适度荫蔽，幼苗期尤忌烈日照射。宜在富含腐殖质的砂质壤土上栽培。野生于针叶混交林中，山沟、溪流两岸的小乔木及灌木丛间，缠绕其他树木或生长在林缘及林中空旷的地方。五味子种子的胚具有后熟性，因此要求低温和湿润的条件。

（四）生长过程

五味子年生育期可分为以下几个时期。一般5月中旬左右，平均温度上升5℃以上，芽眼开始萌动，春梢开始生长。5月下旬至6月初开花，开花期12天左右，7月下旬浆果着色，8月末至9月初可完全成熟，9月至10月初，随着气温的降低，叶片逐渐老化变为黄色，最后自然脱落，植株进入越冬休眠。

（五）质量标准

1.外观　该品呈不规则的球形或扁球形。表面红色、紫红色或暗红色，皱缩，显油润；有的表面呈黑红色或出现“白霜”。果肉柔软，种子1~2，肾形，表面棕黄色，有光泽，种皮薄而脆。果肉气微，味酸；种子破碎后，有香气，味辛、微苦。以粒大、果皮紫红、肉厚、油润或带白霜者为佳。

2.含量　按照《中国药典》规定：杂质不得过1.0%；水分不得过16.0%；总灰分不得过7.0%；五味子醇甲（$C_{24}H_{32}O_7$）不得少于0.40%

四、能力训练

（一）操作条件

1.地点　五味子药材生产基地。

2.材料　不同品种的五味子。

3.工具　五味子规范化种植的工具、五味子病虫害防治的工具、五味子采收加工的工具等。

（二）安全及注意事项

1.严格按照实训基地的要求进行实训，注意安全。

2.清洗工具、蒸煮烫工具、修制工具、烘干工具使用时的注意事项。

3.《药材种植岗位操作规程》《药材田间管理岗位操作规程》《药材病虫害岗位操作规程》《药材采收加工岗位操作规程》。

（三）操作过程

1.选地整地 选择潮湿的环境、疏松肥沃的壤土或腐殖质土壤，有灌溉条件的林下、河谷、溪流两岸、15°左右山坡，荫蔽度50%~60%，透风透光的地方，选好地每667m^{2}施基肥2000~3000kg，深翻20~25cm，整平耙细，育苗地作畦，宽1.2m、高15cm、长10~20m的高畦。移植地穴栽。

2.繁殖与育苗 野生五味子除了种子繁殖外，主要靠地下横走茎繁殖。生产上多采用种子进行繁殖，亦可用压条、扦插繁殖和根茎繁殖，但生根困难，成活率低。

（1）种子繁殖

1）种子的选择 五味子的种子最好在8~9月收获期间进行穗选，选留果粒大、均匀一致的果穗作种用。单独晒干保管，放通风干燥处贮藏。

2）种子处理 ①室外处理：秋季将选作种用的果实，用清水浸泡至果肉胀起时搓去果肉，同时可将浮在水面的瘪粒除掉。搓去果肉的种子再用清水浸泡5~7天，使种子充分吸水，每2天换一次水，浸泡后，捞出种子控干，与2~3倍于种子的湿砂混匀，放入已准备好的深0.5m坑中，上面盖上10~15cm的细砂，再盖上柴草或草帘子，进行低温处理。第二年4~5月即可裂口播种。处理场地要选择地势高燥的地点，以免水浸烂种。②室内处理：2~3月间，将湿砂低温处理的种子移入室内，装入木箱进行砂藏处理，其温度保持在5~15℃之间，当春季种子裂口即可播种。

3）播种 一般在5月上旬至6月中旬播种经过处理已裂口的种子，条播或撒播。条播行距10cm，覆土1~3cm。每平方米播种量30g左右。也可于8月上旬至9月上旬播种当年鲜籽。即选择当年成熟度一致、粒大而饱满的果粒，搓去果肉，用清水漂洗一下，控干即可播种。

4）苗田管理 播后搭1~1.5m高的棚架，上面用草帘或苇帘等遮阴，土壤干旱时浇水，使土壤湿度保持在30%~40%，待小苗长出2~3片真叶时可逐渐撤掉遮阴帘。并要经常除草松土，保持畦面无杂草。第二年春或秋季可移栽定植。

（2）扦插繁殖 于早春萌动前，剪取坚实健壮的枝条，截成12~15cm的长段，截口要平，下端用100ppm萘乙酸处理30min，稍晾干，斜插于苗床，行距12cm，株距6cm，斜插入的深度为插条的2/3，床面盖蓝色塑料薄膜，经常浇水。也可在温室用电热控温苗床扦插，床面盖蓝色塑料薄膜和花帘，调温、遮光，温度控制在20~25℃，相对湿度90%，荫蔽度60%~70%，生根率在38%~87%，第二年春定植。

（3）根茎繁殖　于早春萌动前，刨出母株周围横走根茎，裁成6~10cm的段，每段上要有1~2个芽，按行距12~15cm、株距10~12cm栽于苗床上，翌春萌动前定植于大田。株行距同移栽。

（4）压条繁殖　秋冬季植株休眠期或早春萌发前进行。选择5~6年生、生长健壮、产量高的五味子作母株，将近地面的1年生枝条弯曲埋入土中，覆盖10~12cm厚的细肥土，并用枝杈固定压紧，枝梢露出地面，若枝条长，可连续弯曲压入土中，压后需浇水施肥，秋后即可将发根的压条苗截离母株定植。

3.移栽　于秋季五味子叶片变黄脱落或春季土壤解冻后还未萌发前进行。按株行距50cm×120cm穴栽。为使株行距均匀，可拉绳定。在穴的位置上做一标志。然后挖成深30~35cm、直径30cm的穴，每穴栽1株，每穴施适量腐熟厩肥或土杂肥，与整地挖穴时的表层肥土拌匀施入，每穴栽苗1株，栽时要使根系舒展，防止窝根与倒根，覆土至原根系入土深稍高一点即可。栽后踏实，灌足水，待水渗完后用土封穴。再覆草保湿，以利成活。15天后进行查苗，未成活者补苗。秋栽者第二年春苗返青时查苗补苗。

4.田间管理

（1）中耕除草　定植后到封架郁闭前，可间作豆类、薯类、蔬菜等矮秆浅根作物或者当地适宜的草本中药材，以耕代抚，以短养长，但套种作物与幼树应保持一定距离，不能影响五味子的生长。每年以春、夏、秋各进行中耕除草一次，前期宜浅锄，避免伤根；后期可深锄，有利于根系生长。以后，每年春夏之交中耕除草一次，每3~4年于秋后深翻土一次，结合翻地施基肥，促使土壤熟化。

（2）追肥　五味子喜肥，孕蕾开花结实期除了供给足够水分外，需要大量肥，一般一年追2次，第一次在展叶前，第二次在开花前，每株追施腐熟农家肥5~10kg，距根部30~50cm，周围开15~20cm深的环状沟，勿伤根，施后覆土；第二次追肥，适当增加磷、钾肥，促使果成熟。

（3）整形修剪　春剪：一般在枝条萌发前进行。剪掉过密果枝和枯枝，剪后枝条疏密适宜。剪去超出立架的枝条，促进侧枝的生长，便于采收和管理。夏剪：6月中旬至7月中旬进行。主要剪掉茎生枝、膛枝、重叠枝、病虫细软枝等。对过密的新生枝也应进行疏剪或剪短。秋剪：落叶后进行，剪基生枝、衰老枝、病虫枝。三次剪枝都要注意留2~3个营养枝作主枝，培育更新主蔓。

（4）灌溉排水　五味子喜湿润，要经常灌水，开花结实前需水量大，应保证水分的供给。雨季积水应及时排除。越冬前灌一次水有利于越冬。

（5）搭架　移植后第二年应搭架，可用木杆，最好用水泥柱和角钢作立柱，1.5~2m立一根。用粗细适宜的铁丝在立柱上部拉一横线，每一主蔓处斜立一竹竿，高2.5~3m，直径1.5~2cm，用绑绳固定在横线上。然后按左旋引蔓上架，开始可用绳绑，之后可自然缠绕上架。

6. 病虫害防治

（1）根腐病　病原是真菌中一种半知菌。7~8月发病，开始叶片萎蔫，根部与地面交接处变黑腐烂，根皮脱落，几天后整株死亡。

防治方法：选排水良好的土壤种植，雨季及时排除田间积水；发病期用50%的多菌灵500~1000倍液根际浇灌。

（2）叶枯病　发病初期从叶尖或边缘发起，果穗脱落。

防治方法：加强田间管理，注意通风透光，保持土壤疏松、无杂草。发病初期用1∶1∶100波尔多液喷雾，7天1次，连续数次。

（3）白粉病　五味子常见病害，在自然群丛中也常有发生，严重时整个叶面像洒上一层白粉，如不及时防治，影响生长。人工园常在7月下旬出现。

防治方法：7月中旬即用波尔多液（1∶1∶100）进行预防，每半个月1次，连续3~4次，一旦发生，用800倍粉锈灵喷洒即可，预防效果甚佳。

（4）卷叶虫　主要以幼虫危害，造成卷叶，影响果实生长甚至导致脱落。

防治方法：用20%氰戊菊酯乳油或5% *S*–氰戊菊酯乳油2000~3000倍液喷施，15~20天1次，整个生育期喷施2~4次。

7. 采收加工

（1）采收　五味子实生苗5年后结实，无性繁殖3年挂果，一般栽植后4~5年大量结实，8~9月果实呈紫红色，摘下晒干、阴干或烘干。

（2）加工　晒干时，要不断翻动，直到全部干燥。烘干时注意保持合适的温度，开始时温度在60℃左右，烘至半干时将温度降至40~50℃，当达到八成干时，可以拿到室外进行晾晒。

（四）学习结果评价

根据学生实验结果，填写下表。

五味子的品种	栽培时间	施肥时间	病虫害防治时间	加工方法	质量标准
1					
2					
3					
4					
5					

五、课后作业

1. 简单撰写五味子规范化栽培技术规程。

2.调查不同五味子的栽培基地情况，填写下表。

序号	栽培基地	栽培时间	施肥时间	病虫害防治时间	加工方法	质量标准
1						
2						
3						
4						
5						

任务3　能进行吴茱萸规范化栽培

一、基本概念

1.石虎　与吴茱萸的区别点是：小叶略厚纸质，小叶片较狭，长圆形至狭披针形，先端渐尖或长渐尖，各小叶片相距较疏远，侧脉较明显，油腺粗大但疏少。成熟果序生于枝顶，不及吴茱萸密集；种子带蓝黑色。花期7~8月，果期9~10月。

2.疏毛吴茱萸　与石虎相似，但小枝疏被黄锈色或丝光质长毛，叶轴被长柔毛，小叶侧脉清晰，油腺点小。雌花序上的花彼此疏离，花瓣内面被疏毛或无毛；果梗纤细而延长。花期7~8月，果期9~10月。

二、学习目标

1.学会吴茱萸药材的规范化种植技术。
2.学会吴茱萸药材的田间管理技术。
3.学会吴茱萸药材的规范化产地加工技术。

三、基本知识

（一）吴茱萸产地

吴茱萸别名吴萸、茶辣、吴辣、米辣子、石虎。主产于贵州、广西、云南、四川、陕西南部及浙江等地。此外，江西、湖北、安徽、福建等地亦产。

（二）植物形态

吴茱萸*Evodia rutaecarpa*（Juss.）Benth.常绿灌木或小乔木。幼枝、叶轴及花轴均被锈色绒毛。奇数羽状复叶对生，椭圆形至卵形，全缘或浅波状，两面均被淡黄褐色长柔毛，油点明显。花小，黄白色，单性，雌雄异株；聚伞状圆锥花序顶生。蓇果扁球形，密集或疏离，成熟时紫红色，每个分果含1枚种子，黑色，有光泽。花期6~8月，果期9~10月。

（三）生长环境

喜温暖气候，阳光充足。成年树喜向阳，幼苗宜稍阴的环境。冬季严寒多风而干燥的地区生长不良。阴湿处栽培病害多，结实少，不宜种植。野生于温暖地带山地、路旁或疏林下，年平均气温在16℃以上，海拔200~2000m，阳光充足地区。对土壤要求不严格，山坡地、平原、房前屋后、路旁均可种植。中性、微碱性或微酸性的土地都能生长，尤以土层深厚、较肥沃、排水良好的壤土，砂质壤土为优，低洼积水的土地不宜栽培。

（四）生长过程

吴茱萸年生育期可分为以下几个时期。5月上旬植株返青发叶，6~8月开花，9~11月果实成熟，11~12月开始落叶，进入休眠期，这是吴茱萸的年生长发育周期。一般在定植2~3年开始开花结实，第1年结实较少，以后每年逐渐增加；结实3~4年后，产量就接近稳定；4~10年就进入盛果龄；因发育早，营养物质消耗多，随之树势也早衰，到30年后结实量年年递减；吴茱萸经营年限通常为35年左右，到时需砍伐更新。

（五）质量标准

1.含量　该品呈球形或略呈五角状扁球形。表面暗黄绿色至褐色，粗糙，有多数点状突起或凹下的油点。顶端有五角星状的裂隙，基部残留被有黄色茸毛的果梗。质硬而脆，横切面可见子房5室，每室有淡黄色种子1粒。气芳香浓郁，味辛辣而苦。以色绿，籽粒饱满，粒匀，无枝梗，无杂质、气味浓者为佳。

2.含量　按照《中国药典》规定：杂质不得过7.0%；水分不得过15.0%；总灰分不得过10.0%；醇溶性浸出物不得过30.0%；吴茱萸碱（$C_{19}H_{17}N_3O$）、吴茱萸次碱（$C_{18}H_{13}N_3O$）的总量不得少于1.5%；柠檬苦素（$C_{26}H_{30}O_8$）不得少于1.0%。

四、能力训练

（一）操作条件

1.地点　吴茱萸药材生产基地。

2.材料　不同品种吴茱萸。

3.工具　吴茱萸规范化种植的工具、吴茱萸病虫害防治的工具、吴茱萸采收加工的工具等。

（二）安全及注意事项

1.严格按照吴茱萸实训基地的要求进行实训，注意安全。

2.清洗工具、切削工具、蒸煮烫工具、修制工具、烘干工具使用时的注意事项。

3.《药材种植岗位操作规程》《药材田间管理岗位操作规程》《药材病虫害岗位操作规程》《药材采收加工岗位操作规程》。

（三）操作过程

1.选地整地　育苗地宜选地势较高、排灌方便、光照充足的地方。土壤要求疏松、肥沃、排水良好的砂质土。于头年冬季深翻，翌春播种前三犁三耙。结合整地每667m^2施足基肥，耙细整平后，开沟作畦，床宽1.2m，常视圃地大小而定，畦高20cm，沟宽30cm，待用。

种植地宜选向阳的低山、荒坡、荒地成片造林，若其坡度大，为保持水土，应改成梯田，然后结合地形进行全面整地或局部挖穴，深翻土壤，在此基础上，按株行距2m×3m挖穴，穴深各80cm左右，表层肥土和底土应分开堆放于穴旁，以便定植时利用。

2.繁殖与育苗　吴茱萸可选择扦插繁殖、分株繁殖和压条繁殖。

（1）扦插繁殖　分为根插、枝插繁殖方法。根插法简便，繁殖快，成活率高，生长快，结实早，是产地普遍采用的繁殖方法。

1）根插育苗　选树龄4~6年、长势旺盛、根系发达的植株作母株。在2月上旬，刨开树根周围的土壤，切取根部直径粗1cm以上的侧根，按每段长13~20cm剪成数段，作为插穗斜插在苗床上。但被挖根的植株在1年之内不能取根过多，否则会影响植株长势。

2）枝插育苗　早春新梢萌发前，从4~6年生、生长旺盛、无病虫害的优良植株上剪取1年生发育充实的枝条，剪成长20~25cm的小段，每段留3~4个芽，扎成捆，将其下端1~2cm处浸泡在0.05%ABT生根粉溶液中1min，取出晾干斜插在苗床上。此法繁殖快，对母株损伤小，结实早，但成活率不高。

（2）分株繁殖　于冬季落叶后至早春萌发前进行。选择4~6年生、健壮无病、产量高、品质好的优良母株，挖开母株根际周围50cm左右处的泥土，露出侧根，选择直径3cm左右的侧根，每隔10~15cm砍一个伤口，砍至皮层为度，当即施肥复土踏实。1~2个月后，伤根处便会萌发许多幼苗。吴茱萸分蘖力强，母株周围常生出许多蘖苗，可在4月上旬前后挖取分蘖苗移栽。

（3）压条繁殖　秋冬季植株休眠期或早春萌发前进行。选择4~6年、生长健壮、产量高的吴茱萸作母株，在母株四周根基发出的2~3年生小苗，在其节间用小刀环剥去1~2cm宽的皮部，压埋在土中5~10cm深，使枝梢尖端露出土面，待环剥处生根后，第二年即可切断移栽。

3.移栽　育苗第二年就可移栽，从秋末落叶后至早春萌发前均可定植。定植时，先在挖好的穴内施肥，每穴施适量腐熟厩肥或土杂肥，与整地挖穴时的表层肥土拌匀施入，每穴栽苗1株，栽后覆土到穴深一半时，将苗轻轻向上提一下，使苗根理直舒展，而后覆土踏实。浇透定根水，盖上细土后，再覆草保湿，以利成活。

4. 田间管理

（1）中耕除草　定植后到树冠郁闭前，可间作豆类、薯类、蔬菜等矮秆浅根作物或者金钱草、半夏、鱼腥草等草本中药材，以耕代抚，以短养长，但套种作物与幼树应保持一定距离，不能影响吴茱萸的生长。如土壤瘠薄，则不宜间作，可套种牧草作绿肥，在绿肥植物生长茂盛时翻入土中作肥。每年春、夏、秋各进行中耕除草一次，前期宜浅锄，避免伤根；后期可深锄，有利于根系生长。郁闭后，每年春夏之交中耕除草一次，每3~4年于秋后深翻土一次，结合翻地施基肥，促使土壤熟化。

（2）追肥　早春芽萌发前，施1次人畜粪尿。有条件的在花蕾形成前再施1次肥。开花后增施1次磷、钾肥。秋末冬初，落叶后，在根周围环施农家肥、焦泥灰15~20kg，并培土成土丘状，以保暖防冻。

（3）整形修剪　株高1m左右，冬初落叶后或春季芽萌发前，适当进行修剪，保留健壮、芽苞肥大枝条，剪去主干顶端，形成一定形状的树冠。同时剪去病虫枝，剪下的病枝及时烧掉。植株生长到后期，长势渐趋衰退，产量下降。可在老树根际已萌生幼株时，砍去老树干，适当修剪幼枝。

（4）灌溉排水　花期若遇天气干旱或雨水过多时，均会造成大量落花、落果等现象。因此，要及时做好灌溉和排水工作。

5. 病虫害防治

（1）煤污病　又称煤病。于5月上旬至6月中旬发生，蚜虫、长绒棉蚧危害吴茱萸时，被害处及其下部叶片、嫩梢和树干上会诱发出不规则煤状斑，受害处似覆盖一层煤状物。严重发病的植株，树势减弱，开花结实少。

防治方法：发病期喷50%甲基托布津800~1000倍液，或1：0.5：150波尔多液，每隔10天左右1次，连续喷2~3次。

（2）锈病　5月中旬发病，6~7月危害严重。发病初期，叶片上出现黄绿色近圆形的小点。叶背有橙黄色微突起小疮斑，破裂后散发出铁锈色粉末，叶片上病斑不断增多，以致叶片枯死。

防治方法：①清理田园，集中处理病残枯枝落叶，烧毁深埋，可减轻第二年危害。②增施磷、钾肥，促进植株生长健壮，提高抗病力。③发病初期喷3%石硫合剂，或97%敌锈钠300倍液，或25%粉锈宁1500倍液。

（3）蚜虫　危害新梢和嫩叶，成虫、幼虫刺吸汁液，使幼叶卷曲发黄。

防治方法：成虫、幼虫刺吸汁液，使幼叶卷曲发黄，可用1%苦参碱可溶液剂400倍液或2.8%阿维菌素乳油5500倍液喷施防治。

（4）柑橘凤蝶　5~6月或者8~9月发生。幼虫咬食幼芽、嫩叶造成缺刻。

防治方法：①人工捕杀。②幼虫期用90%晶体美曲膦酯1000倍液喷雾防治。

（5）褐天牛　7~8月为严重危害期。以幼虫和成虫两种虫态越冬。卵孵化后，幼虫开始向木质部内蛀食，造成主干或主枝枯死。折断后蛀道内充满木屑和虫屎。

防治方法：①茎叶突然枯萎时，清除枯枝，进行人工捕捉。②田间释放天牛肿腿蜂。

6.采收加工

（1）采收　定植后2~3年就能开花结实，于8~11月当果实由绿色转黄绿色或个别稍带紫色，尚未完全成熟时即可采收。采收时应选择晴天的上午采收，趁早上有露水时采摘，既可减少果实跌落，又便于采后晒干。采果时，注意保护枝条，把果实连同果柄一齐摘下，轻采轻摘，避免震动落果损失，切不可将果枝剪下，以免影响下一年的开花结实。

（2）加工　采摘后要及时加工，防止堆沤发酵。可晾干或烘干。将采下的果穗先搓揉，使果粒脱落，筛选幼果，并薄摊于晒席上晒干。但晚上收回室内贮放时切不可堆积，以免发酵。一般连晒一周即可全干。如遇阴雨天可用无烟煤炭或木炭烘干，烘干时的温度应控制在60℃以内，否则吴茱萸所含挥发油会大量损失而降低质量。烘或晒时应经常翻动，使其干燥均匀，除去杂质。

（四）学习结果评价

根据学生实验结果，填写下表。

吴茱萸的品种	栽培时间	施肥时间	病虫害防治时间	加工方法	质量标准
1					
2					
3					
4					
5					

五、课后作业

1.简单撰写吴茱萸规范化栽培技术规程。

2.调查不同吴茱萸的栽培基地情况，填写下表。

序号	栽培基地	栽培时间	施肥时间	病虫害防治时间	加工方法	质量标准
1						
2						
3						
4						
5						

任务4　能进行酸橙规范化栽培

一、基本概念

1. 枳实　5~6月落地幼果或者疏果后的幼果干燥而成。

2. 枳壳　7月下旬至8月上旬未成熟或近成熟、果皮尚绿的干燥果实。

二、学习目标

1. 学会酸橙植物的规范化种植技术。
2. 学会酸橙植物的田间管理技术。
3. 学会酸橙植物的规范化产地加工技术。

三、基本知识

（一）酸橙产地

酸橙别名枸头橙、臭橙。主产于重庆、四川、江西、湖南、福建等地。此外，浙江、江苏、湖北、广东等地也有少量分布。

（二）植物形态

酸橙 *Citrus aurantium* L. 及其栽培变种，常绿小乔木或灌木，枝干绿色，茎干上有刺。叶互生，掌状复叶，小叶3片，小叶无叶柄，最上面一片椭圆形或倒卵形，先端微凹；侧生的2片小叶椭圆状卵形。基部偏斜，叶边缘有波状锯齿；叶革质。花两性，单生，白色。柑果球形，有香气，成熟时黄色，果皮粗糙，果汁味酸。种子多数。花期4~5月，果熟期11~12月。

（三）生长环境

酸橙喜温暖湿润、雨量充沛、阳光充足的气候条件。相对湿度以75%左右为宜。生长适温为20~25℃，一般适宜地区年平均气温在15℃以上，最低温度在-5℃时，生长较安全，但可暂时忍受-9℃左右低温，水分充足条件下，最高可忍耐40℃高温而不落叶。酸橙对土壤的要求不严。

（四）生长过程

酸橙年生育期可分为以下几个时期。立春后叶芽开始萌动，春梢开始生长。4月开始现蕾开花，花凋谢以后现绿色幼果。立夏后开始夏梢的生长。立秋开始秋梢的生长。立冬后开始冬梢的生长。11月果实由绿色变成黄色或橘红色，果实开始成熟。

种子繁殖的实生苗7~8年开花结实，15~20年进入盛果期，以40~50年结实最多。营养繁殖的一般4~5年开花结实，10年以后进入盛果期。

（五）质量标准

1.枳实

（1）外观　该品呈半球形，少数为球形。外果皮黑绿色或暗棕绿色，具颗粒状突起和皱纹，有明显的花柱残迹或果梗痕。切面中果皮略隆起，厚0.3~1.2cm，黄白色或黄褐色，边缘有1~2列油室，瓤囊棕褐色。质坚硬。气清香，味苦、微酸。

（2）含量　按照《中国药典》规定：水分不得过15.0%；总灰分不得过7.0%；辛弗林（$C_9H_{13}NO_2$）不得少于0.30%。

2.枳壳

（1）外观　该品呈半球形。外果皮棕褐色至褐色，有颗粒状突起，突起的顶端有凹点状油室；有明显的花柱残迹或果梗痕。切面中果皮黄白色，光滑而稍隆起，厚0.4~1.3cm，边缘散有1~2列油室，瓤囊7~12瓣，少数至15瓣，汁囊干缩呈棕色至棕褐色，内藏种子。质坚硬，不易折断。气清香，味苦、微酸。以外皮绿色、果皮肉厚而有白色凸起、质坚硬、香气浓者为佳。

（2）含量　按照《中国药典》规定：水分不得过12.0%；总灰分不得过7.0%；柚皮苷（$C_{27}H_{32}O_{14}$）不得少于4.0%，新橙皮苷（$C_{28}H_{34}O_{15}$）不得少于3.0%。

四、能力训练

（一）操作条件

1.地点　酸橙药材生产基地。

2.材料　不同品种酸橙。

3.工具　酸橙规范化种植的工具、酸橙病虫害防治的工具、酸橙采收加工的工具等。

（二）安全及注意事项

1.严格按照实训基地的要求进行实训，注意安全。

2.清洗工具、切削工具、蒸煮烫工具、修制工具、烘干工具使用时的注意事项。

3.《药材种植岗位操作规程》《药材田间管理岗位操作规程》《药材病虫害岗位操作规程》《药材采收加工岗位操作规程》。

（三）操作过程

1.选地整地　以土层深厚、质地疏松、排水透气良好，具中性（pH为6.5~7.5）的土壤为好。在这种土壤上栽种，产量高，盛果期较长。过于黏重、排水不良的土壤，都不宜栽培。对地势的选择不严，无论山坡、平原、丘陵、河滩均可栽培，但在坡地栽培应选阳坡。

2. 繁殖与育苗 酸橙的繁殖方法有种子繁殖、嫁接繁殖、高枝压条法繁殖三种方法。

（1）种子繁殖 可采用冬播或春播。播种时间在采种后或来年的3月。按株4cm左右、行距30cm左右条播，播后覆肥土厚约0.5cm，轻压使种子与土接合，并覆盖秸秆浇水以保持苗床湿润。出苗后，可揭去盖草利于出苗，并及时除草，施肥。秋天按株距7~8cm间苗或补苗。培育3~4年定植。

（2）嫁接繁殖 嫁接用的砧木可用种子繁殖生长2~3年的幼株。一般采用芽接方法。每年2月、5~6月、9~10月均可进行，以寒露前后为最佳。选1~2年生、无病虫害的良种壮枝，摘出小叶保留叶柄，再把枝芽和一小块木质部一齐削成盾形的接穗，然后在砧木的树干横向割断树皮（不伤及木质部），再在其中央向下割一刀，使成丁字形。把接穗的木质部去掉以后，立即嵌到砧木的割口里，捆扎固定。嫁接时要求刀利、手稳，削口要平、错芽要准，包扎紧实。7~10天检查是否成活，接活后把砧木上的其他萌发枝割去，只让接穗生长。嫁接后第2~3年定植。

（3）高枝压条法 在12月前后，选表现优良的结实期的植株作为母树，在树上选择2~3年生的健壮枝条，环切一条宽约1cm的缝，剥去韧皮部，并敷湿泥，外用透气的器物包好，保持土壤湿润，半个多月可生根，约2个月后切断，栽于地里，待成活后定植。

3. 移栽 春秋两季均可定植，选无风或雨后晴天进行。以实生苗进行移栽，按株行距3.5m × 5m，每667m^2栽25~30株；以嫁接苗进行矮化密植栽培，按株行距3m × 3.2m或4m × 2.2m，每667m^2栽74~84株。移栽时穴内施足腐熟堆肥，每穴植苗1株。根要伸直，填土后将苗轻提，然后压实，覆土，浇水。培土或立柱防止倒伏，苗长稳时撤除。

4. 田间管理

（1）中耕除草 幼龄树一年进行3~4次，第1次在春季展叶期进行；第2、3、4次分别在6月、7~8月、9月进行。夏季杂草生长旺盛，有杂草应及时清除。在植株根际周围宜浅，其他地方宜深，避免伤根。成龄树一年进行1~2次，成林园要求无草，春季应多锄浅锄，防止积水霉根；夏季应深锄，以利抗旱；秋季宜深翻越冬，结合深翻，增施有机肥，促使土壤熟化，同时有利于风化土壤和冻死越冬害虫。如果间作有短期农作物，可结合间作物田间管理进行。

（2）追肥 幼树每年结合中耕除草追肥2次，春秋各一次，以腐熟粪水、饼肥、有机肥为主，辅以少量磷、钾肥。成年树每年追肥4次，即春肥（春分前后），沿树冠开深12~15cm的沟，每株施入腐熟粪水或有机肥，以促使花芽分化和抽发春梢；壮果肥（谷雨）也宜沟施，每株施入氮磷钾复合肥，以减少因营养不良而引起的落果现象，提高坐果率；采果肥（大暑）宜盘施，沿树冠开圆盘，深12cm左右，每株施入腐熟粪水加尿素和过磷酸钙，以促进抽发秋梢，增强抗旱能力，防止落叶，第二年多开花结实；冬肥（寒露至霜降）结合扩穴改土，沿树冠，挖50cm深、40cm宽的沟，除施入腐熟厩肥或土杂肥外，每株增施适量饼肥、磷肥等，以促进花芽分化，提高结实率。第一、二次追肥与果实发育密切相关，宜早不宜迟。施肥量根据树龄、土壤肥沃程度、肥料的质量而定。幼树可量少，随着树龄增长，逐渐增加施肥量。

（3）整形修剪　酸橙生长势强，丛生性强。通过整形修剪培育丰产树型，使树冠丰满；减少病虫害，保持高产稳产；更新树冠，延长结实期。可促进生长和提高产量。修剪好的树要求做到“远看像把伞，近看稀稀散，不出大空洞”。修剪的伤口要平滑，大伤口要修圆凹面，以利愈合，减少病虫害感染；小伤口不留残桩，以免再发新芽。

1）幼树的培育　定主干40cm左右，培养3~4个强壮枝梢为主枝，以自然开心形或圆头形培养树冠。对主枝上生长不当的芽要及时除去，对强壮夏秋梢进行摘心，促进分枝。开花后的2~3个花蕾应该清除，以利于营养生长，以后可保留下部果实、疏去树冠上部枝梢的花蕾。促进树冠的生长，使树枝条分配均匀，生长充实。注意平衡营养生长与生殖生长的关系，以培养丰产树型为主。

2）成年树修剪　酸橙树进入结实期，以改善树冠中的光照和通风条件、减少病虫害为目的进行修剪。每年雨水至清明及立冬前后是修剪的最佳季节，必要时增加夏剪。剪去病虫枝、枯枝、重叠枝、密生枝、交叉枝、下垂枝等，徒长枝根据其位置和利用价值确定剪除或利用。受冻害的树，只能剪枯枝，尽量保留叶面，剪后加强施肥等管理，尽快恢复树势。

（4）灌溉排水　定植初期应视气候情况进行浇水。成林后一般不需浇水。花果期若遇天气干旱或雨水过多时，均会造成大量落花、落果等现象，要及时做好灌溉和排水工作。

（5）间作、套种　酸橙在栽培初期可间作豆类、薯类、蔬菜等矮秆浅根作物或者车前草、金钱草、半夏、鱼腥草等草本中药材，以短养长，但套种作物与幼树应保持一定距离，不能影响酸橙生长。成林酸橙可套种牧草作绿肥。套种作物收获后，将苗秆翻入土中作肥料。这样可以增加收入，提高经济效益，又可以以耕代抚，促进幼林生长。

5. 病虫害防治

（1）柑橘溃疡病　为细菌性病害，以夏季高温多雨时发病最为严重。危害叶、枝梢、果实。初期叶背出现很小的油渍状斑点，后逐渐扩大成为圆形木栓化病斑，在叶片两面同时隆起，随后呈放射状开裂，裂口内呈海绵状，周围有黄色或黄绿色晕环。严重时落叶落果，枝条干枯死亡。

防治方法：①加强检疫，防止病菌、病果等运往无病区。②培育无病苗木，种子用5%高锰酸钾液浸种15min，浸后用清水洗涤。③清除病叶、病枝，集中烧毁。

④春芽萌动前用一定浓度的波尔多液或农用链霉素每隔7天喷1次，共4~5次。

（2）柑橘疮痂病　由一种真菌侵染引起，一般5月下旬至6月中旬发病最重。危害叶、果和新梢幼嫩组织。

防治方法：①剪除病枝、病叶，集中烧毁。②加强田园管理，使树势健壮，以增强抗病力。③春芽萌发和落花时，各喷射适宜浓度波尔多液1次，或喷射退菌特。

（3）柑橘霉病　早春至晚秋发病，尤以5~6月发病严重。危害枝、叶和果实。发病初期，叶面和枝上出现煤灰样小病斑，后扩大成黑色霉层，影响光合作用，严重时造成落叶、枯枝，使树势衰弱，产量降低。

防治方法：①加强田园管理，清洁田园，及时排水，适当剪枝，增强树势。②发病初期，喷0.3%~0.5%波尔多液或灭菌丹400倍液，10天一次，连续3~4次。

（4）天牛　天牛幼虫蛀食树干皮下，严重时蛀成孔道。7~8月为严重危害期。

防治方法：①茎叶突然枯萎时，清除枯枝，进行人工捕捉。②田间释放天牛肿腿蜂。

（5）红蜘蛛　四季均可发生，4~5月天气干旱时最为严重。危害叶片、枝梢、花、果实。被害处出现许多灰白色斑点，失去光泽，严重时大量落叶。

防治方法：①冬季清园时将落叶烧毁，并喷0.3%的石硫合剂液。②春秋季可用0.3%的石硫合剂或灭螨灵等防治，喷药时雾点要细而均匀，可提高杀虫效率。

6. 采收加工

（1）枳壳

1）采收　7月下旬至8月上旬每日早晨采摘未成熟或近成熟、果皮尚绿的果实。若果实成熟，皮薄瓤多，气味不佳，影响质量。加工。

2）切制　趁鲜自中部横切成2瓣，晒干或烘干。干燥：晒干时白天晒其剖面，晚间逐个翻转露其外皮，如此日晒夜露，直至干燥。烘干时注意火候，以防焦糊。

（2）枳实　5~6月每日早晨拣落地幼果或者疏果后的幼果加工，自中部横切为两半，晒干或低温干燥，较小者直接晒干或低温干燥。

（四）学习结果评价

根据学生实验结果，填写下表。

酸橙品种	栽培时间	施肥时间	病虫害防治时间	加工方法	质量标准
1					
2					
3					
4					
5					

五、课后作业

1. 简单撰写酸橙规范化栽培技术规程。
2. 调查不同酸橙的栽培基地情况，填写下表。

序号	栽培基地	栽培时间	施肥时间	病虫害防治时间	加工方法	质量标准
1						
2						
3						
4						
5						

任务5　能进行山楂规范化栽培

一、基本概念

1. 南山楂　为蔷薇科植物落叶灌木或小乔木野山楂的成熟果实。
2. 北山楂　为蔷薇科植物山里红、山楂的成熟果实。

二、学习目标

1. 学会山楂药材的规范化种植技术。
2. 学会山楂药材的田间管理技术。
3. 学会山楂药材的规范化产地加工技术。

三、基本知识

（一）山楂产地

山楂别名红果、山里红、北山楂、赤瓜实、棠棣子。主产于山东、河南、河北。河南林县、辉县、新乡，山东临朐、沂水、临沂，河北唐山、沧州、保定等地栽培量较大。

（二）植物形态

山里红 *Crataegus pinnatifida* Bge. var. *major* N. E. Br. 是落叶灌木或小乔木，小枝紫褐色，具细刺或无刺，疏生皮孔，老枝灰褐色。叶互生；叶片宽卵形至三角状卵形，两侧有3~5对羽状深裂片，边缘有尖锐重锯齿。伞房花序，具多花；花白色。梨果近球形，深红色，有光泽，具白色斑点，直径2.5cm，种子5枚。花期5~6月，果期9~10月。

山楂*Crataegus pinnatifida* Bge.与山里红的主要区别是：树皮粗糙，暗灰色或灰褐色；叶片较山里红小，羽状分裂较浅；梨果较小，直径1~1.5cm。

（三）生长环境

山楂生活力很强，适应范围广，喜凉爽、湿润的环境，既耐寒又耐高温，喜光也能耐阴，耐旱，水分过多时，枝叶容易徒长。对土壤要求不严格，但在土层深厚、质地肥沃、疏松、排水良好的微酸性砂壤土上生长良好。野生山楂生于山坡林边或灌木丛中。山楂种子壳厚而坚硬，种子不易吸水膨胀或开裂。另外，山楂种仁休眠期长，出苗困难。

（四）生长过程

山楂年生育期可分为以下几个时期。

山楂年生长周期为180~220天，山楂的叶芽在气温达到8℃时开始萌动，一般年份新梢迅速生长期在4月中旬至5月中旬，7月上旬停止生长；但结实新梢生长期短，多为15~20天。花期5~6月，果实发育从开花到成熟需130~160天，果实成熟期9~10月。降霜后，叶子枯萎脱落，植株进入越冬休眠。

栽植第1年为缓苗期；3~4年开始结实；5年便可丰产；10年后进入盛果期；可持续利用50~60年。

（五）质量标准

1. 山楂

（1）外观　该品为圆形片，皱缩不平，直径1~2.5cm，厚0.2~0.4cm。外皮红色，具皱纹，有灰白小斑点。果肉深黄色至浅棕色。中部横切片具5粒浅黄色果核，但核多脱落而中空。有的片上可见短而细的果梗或花萼残迹。气微清香，味酸、微甜。以片大、皮红、肉厚、核少、味浓者为佳。

（2）含量　按照《中国药典》规定：水分不得过12.0%；总灰分不得过3.0%；醇溶性浸出物不得少于21.0%；含有机酸以枸橼酸（$C_6H_8O_7$）计不得少于5.0%。

2. 山楂叶

（1）外观　本品多已破碎，完整者展开后呈宽卵形，绿色至棕黄色，先端渐尖，基部宽楔形，边缘具尖锐重锯齿；叶柄长2~6cm，托叶卵圆形至卵状披针形。气微，味涩、微苦。

（2）含量　按照《中国药典》规定：水分不得过12.0%；总灰分不得过3.0%；醇溶性浸出物不得少于20.0%；总黄酮以无水芦丁（$C_{27}H_{30}O_{16}$）计，不得少于7.0%；金丝桃苷（$C_{21}H_{20}O_{12}$）不得少于0.050%。

四、能力训练

（一）操作条件

1.地点　山楂药材生产基地。

2.材料　不同品种山楂。

3.工具　山楂规范化种植的工具、山楂病虫害防治的工具、山楂采收加工的工具等。

（二）安全及注意事项

1.严格按照山楂实训基地的要求进行实训，注意安全。

2.清洗工具、切削工具、蒸煮烫工具、修制工具、烘干工具使用时的注意事项。

3.《药材种植岗位操作规程》《药材田间管理岗位操作规程》《药材病虫害岗位操作规程》《药材采收加工岗位操作规程》。

（三）操作过程

1.选地整地　对土壤要求不严，抗逆性较强。为便于管理，选择地势平坦、土层深厚、灌水方便、排水良好、向阳、肥沃而疏松的壤土或砂壤土为好。涝洼地、排水不良的黏重土壤、土层薄的砂土地和偏碱的土壤不适宜作育苗地。建园时依据园地大小和地势以及水渠灌溉能力划分地块。移栽前每667m^2施入适量充分腐熟有机肥，根据地形全面深翻或穴施均可，耙磨、踏实。

2.繁殖与育苗　繁殖方式有种子繁殖、分株繁殖、嫁接繁殖等，目前大面积栽培主要采用种子繁殖和分株繁殖方式育苗，然后在培育的苗木上嫁接优良品种，再大田移栽。

（1）种子繁殖　山楂采用种子繁殖培育的实生苗根系发达，生长速度快，繁殖系数大。目前生产上多采用此种方法。

1）种子处理　选择生长健壮、无病害、处于壮龄期的母树，采收发育良好的果实，在水中浸泡搓揉果实，使果肉与种子完全分离，获得沉于水底的干净种子。以一份种子、四份湿砂混拌均匀，放置在挖好的砂藏沟内，种子厚度10~15cm，用木棒和秸秆覆盖，在沟中央立一丛秸秆透气，然后在覆盖物上培厚70cm左右的土。来年播种时取出。

2）播种　可秋播和春播。春播：经过一冬砂藏的种子，可在春季芽萌动时，将已萌发的种子选出，集中播种。秋播：也可在已贮一冬一夏后进行秋播。春播宜早，秋播一般在土壤结冻前进行。山东产区以3月下旬至4月上旬最好，管理好后，当年就可以出圃。播种时先在畦上按行距30cm开播种沟，沟宽5cm，深4~5cm，将催芽后的种子均匀撒入沟中，覆土。稍镇压并盖草或者覆盖地膜。

3）苗期管理　播种后一般7~10天出苗，苗高10~15cm时进行间苗补苗，留苗株距10cm左右。要加强圃地管理。根据土壤墒情，适时浇水、中耕、除草、施肥。

（2）分株繁殖　每年在树下自然发出较多的根蘖，是培育砧苗的好材料。春季将根蘖苗挖出，按苗的大小分别栽于苗圃中，苗的株行距一般为（15~20）cm×（35~40）cm。栽苗前要整翻土地，施入有机肥，作畦保墒。栽后及时浇水，加强管理，秋季进行嫁接。

（3）根段扦插繁殖　春季把苗木出圃或果园施肥翻地时获得的断根收集起来。将粗0.5~1.0cm的根切成根段，每段长约12cm，扎成捆，用一定浓度的赤霉素浸泡约20min，捞出置于湿砂中贮存6~7天。扦插时斜插于苗圃中，要边插根边将土踩实，使根段与土贴紧，然后浇水保墒。萌芽后及时去掉多余的芽子，只保留1个壮芽生长，秋季嫁接品种。

（4）嫁接繁殖　在春、夏、秋季均可进行嫁接。选择用种子繁殖的实生苗或分株苗作砧木，采用芽接或枝接的方法进行嫁接，以芽接为主。

3.移栽　秋冬季休眠期或早春萌发前进行。山楂生活力强，起苗可不带宿土，如遇天旱，为保证成活，需带宿土或用黄泥浆根。定植时，先按株行距3m×4m栽植，也可按2m×4m或3m×2m栽植，挖好穴，每穴施腐熟厩肥或土杂肥适量，与整地挖穴时的表层肥土拌匀施入。选取健壮的山楂苗，每穴栽苗1株，填表层肥土，同时将苗木轻轻上提，使根系与土壤密切接触并压实。浇透定根水，盖上细土后，再覆草保湿，以利成活。

4.田间管理

（1）中耕除草　定植成活后的头两年，每年中耕除草3~4次，第1次在春季萌芽展叶时进行；第2、3、4次分别在6~9月进行。在植株根际周围宜浅，其他地方宜深，避免伤根。第3年以后，可适当减少中耕除草次数。进入盛果期，在春季萌芽前施肥浇水后，将麦草或秸秆粉碎至10cm以下，平铺于树冠下，厚度为15~20cm，连续3~4年后深翻入土壤，结合深翻，增施有机肥，促使土壤熟化，提高土壤肥力和蓄水能力。

（2）追肥　在每年早春展叶期、花期、果实膨大期追施3次肥，在3月中旬树液开始流动时，每株追施尿素0.5~1kg，以补充树体生长所需的营养，为提高坐果率打好基础。谢花后每株施尿素0.5kg，以提高坐果率。7月末每株施尿素0.5kg、过磷酸钙1.5kg，以促进果实生长，提高果实品质。在花果期还可用0.3%尿素与0.2%磷酸二氢钾溶液进行根外追肥，以补充树体生长所需的营养，促进开花结实。采果后立即施越冬基肥，基肥以有机肥为主，每667m^2开沟施有机肥3000~4000kg，加施尿素20kg、过磷酸钙50kg。追肥一般采用条沟施肥，在树与树的行间开一条宽50cm、深30cm的沟，将肥料施入沟中，然后覆土。

（3）整形修剪　根据树体生长发育特性、栽培方式以及环境条件的不同，通过人为的整形修剪，使树体形成匀称、紧凑、牢固的骨架和合理的结构。

1）冬季修剪　幼树整形修剪多采用疏散分层形法，通过整形修剪，使其形成骨架牢固，树型张开，树冠紧凑，内膛充实，大、中、小枝疏散错落生长，上下里外均能开花结实的疏散分层形丰产树。成年山楂树外围易分枝，常使外围郁闭，内膛小枝生长弱，枯死枝逐年增多，各级大枝的中下部逐渐裸秃。防止内膛光秃的措施应采用疏、缩、截相结合的原则，进行改造和更新复壮，疏去轮生骨干枝和外围密生大枝及竞争枝、徒长枝、病虫枝，缩剪衰弱的主侧枝，选留适当部位的芽进行小更新，培养健壮枝组。结实期山楂及时剪去衰弱枝，对枝条进行更新，以恢复树势，促进产量的提高。

2）夏季修剪　主要方法有拉枝、摘心、抹芽、除萌等。由于山楂树萌芽力强，加之落头、疏枝、重回缩可能刺激隐芽萌发，形成徒长枝，要及时抹芽、除萌。夏季对生长旺而有空间的枝在7月下旬新梢停止生长后，将枝拉平，缓势促进成花，增加产量。如果还有生长空间，每隔15cm留一个枝，尽量留侧生枝，当徒长枝长到15cm以上时，留10~15cm摘心，促生分枝，培养成新的结实枝组。此外，在辅养枝上进行环剥，环剥宽度为被剥枝条粗度的1/10。

（4）灌溉排水　天气干旱或雨水过多时，要及时做好灌溉和排水工作。一般1年浇4次水。早春土壤解冻后萌芽前结合追肥灌1次透水，以促进肥料的吸收利用。花后结合追肥浇水，以提高坐果率。果实膨大前期如果干旱少雨要及时灌水，有利于果实增大。灌冻水一般结合秋施基肥进行，浇透水以利于树体安全越冬。

5.病虫害防治

（1）白粉病　主要危害叶片、新梢和果实。病部有白粉，呈绒毯状，节间缩短，叶片细长，严重时干枯死亡。

防治方法：①发芽期、花期至初果期分别用适宜浓度的波尔多液喷杀。②25%粉锈宁600~700倍液喷杀，每隔7天1次，连喷3~4次。

（2）白绢病　病菌寄生于山楂树体的根颈部分，受害部分产生褐色斑点并逐渐扩大，其上着生一层白色菌丝，很快缠绕根颈，当环周皮层腐烂后，全株枯死。

防治方法：注意水肥管理，增强树势；发病时用甲基托布津800~1000倍液喷杀。

（3）桃小食心虫　主要危害果实，在山楂树上一般一年发生两代。

防治方法：①清洁田园，及时清除烂叶枯枝。②越冬幼虫出土前，用75%辛硫磷乳剂拌成毒土诱杀。

（4）山楂粉蝶　主要危害嫩叶。一年发生一代，以2~3龄幼虫在卷叶中的虫巢中越冬。

防治方法：①把越冬、越夏群居的幼虫巢剪下，集中烧毁。②幼虫危害时，喷洒505杀螟松乳剂1000倍液。

（5）蚧壳虫　主要发生在6~7月。

防治方法：①清除病虫枝，集中销毁，减少越冬虫源。②发病时用10%氯氰菊酯1500~2000倍液喷施防治。

（6）蚜虫　成虫、幼虫刺吸汁液，使幼叶卷曲发黄。可用1%苦参碱可溶液剂400倍液或2.8%阿维菌素乳油5500倍液喷施防治。

6. 采收加工

（1）山楂　山楂果实后期增重较快，不宜早采，以免影响果实产量、品质和耐贮性。9~10月间果实皮色显露，果点明显时即可采收。果实采收后，在空气畅通处堆放几天，上覆草帘，使其散热，然后包装贮运。或者果实采下后趁鲜横切或纵切成两半，晒干，或采用切片机切成薄片，在60~65℃下烘干。

（2）山楂叶　夏秋两季采收，晾干。再用麻袋、芦席包装贮于干燥处备用。

（四）学习结果评价

根据学生实验结果，填写下表。

山楂的品种	栽培时间	施肥时间	病虫害防治时间	加工方法	质量标准
1					
2					
3					
4					
5					

五、课后作业

1. 简单撰写山楂规范化栽培技术规程。

2. 调查不同山楂的栽培基地情况，填写下表。

序号	栽培基地	栽培时间	施肥时间	病虫害防治时间	加工方法	质量标准
1						
2						
3						
4						
5						

任务6　能进行决明子规范化栽培

一、基本概念

小决明　豆科植物小决明的干燥种子，也作决明子用。

二、学习目标

1.学会决明植物的规范化种植技术。
2.学会决明植物的田间管理技术。
3.学会决明植物的规范化产地加工技术。

三、基本知识

（一）决明子产地

决明子别名草决明、马蹄决明、羊角豆、野青豆等。主产于江苏、安徽、四川等地，近几年全国各地均有栽培。

（二）植物形态

决明*Cassiao btusifolia* L.，一年生草本。茎直立，基部木质，上部多分枝并有纵棱。叶互生；叶柄具沟，较叶片脱落迟，叶轴上两小叶之间有腺体。偶数羽状复叶，小叶3对，基部一对较小，小叶片倒卵形，先端圆，急尖状，基部偏斜状，全缘；叶片正面绿色，光滑无毛，背面淡绿色，疏生短毛，边缘处毛较多，幼时两面疏生长柔毛；网状脉。花1~2朵腋生；花梗细长，具纵棱，疏生短毛。花萼5，绿色，外面密生白色柔毛；花瓣5，深黄色，倒卵形，基部狭窄，最小两瓣稍长；雄蕊10，花药椭圆形或长椭圆形，先端圆或先端由药隔延伸成突起物；雌蕊1，柱头呈斜面状。荚果细长，种子多数。花期6~8月，果期9~10月。

（三）生长环境

喜温暖湿润气候，不耐寒，怕霜冻，成株受霜冻后叶片脱落甚至死亡。生长期间喜阳光充足，开花结实期间要求通风透光，有利荚果结实、种子饱满。对土壤要求不严，只要排水良好，一般土地均可种植，不宜连作，亦可利用房前屋后或院外路边、水沟旁零星土地种植。

（四）生长过程

清明前后进行播种，1周后可出苗。6、7月生长旺盛，并开花；秋分（9月下旬）时逐渐成熟，完成生育期。

（五）质量标准

1.外观　该品略呈菱方形或短圆柱形，两端平行倾斜。表面绿棕色或暗棕色，平滑有光泽。一端较平坦，另端斜尖，背、腹面各有1条突起的棱线，棱线两侧各有1条斜向对称而色较浅的线形凹纹。质坚硬，不易破碎。种皮薄。气微，味微苦。

决明子以种粒饱满、黄褐色、无砂土和杂质者为佳。

2. 含量 按照《中国药典》规定：水分不得过15.0%；总灰分不得过5.0%；大黄酚（$C_{15}H_{10}O_4$）不得少于0.20%，含橙黄决明素（$C_{17}H_{14}O_7$）不得少于0.080%。

四、能力训练

（一）操作条件

1. 地点 决明子药材生产基地。

2. 材料 不同品种的决明子。

3. 工具 决明子规范化种植的工具、决明子病虫害防治的工具、决明子采收加工的工具等。

（二）安全及注意事项

1. 严格按照决明子实训基地的要求进行实训，注意安全。

2. 清洗工具、切削工具、蒸煮烫工具、修制工具、烘干工具使用时的注意事项。

3.《药材种植岗位操作规程》《药材田间管理岗位操作规程》《药材病虫害岗位操作规程》《药材采收加工岗位操作规程》。

（三）操作过程

1. 播种

（1）选地整地 春分前后，选肥沃的平地或向阳坡地。在选好的地块中，深耕25cm，每667m²施圈肥1000~3000kg，捣细撒匀，将肥翻入土中，耙细整平，作1m宽畦，以备播种。

（2）繁殖方法 用种子繁殖。常选择小决明这个品种种植生产决明子。种荚中种子有大有小，饱满程度有差异。主要选大、结实、无病虫害的作为种子。

种子用50℃的水浸种24h，剔除浮起的秕粒和虫蛀粒。捞出饱满的种子，晾去表面水分，即可播种。播种期在清明、谷雨期间。条播，在整好的畦内按行距45cm，开3cm左右深的沟，将种子撒于沟内，覆土，轻轻镇压。播种前如土地干旱，先向畦内浇水，水渗下后再播种。每667m²用种量1~1.5kg。

2. 田间管理

（1）间苗松土 苗高6~10cm时，按株距15cm间去弱苗。苗高15cm时，按株距45cm定苗，同时结合中耕进行松土。苗高30cm左右时，可适当加深中耕，以保持土壤疏松、无杂草。植株上部分枝封垅后，停止松土中耕。松土时注意将土培在植株根旁，逐渐形成小垅，防止被大风吹倒。

（2）追肥浇水 一般播种后6~7天即可出苗。出苗后如遇干旱，适当浇水，定苗后，除追肥后浇水外，一般不需浇水。定苗后进行第一次追肥，将圈肥（数量不限）与尿素混合拌匀，撒于行间或穴旁；浅锄一遍，以土盖肥。第二次追肥在立秋前后，每667m^{2}施尿素或硫酸铵等少量化肥均可，施于行间。追肥时注意不可将化肥撒到植株的茎叶上。追肥后需立即浇水。7~8月间，如发现有不开花的植株，应及时拔除，以免消耗地力。

3.病虫害防治

（1）灰斑病　危害叶片，在叶片上产生褐色病斑。

防治方法：发病初期喷50%退菌特800~1000倍液或65%代森锌500倍液。

（2）轮纹病　是由一种真菌引起的病害，叶片、茎及荚果均可受害。受害部位有轮纹不明显的病斑，后期密生黑色小粒。

防治方法：发病初可用1∶1∶200波尔多液，严重时可喷洒0.3波美度石硫合剂。

（3）蚜虫　在苗期较易发生。

防治方法：可用1%苦参碱溶液剂400倍液或2.8%阿维菌素乳油5500倍液喷施防治，或用1∶10的烟草、石灰水防治。

4.采收加工　决明子的采收在寒露前后，荚果呈黄褐色时收获。割下全株，晒干后，打下种子，去净果皮、杂质，即可供药用。

（四）学习结果评价

根据学生实验结果，填写下表。

决明子的品种	栽培时间	施肥时间	病虫害防治时间	加工方法	质量标准
1					
2					
3					
4					
5					

五、课后作业

1.简单撰写决明子规范化栽培技术规程。

2.调查不同决明子的栽培基地情况，填写下表。

序号	栽培基地	栽培时间	施肥时间	病虫害防治时间	加工方法	质量标准
1						
2						
3						
4						
5						

任务7　能进行薏苡规范化栽培

一、基本概念

1.石灰水浸种　将种子浸泡于5%的石灰水或现配1∶1∶100波尔多液中24~48h，捞出用清水冲洗净。

2.温水浸种　用60℃的温水浸30min。

3.开水浸种　先将种子放入冷水，将浮在水面上的秕粒等剔除，以沉在水下的籽粒作种子。播种前先用清水在室温中将种子浸泡一昼夜，约12h，再烧一锅开水倒入缸内，立即将浸透的种子从凉水中捞出来，倒入大缸迅速搅拌，烫5~8s，迅速捞出，倒在席或箔上，摊开晾干，即可下种。烫种时间不可过久，否则烫死胚芽，不出苗。

4.药物浸种　用多菌灵500倍液浸种24h。

二、学习目标

1.学会薏苡药材的规范化种植技术。

2.学会薏苡药材的田间管理技术。

3.学会薏苡药材的规范化产地加工技术。

三、基本知识

（一）薏苡仁产地

薏苡仁别名薏苡、苡米、川谷、野珠珠等。主产于辽宁、河北、山东、江苏、福建等省。薏苡在我国已有千年栽培历史。因为需要量增多，现在全国多数省区均有栽培。

（二）植物形态

薏苡 *Coix lacryma-jobi* L. var. *ma-yuen*.（Roman.）Stapf，一年或多年生草本，茎基部节上常生支持根。茎直立，粗壮，上部多分枝。叶片长而宽，广披针形或线形；平行脉多数。总状花序腋生，雄花序着生于雌花苞鞘之上，亦有纯为雄花序。雄花序由数小穗组成，通常有2~3朵雄花。雌小穗由3朵雌花组成，其中一花能育，二花不发育而退化，通常仅有一枚雌花；雌小穗外包1枚由叶鞘变形的总苞。颖果卵圆形，外面有革质的宿存总苞，黄白色或浅褐色。花期7~9月，果期8~10月。

（三）生长环境

为沼泽植物，具有湿生习性，喜温暖潮湿，不耐干旱。喜温暖湿润气候和阳光充足、灌溉方便的地方，耐涝，不耐旱，土壤以肥沃、深厚、潮湿、黏质壤土为好，薏苡是湿生植物，尤其在水田中生长良好。近年来研究发现薏苡根、茎、叶部的通气组织发达，具明显湿生植物特征。对土壤要求不严，但以土地肥沃、水源充足的地块种植为好。

（四）生长过程

气温在15℃以上开始出苗，气温上升到25℃以上，相对湿度在80%以上，幼苗生长迅速，保持土壤充分湿润，促使早分蘖，分蘖整齐。拔节期之前、拔节初期、分蘖拔节期严格控制水源，使土地稍干为好，防止无效分蘖过多，茎叶徒长，注意做到适时排水干田。拔节后期应逐步增加土壤湿度。孕穗抽穗期和灌浆成熟期勤浇水，要充分保持水分充足。植株的生长发育分为苗期（约40天）、拔节期（15~20天）、孕穗抽穗期（约40天）、灌浆成熟期（约30天）。

（五）质量标准

1. 外观　该品呈宽卵形或长椭圆形。表面乳白色，光滑，偶有残存的黄褐色种皮；一端钝圆，另端较宽而微凹，有1淡棕色点状种脐；背面圆凸，腹面有1条较宽而深的纵沟。质坚实，断面白色，粉性。气微，味微甜。

2. 含量　按照《中国药典》规定：杂质不得过2%；水分不得过15.0%；总灰分不得过3.0%；醇溶性浸出物不得少于5.5%；甘油三油酸酯（$C_{57}H_{104}O_6$）不得少于0.50%。

四、能力训练

（一）操作条件

1. 地点　薏苡仁药材生产基地。

2. 材料　不同品种薏苡仁。

3. 工具　薏苡仁规范化种植的工具、薏苡仁病虫害防治的工具、薏苡仁采收加工的工具等。

（二）安全及注意事项

1. 严格按照薏苡实训基地的要求进行实训，注意安全。

2. 清洗工具、切削工具、蒸煮烫工具、修制工具、烘干工具使用时的注意事项。

3.《药材种植岗位操作规程》《药材田间管理岗位操作规程》《药材病虫害岗位操作规程》《药材采收加工岗位操作规程》。

（三）操作过程

1.播种

（1）选地整地　对种植土地要求不十分严格，一般土地均可种植，但是以向阳、肥沃的壤地或黏土地及低洼涝地种植为宜。干旱严重环境不宜种植。选好地后，翻地20~25cm，每667m^2施入土肥2000~3000kg，耙细作成40~50cm的宽垄备用。

（2）种子处理　播前选晴朗天气，把种子均匀晾晒在地板上，并经常翻动，晒1~2天。将晒好的种子放入冷水浸泡10~16h，让其充分吸水，利于发芽。

为预防或减少黑穗病的发生，种前必须选石灰水浸种、温水浸种、开水浸种、药物浸种等方法中的一种进行种子消毒。

（3）种子繁殖　最迟在5月下旬以前播种，过迟则秋后果实不能成熟，影响产量。用犁开深10cm的沟，而后覆土、镇压，保持土壤湿润。播后无雨可连续大水漫灌，15天左右可出苗，每667m^2播量5~6kg。水肥条件好则可增大每667m^2播量，利于高产。

薏苡分春播与夏播。北方春播在清明前后，长江流域多在谷雨播种。夏播一般于芒种前后，宜早不宜晚。为了增加夏薏苡的生育期，现多采用麦田套种的方法，于小满前后，在麦垅间按株行距20cm×40cm开穴点播，每穴放3~5粒种子，土壤湿润很快出苗。如果在小麦或油菜收获后再播种，应抢时间收割，尽早播种。因夏播生育期较短，植株较小，应增加密度，一般以株行距20cm×30cm点播。

（4）间苗适植　当薏苡苗达到15~20cm高时，可按6~10cm株距留苗定植。一定要合理留苗，不可过密。

2.田间管理

（1）中耕除草　由于薏苡幼苗与一些杂草相似，一定要及时除草，防止草药齐长影响产量。同时进行中耕培土防止倒伏，促进开花结实。

（2）施肥　当植株40~80cm高时，每667m^2施入粪水1000~2000kg，或硫酸铵15~20kg。在抽穗扬花前期第二次追施尿素15~30kg。麦田套种，在麦收割后，每667m^2施圈肥3000~4000kg，腐熟饼肥100kg或复合肥50kg，有条件的再加施磷肥15~20kg，撒施于行间，立即浇水。薏苡生长过程中两次施肥和合理灌溉是高产稳产的重要措施。

（3）浇水　整个生长期需充足的水分，特别是拔节后应经常浇水，使土壤保持湿润；孕穗、抽穗和扬花灌浆期要求充足的水分，严防干旱。

（4）人工辅助授粉　薏苡为单性花，雌雄同株异穗，同一花序中雄小花先成熟，雌小花后熟，不能同步，往往需要异株花粉授精，一般是靠风力传粉。但花期无风或风很小时，应人工振摇茎秆，使花粉飞扬，达到传粉的目的。

3.病虫害的防治

（1）黑穗病　病原是真菌中的担子菌亚门的黑粉菌，危害花穗。此病发病率高，传播迅速，危害严重。穗部被害后肿大成球形或扁球形的褐色，内部充满黑褐色粉末。此病以孢子附着于种子表面或在土壤中越冬，第二年侵入幼苗，随着植株生长而达到穗部，破坏组织，变成黑穗。

防治方法：①实行轮作。②严格进行种子消毒，先用60℃的温水浸种，再用布袋包好置于5%的生石灰水中或1∶1∶100波尔多液浸泡24~48h。③生长期经常检查，发现病株立即拔除烧毁。

（2）玉米螟　又名“钻心虫”。1、2龄幼虫钻入幼苗心叶中咬食叶肉；3龄幼虫钻入茎内，茎被蛀成空心，易被风刮断，不断者形成白穗；老熟幼虫在秆内越冬。

防治方法：①5~8月成虫期用黑光灯诱杀。②以治螟灵259加晶体敌百虫100g化水750kg喷洒。

（3）叶枯病　病原是真菌中一种半知菌。危害叶部，产生淡黄色小斑，导致叶部枯死，雨季特别严重。

防治方法：发病初期喷1∶1∶100波尔多液或65%可湿性代森锌500倍液，每隔7~10天喷1次，连续喷2~3次。

（4）地老虎　属鳞翅目夜蛾科。地老虎对早播薏苡危害比较严重，4月下旬至5月中旬是主要危害期，常咬食幼苗的根和茎基部，使薏苡生长不良或造成严重缺苗。

防治方法：可用毒饵诱杀。

（5）黏虫　其幼虫在生长期或穗期危害叶片和嫩茎穗。

防治方法：在早晨进行人工捕捉。

（6）粉虫　又名夜盗虫。幼虫危害叶片，叶片受害后呈不规则缺刻，也危害嫩茎及嫩穗。大量发生时能把叶片吃光，造成严重减产。

防治方法：幼虫阶段，用糖醋毒液（糖3份、醋4份、白酒1份、水2份拌匀）诱集捕杀成虫。

4. 采收加工　于秋季9~10月，当茎叶枯黄，80%果实呈浅褐色或黄褐色成熟时，连茎秆割下，用打谷机脱粒，晒干，干后除去果壳和种皮，筛净即可供药用。

（四）学习结果评价

根据学生实验结果，填写下表。

薏苡仁的品种	栽培时间	施肥时间	病虫害防治时间	加工方法	质量标准
1					
2					
3					
4					
5					

五、课后作业

1. 简单撰写薏苡仁规范化栽培技术规程。
2. 调查不同薏苡仁的栽培基地情况，填写下表。

序号	栽培基地	栽培时间	施肥时间	病虫害防治时间	加工方法	质量标准
1						
2						
3						
4						
5						

任务8　能进行草豆蔻规范化栽培

一、基本概念

草豆蔻　姜科植物草豆蔻的干燥近成熟的种子。

二、学习目标

1. 学会草豆蔻药材的规范化种植技术。
2. 学会草豆蔻药材的田间管理技术。
3. 学会草豆蔻药材的规范化产地加工技术。

三、基本知识

（一）草豆蔻产地

草豆蔻别名草蔻、豆蔻、漏蔻等。分布于广东、广西、云南等省区。

（二）植物形态

草豆蔻*Alpinia katsumadai* Hayata，多年生草本，根状茎粗壮，棕红色。叶排为2列，有短柄，叶片窄椭圆形或被外形，先端渐尖，基部楔形，全缘，上面光滑或生微毛，下面生疏毛或无毛；叶鞘膜质。总状花序顶生，被硬毛，花有苞片；萼筒状，花冠白色，内面稍带淡紫红色斑点，内被长柔毛，裂片矩圆形，具缘毛。蒴果球形，外被密生粗毛，熟时黄色，具宿萼。种子多数，呈长圆状或卵状多角形。

花期5~6月，果期6~8月。

（三）生长环境

为阴生植物，喜温暖阴湿，怕干旱，不耐强烈日光直射，耐轻霜，以年平均温度18~22℃、年降雨量1800~2300mm为宜。草豆蔻对土壤的要求不严，一般腐殖质丰富和质地疏松的微酸性土壤最适合其生长。

（四）生长过程

用种子繁殖和分株繁殖。一般在秋季播种，也可在第二年春季（种子须砂藏）播种。出苗时要搭设阴棚，以防止烈日暴晒。培育1~2年后一般在4月上旬前后定植。一般于栽种的第3年起开花结实，每年8月于果实变黄时连果序割回。

（五）质量标准

1.外观　该品为类球形的种子团。表面灰褐色，中间有黄白色的隔膜，将种子团分成3瓣，每瓣有种子多数，粘连紧密，种子团略光滑。种子为卵圆状多面体，外被淡棕色膜质假种皮，种脊为一条纵沟，一端有种脐；质硬，将种子沿种脊纵剖两瓣，纵断面观呈斜心形，种皮沿种脊向内伸入部分约占整个表面积的1/2；胚乳灰白色。气香，味辛、微苦。以身干、无杂质、无霉变为合格，以个大、饱满、气味浓者为佳。

2.含量　按照《中国药典》规定：挥发油不得少于1.0%（ml/g）；含山姜素（$C_{16}H_{14}O_4$）、乔松素（$C_{15}H_{12}O_4$）和小豆蔻明（$C_{16}H_{14}O_4$）的总量不得少于1.35%，桤木酮（$C_{19}H_{18}O$）不得少于0.50%。

四、能力训练

（一）操作条件

1.地点　草豆蔻药材生产基地。

2.材料　不同品种草豆蔻。

3.工具　草豆蔻规范化种植的工具、草豆蔻病虫害防治的工具、草豆蔻采收加工的工具等。

（二）安全及注意事项

1.严格按照草豆蔻实训基地的要求进行实训，注意安全。

2.清洗工具、切削工具、蒸煮烫工具、修制工具、烘干工具使用时的注意事项。

3.《药材种植岗位操作规程》《药材田间管理岗位操作规程》《药材病虫害岗位操作规程》《药材采收加工岗位操作规程》。

（三）操作过程

1. 播种

（1）选地整地　选择林下或有树木遮蔽，具有一定荫蔽度的山谷溪边，气候湿润，雨季长，雨量充沛，疏松肥沃的砂质壤土的地方进行种植。冬季铲除杂草，调整荫蔽度至40%~50%，深翻土壤20~30cm，晒土后，每667m^{2}施下厩肥2000kg作基肥，整地作畦，一般畦宽1.3~1.5m，畦高15~20cm，四周开沟，沟深10~15cm。与表土拌匀后待植。

（2）繁殖方法　采用种子繁殖和分株繁殖。

1）种子繁殖　选择生长健壮且高产的植株丛作为采种母株，待果实充分成熟时采摘饱满且无病虫害的果实作种，宜随采随播。播种前先将果皮剥去，洗净果肉，用清水浸种10~12h，然后用粗砂与种子充分搓擦，以擦掉假种皮；或用30%的草木灰与种子团拌和，将种子搓散，除去表面胶质层。种子可晾干保存至第二年春季播种。棚种苗圃应选择靠近水源、土壤肥沃疏松、排水性能良好的地段。土壤翻耕后以腐熟干牛粪与表土充分混合，耙平后起畦，畦宽1~1.5m，畦长视地形而定。条播行距20cm，播种深度2~3cm，播种后用稻草或杂草覆盖，淋水保湿。苗圃应搭棚遮阴，苗床的荫蔽度为50%左右。出苗时揭去盖草，苗期注意保持土壤湿润，随时清理落叶，拔除杂草，可施少量草木灰和2~3次充分腐熟的畜粪水，以促进幼苗生长。

2）分株繁殖　选取一年生健壮母株，在春季新芽萌发而尚未出土之前，将根茎截成长7~8cm的小段，每段应有3个芽点。截取的芽根栽于苗圃中，待新芽出土后定植。

（3）定植　种子苗长到30cm后定植，或培育1~2年后定植；分株苗萌发出土后定植。定植一般在4月上旬前后，按株距150cm，穴宽约30cm，深约15cm，选阴天或小雨天时定植，每穴栽苗1~2株，分株苗1丛，覆上肥沃细土，并压实。定植后若遇干旱天气，应浇水盖草，以提高成活率。

2. 田间管理

（1）除草、割枯苗　定植后封行前，每年夏、秋、冬季各中耕除草1次，及时割除枯残茎杆，若植株生长密度过大应进行疏枝，及时拔除杂草，注意不要伤幼茎和须根，以利植株生长。收果后，及时除去枯、弱、病残株。密度过大的，多剪一些弱苗。

（2）追肥、培土　定植初期和初出果后，应重施人粪尿或硫酸铵水溶液，以促进苗群生长。进入开花结实期，应施氨、磷、钾全肥，并配合施土杂肥、火烧土等。也可在结实期用2%过磷酸钙水溶液作根外追肥，以促苗促花，增大果实，提高结实率。草豆蔻为浅根系植物，须根多，常散生在土表，在秋冬施肥后进行培土，但不宜过厚，以免妨碍花芽抽出。

（3）灌溉排水　高温干旱会引起叶片卷缩、萎黄、植株生长纤弱；若花期遇干旱，则花序早衰，开花少，花粉和柱头黏液也少，造成授粉不稳或幼果干死，此时要及时灌溉或喷洒，增加空气湿度。雨季要修好排水沟，以免积水引起烂根烂花。

（4）调整郁闭度　在林下种植透光度不足时，应在不影响林木生长的情况下适当修枝，调整荫蔽度。育苗阶段要求80%~85%的郁闭度，开花结实阶段则要求70%的郁闭度，入冬时可增加到80%。

（5）人工授粉　草豆蔻花朵结构特殊，不易进行自花传粉或异花授粉，故需人工辅助授粉。在正常气候下，上午7点以后开花，8点后陆续散粉，10点花粉达到成熟，故人工授粉应在每天8~12时进行为宜。具体方法是用竹签挑起花粉，涂在漏斗状的柱头上即可，花粉多时，挑1朵花的花粉可授2~3朵花。

3. 病虫害防治

（1）立枯病　此病危害幼苗，严重时会造成幼苗成片倒伏死亡。

防治方法：发现病株应及时拔除，周围撒上石灰粉或用50%多菌灵1000倍液浇灌。

（2）钻心虫　此虫危害草豆蔻的茎部。

防治方法：发生时应及时剪去枯心植株，集中深埋或烧毁，并用5%杀螟松乳油800~1000倍液防治。

4. 采收加工

（1）采收　在夏秋季节，当草豆蔻果实开始由绿变黄近成熟时进行采收。

（2）加工　收获后，晒至八九成干，剥去果皮，取出种子团，晒至足干。或将果实用沸水略烫，晒至半干，再剥去种皮，取出种子团，晒干。

（四）学习结果评价

根据学生实验结果，填写下表。

草豆蔻的品种	栽培时间	施肥时间	病虫害防治时间	加工方法	质量标准
1					
2					
3					
4					
5					

五、课后作业

1. 简单撰写草豆蔻规范化栽培技术规程。

2. 调查不同草豆蔻的栽培基地情况，填写下表。

序号	栽培基地	栽培时间	施肥时间	病虫害防治时间	加工方法	质量标准
1						
2						
3						
4						
5						

（王志萍）

项目十二　全草类药材规范化栽培技术

教学目标

▶ 知识目标：

1. 掌握　全草类药材的规范化种植技术、规范化田间管理技术和规范化产地加工技术。

2. 熟悉　全草类药材的质量标准和病虫害防治技术。

3. 了解　全草类药材植物学特征。

▶ 素质目标：

具有质量意识、环保意识、安全意识、信息素养和创新思维。

▶ 技能目标：

1. 具备运用全草类药材的规范化种植技术、产地加工技术的能力。

2. 能够进行全草类药材的田间管理与病虫害防治。

任务1　能进行薄荷规范化栽培

一、基本概念

1. 头刀期　出苗到第一次收割。

2. 二刀期　第一次收割后到第二次收割前。

3. 刹车肥　保叶肥。

二、学习目标

1. 学会薄荷药材的规范化种植技术。

2. 学会薄荷药材的田间管理技术。

3. 学会薄荷药材的规范化产地加工技术。

三、基本知识

（一）薄荷产地

薄荷别名苏薄荷、南薄荷、野薄荷、蕿荷、夜息药、仁丹草、见肿消、水益母、鱼香草等。中国各地均有分布，主产于江苏的太仓、南通、海门及浙江等省。

（二）植物形态

薄荷*Mentha haplocalyx* Briq.多年生草本，全株有清凉浓香气。具水平匍匐白色根状茎，茎下部数节具纤细的根。地上茎向上直立，四棱形，多分枝，中空，上部被倒向的微柔毛，下部仅沿棱上具微柔毛，并散生腺鳞。叶交互对生，长圆状披针形至长圆形，先端急尖或锐尖，基部楔形至近圆形，边缘疏生粗大的牙齿状锯齿，两面常沿脉密生微柔毛，下面有腺鳞，其余部分近无毛。轮伞花序腋生；花冠淡紫色或白色，二唇形；雄蕊4枚。子房4裂。小坚果，卵球形，黄褐色，藏于宿萼内。花期8~10月，果期9~11月。

（三）生长环境

薄荷对环境条件要求不严，多为栽培，在海拔2100m以下地区都能生长。耐寒，喜阳光充足、温暖湿润环境。对土壤的要求也不十分严格，除过砂、过黏、酸碱度过重以及低洼排水不良的土壤外，一般土壤均能栽培，但以pH 5.5~6.5的砂质壤土、冲积土为好。忌连作。薄荷属长日照植物。生长初期和中期需要雨量充沛，现蕾期、花期需要阳光充足、干燥的天气，日照时间长有利于薄荷油、薄荷脑的形成和积累，如后期雨水过多，则易徒长，叶片薄，植株下部易落叶，病害亦多。

（四）生长过程

浅根性植物，根入地30cm深，多数集中在15cm左右土层中，地下根茎分布较浅，集中在土层10cm左右。根茎和地上茎均有很强的萌芽能力，5~6℃萌发出苗，植株生长的适宜温度为20~30℃，温度超过30℃则生长缓慢，当气温降至-2℃左右，植株开始枯萎。地下根茎在-30~-20℃的情况下仍可安全越冬。7月下旬至8月上旬开花，现蕾至开花10~15天，开花至种子成熟20天。割完第一刀后在10月以后还能开花。

（五）质量标准

1.外观 该品茎呈方柱形，分枝对生，长15~40cm，直径0.2~0.4cm；表面紫棕色或黄绿色，具茸毛，节间长2~5cm；质脆易断，断面白色，髓部中空。叶对生，叶柄短；完整叶片展平后呈宽披针形、长椭圆形或卵形，长2~7cm，宽1~3cm；绿色，被稀疏的茸毛，有点状凹陷的腺鳞。轮伞花序腋生，花萼钟状，先端5齿裂，花冠淡紫色。揉搓后有特殊清凉香气（含薄荷脑），味辛凉。薄荷以色深绿、叶多、气味浓、不带根者为佳。

2.含量　按照《中国药典》规定：叶不得少于30%；水分不得过15.0%；总灰分不得过11.0%；酸不溶性灰分不得过3.0%；挥发油不得少于0.80%（ml/g）；薄荷脑（$C_{10}H_{20}O$）不得少于0.20%。饮片中水分不得过13.0%；挥发油不得少于0.40%（ml/g）；薄荷脑（$C_{10}H_{20}O$）不得少于0.13%。

四、能力训练

（一）操作条件

1.地点　薄荷药材生产基地。

2.材料　不同品种薄荷。

3.工具　薄荷规范化种植的工具、薄荷病虫害防治的工具、薄荷采收加工的工具等。

（二）安全及注意事项

1.严格按照薄荷实训基地的要求进行实训，注意安全。

2.清洗工具、切削工具、蒸煮烫工具、修制工具、烘干工具使用时的注意事项。

3.《药材种植岗位操作规程》《药材田间管理岗位操作规程》《药材病虫害岗位操作规程》《药材采收加工岗位操作规程》。

（三）操作过程

1.播种

（1）选种　薄荷栽培品种主要有紫茎紫脉薄荷、青茎圆叶薄荷、小叶黄种、红叶臭头、白叶臭头、大叶青种、六八七薄荷、一一九薄荷、四零九薄荷、七三八薄荷等。生产上常采用的是青茎圆叶薄荷（青薄荷）、紫茎紫脉薄荷（紫薄荷）。两种含油量都在80%以上，抗旱能力前者弱后者强，香气紫薄荷优，青薄荷差。栽培最好选紫薄荷。

（2）选地整地　薄荷从秋播到出苗有很长一段时间，可套种一些在3月前能收获的植物。可与头刀薄荷夹种的作物有油菜、菠菜、蚕豆、大麦、玉米及棉花；可与二刀薄荷夹种的作物主要是芝麻。不宜夹种大蒜、洋葱等有刺激性气味的作物。

重茬田冬季播种时，必须进行耕翻，种根需尽量拾净，然后按一般田块开沟播种。开好排水沟，以防干旱和雨涝。前茬收获后每667m^{2}施优质土杂肥4000~5000kg、尿素20~25kg、过磷酸钙70~75kg、硫酸钾15~20kg或氮磷钾复合肥50~60kg及硼镁锌等复配微肥4~5kg作基肥。耕耙整平后作成1~1.2m宽的畦。

2.繁殖方法

（1）根状茎繁殖　在二、三刀薄荷收割后，将种根挖出来即可播种。长江流域一带以秋冬栽，即10月下旬至11月上旬（立冬至小雪），北方以春栽，即3~4月栽种为宜。根茎随挖随栽，选色白粗壮、节间短、无病害的新根茎作种根，然后在整好的畦面上，按行距25cm开小沟，沟深6~10cm，一人开沟，一人放根，可整条放入沟内或者截成6~10cm小段放入，株距15~20cm，施稀薄人粪尿，一人覆土，三人同时操作，避免根茎风干、晒干。耕地时没有施基肥的，栽种时可先把基肥施于种植沟内，后再下种覆土。稍加镇压后浇水。每667m^{2}需根茎60~100kg。盐碱土、稻板茬及土质差的田块要适当增加播种量。

（2）分株繁殖　也称秧苗繁殖或移苗繁殖。选择植株生长旺盛的，品种纯正、无病虫害的田地留作种用。秋季地上茎收后立刻中耕除草追肥，第二年4~5月（清明至谷雨），苗高6~15cm时，将老薄荷地里的地上幼苗和匍匐茎苗连土挖出根茎，移栽，按行距20cm，株距15cm，挖穴5~10cm深，每穴栽2株，覆土压实，施稀薄人粪尿定根，水渗下后再浅覆土。此法没有根茎繁殖产量高，但此法可延至春后，土地在冬天还可以种其他作物。

（3）种子繁殖　3~4月把种子和少量干土或草木灰拌匀，播种畦上，开浅沟。把种子均匀撒入沟内，覆土1~2cm厚，播后浇水，盖稻草保墒，2~3周即出苗。种子繁殖生长慢，容易变异，采收后萃取的精油品质较差。只作育种用，生产上一般不采用。

（4）扦插繁殖　5~6月，把地上茎或主茎基部切成10cm长的插条，在整好的苗床上，按株行距3cm×7cm进行扦插育苗，发根初期，保持温度22~25℃，湿度90%，在扦插后的第2~3天内须略微遮阴以避免阳光直射。扦插7~10天后生根，发芽后移植到大田培育。该法多为选种和种根复壮用。

3.田间管理　薄荷一般收2次（7月上旬、9月下旬），个别地方可收3次（6月上旬、7月下旬和10月中下旬）。

（1）头刀期管理

1）查苗补栽　在4月上旬移栽后，苗高10cm时，要及时查苗补苗，保持株距15cm左右。

2）中耕除草　栽植秧苗成活后，行间中耕浅除2次，株间人工除草，以保墒、增（地）温、消灭杂草、促苗生长。收割前拔净田间杂草，以防其他杂草的气味影响薄荷油的质量。

3）摘心　密度大的地块一般不摘心，密度小的地块需要摘心。在5月晴天中午摘去顶心。将顶上2对幼叶摘去，此时伤口易愈合。摘心可促进侧枝茎叶生长，有利增产。

4）适时追肥　植株生长瘦弱，分枝少；生长过旺，田间荫蔽，造成倒伏或叶片脱落，均影响产量和原油质量。所以合理施肥是取得高产的关键措施之一。头刀薄荷生长期长，出苗后长达140天左右才能收割。在第一次收割前要适当追肥2次。一般采用“前控后促”的施肥方法，前期轻施苗肥与分枝肥，施肥量只占总施肥量的20%~30%，即在2月出苗时，每667m^{2}施粪水1000~1500kg，促进幼苗生长；6月中旬（收割前20~35天内），重施“刹车肥”（保叶肥），施肥量占总施肥量的70%~80%，即每667m^{2}施入施氮磷钾复合肥40~50kg，或施15kg尿素和适量饼肥，使后期不早衰，多长分枝与叶片，提高出油率。行间开沟深施，施后覆土浇大水。施肥时间要把握好，太早，收获时因薄荷生长过旺而郁闭倒伏或落叶；过迟，现蕾开花期延迟，则收获也相应延迟，影响二刀薄荷的生长和产量。不能单施氮肥，易使植株徒长，叶片变薄。此外，根据薄荷的生长情况，还可进行根外喷施氮、磷、钾肥。喷施氮肥可用尿素，浓度在0.1%左右；喷磷肥可用过磷酸钙，先将过磷酸钙用清水浸泡30~40h，然后取出澄清液配制成0.2%浓度；喷钾肥可用氯化钾或硫酸钾先配制成1：10的母液，使用时再稀释为0.1%的溶液。每667m^{2}各喷施100kg左右，亦可混合喷施。喷施时间应在薄荷生长最旺盛的时期，即在6月上旬，喷施时应选阴天或晴天的傍晚，叶的正反面都要喷到。

5）化控　头刀薄荷的中后期，如有旺长趋势，可用助长素10~25ml/667m^{2}或矮壮素5~10ml/667m^2，兑水40kg叶面喷雾。

6）科学浇水　薄荷前中期需水较多，特别是生长初期，根系尚未形成，需水较多，一般每15天左右浇一次水，结合施肥从出苗到收割要浇4~5次水。当7~8月出现高温干燥以及伏旱天气时，要及时灌溉抗旱。多雨季节，及时排水。收割前20~25天停水，以免茎叶疯长，发生倒伏，造成下部叶片脱落，降低产量。收割时以地面“发白”为宜。

（2）二刀期管理

1）施肥　头刀薄荷收割后，要尽快锄去地面的残茬、杂草和匍匐茎（一般锄深2~3cm），每667m^{2}施氮磷钾复合肥70~75kg，最好浇施浓粪水1500~2000kg，促使幼芽从根茎上出苗。9月上旬，苗高25~30cm时，每667m^{2}施20~25kg氮磷钾复合肥，以满足植株需求。

2）化控　二刀薄荷由于收获期偏迟或天气干旱造成出苗迟。可在施苗肥后，用0.5g“发九二0”粉剂兑水40kg/667m^{2}进行叶面喷雾，促进二刀薄荷晚苗的生长。

3）浇水　锄残茬后要立即浇水，促使二刀苗早发、快长。二刀期浇水3~4次。

4）田间除草　收割前拔大草1~2次，做到收割前田间无杂草。7月收割第一次后，立刻略深锄。

（3）长年管理　栽种1年连续收获3~4年。

1）查苗补苗　冬季往往会缺苗断垅，在春季要及时查苗。一般早春气温稳定在10℃以上补苗，12~20℃移苗成活率比较高。移苗太早或太晚，成活率都较低。还要注意松土和除草。

2）除杂去劣　薄荷种植几年后，均会出现退化混杂，表现为与种植品种的形态特征不一致，抗逆性减弱，原油产量和质量下降。如果遇到在形态上难以区别的，可摘一片中部叶片，用手指揉一揉再闻其香味，若是优良品种则放出芳香浓郁的气味，若带有异味者说明植株已退化或混杂，应连根拔除。一般在苗高10cm左右，地下茎尚未萌生时及时去杂去劣，以防止新生出的地下茎断留在土中，影响去杂效果。最迟在地上茎长至8对叶之前去除。去杂工作要反复进行，一般头刀薄荷要反复去杂2~3次，二刀薄荷也要去杂2~3次。对于混杂退化严重的田块，于4月下旬，在大田中选择健壮而不退化的植株，按株行距15cm×20cm，移栽到留种田里，加强管理，以供种用。

3）水肥管理　如果下一年还作采药材用，收割后，增施厩肥、圈肥。薄荷地清明前、地上茎割完后立刻浇水。

4.病虫害及防治

（1）薄荷锈病　由一种真菌引起的病害，危害叶和茎。主要由越冬的夏孢子借气流传播，引起初侵染；少数情况下，越冬的冬孢子第二年萌发产生的担孢子也能引起初侵染，植株发病后产生的大量夏孢子是田间再次侵染的菌源。夏孢子萌发最适宜温度为18℃，5~10月间，气温适中、雨水较多时易于发病。开始在叶背出现橙黄色肿斑，后变肥大，内生锈色、粉状的夏孢子堆，随之叶正面也出现黄褐色斑点。秋季发生黑褐色、粉状的冬孢子堆。发病严重时，叶片枯萎脱落，以致全株枯死。

防治方法：①选用抗病品种进行种植。②加强田间管理，合理密植，及时清除杂草。③发病初期用20%三唑酮乳油1000~1500倍液喷洒，防止传播蔓延；发病后用敌锈钠200~300倍液或1：1：200波尔多液喷雾或2.5%粉锈宁防治；也可喷洒12.5%速保利可湿性粉剂2000~3000倍液或40%杜邦新星乳油9000倍液进行药物防治，隔15天一次，防治1次或2次。收获前20天停止喷药。④收获前夕发病，可提前数天收割。

（2）斑枯病　由一种真菌引起，危害叶部。5~10月间发生。初时叶两面出生近圆形小病斑，暗绿色；以后病斑扩大，近圆形或呈不规则状，暗褐色。老病斑中心灰白色，呈白星状，上生黑色小点，有时病斑周围仍有暗褐色带，严重时逐渐枯萎、脱落。

防治方法：①发现病叶及时摘除烧毁。②用65%代森锌可湿性粉剂500~600倍液（80%代森锌可湿性粉剂800倍液）或者1：1：120波尔多液喷雾或者75%百菌清500~700倍液或50%多菌灵溶液。收获前20天应停止喷药。

（3）黑茎病　主要发生于苗期，引起薄荷茎基部收缩凹陷，变黑、腐烂，植株倒伏、枯萎。主要危害茎，先发生黑点，逐渐扩大，然后发病部位收缩凹陷，髓部变灰褐色，受害部位的表皮层及髓部组织被破坏，植株停止生长，叶片逐渐变黄发红枯死。此病极易引起薄荷倒伏，严重影响薄荷油的产量。

防治方法：①选用较强抗性的品种。②实行轮作。③加强田间管理，降低田间湿度，合理密植，防止倒伏。④发病时，用65%代森锌可湿性粉剂500~600倍液喷雾；喷洒70%百菌清或40%多菌灵100~150g药剂防治，收割前20天应停止喷药。

（4）霜霉病　危害叶片和柱头及花丝。叶面病斑浅黄色至褐色，多角形，湿度大时，叶背霉丛厚密，呈淡蓝紫色。病菌在染病的病残株上越冬，第二年栽植带病母根，病菌随新叶生长侵染幼芽，成为该病初侵染源。湿度大时病菌能产生游动孢子，借雨水或灌溉水传播蔓延。

防治方法：①加强检疫，防止该病扩大蔓延。②拔除病株，集中深埋或烧毁。③发病初期开始喷洒30%绿得保悬浮剂300~400倍液或1∶1∶100波尔多液、40%三乙磷酸铝（霜疫灵）可湿性粉剂250倍液、58%甲霜灵、锰锌可湿性粉剂500倍液、72%杜邦克露可湿性粉剂800倍液，隔7~10天1次，连续防治2~3次。对上述杀菌剂产生抗药性的可改用69%安克锰锌可湿性粉剂1000倍液。

（5）地老虎　田间幼虫始见于4月上旬，最严重时间在4月下旬至5月中下旬，危害幼苗。二刀薄荷有时在8月下旬至9月中旬也会遭到地老虎的严重危害。

防治方法：①在春季铲除杂草，可消灭部分虫卵；用泡桐叶或莴苣叶诱捕幼虫，于每日清晨到田间捕捉；对高龄虫可以发现断苗，扒开附近的土块，进行捕杀。②可用90%晶体敌百虫粉500g拌和鲜草25~40kg，或2.5%敌百虫粉1.5kg拌和炒棉籽饼、豆饼等40kg，在傍晚前施撒田间进行诱杀。

（6）造桥虫　此虫为一种暴发性害虫，可在几天内把薄荷植株吃成光秆，要及时防治。幼虫6月中下旬至7月上旬对头刀薄荷危害严重，在连续阴雨或梅雨季节危害尤甚。9月中旬危害二刀薄荷。

防治方法：①在立夏至芒种阶段，用黑光灯等诱杀成虫蛾，一般光源位置高出薄荷30~40cm。②利用成虫趋糖醋特性诱杀，每667m^{2}地设一糖醋液盒，高出薄荷植株，白天加盖，傍晚揭开。

5.采收加工　薄荷最佳收获时间是在现蕾到初花期，此时叶片多且厚，含油率也高。薄荷收割过早会降低出油率，收割过晚，油中呋喃含量增加，影响品质。为保证薄荷的质量，药农有“五不割”的经验，即：油量不足不割，大风下雨不割，露水不干不割，阳光不足不割，地面潮湿不割。

头刀收割时间在小暑至大暑间，晚于大暑，则会影响二刀薄荷产量。头刀薄荷主要用来提薄荷油，二刀薄荷主要入药。头刀在7月初，二刀在9月底10月初，当花序20%开花时，选晴天上午10时至下午3时采收。用镰刀齐地割下茎叶，立刻集中摊放开阴干。每隔2~3h翻动一次，晒2天后，扎成小束，扎时束内各株枝叶部位对齐。扎好后用铡刀在叶下3cm处切断，切去下端无叶的梗子，摆成扇形，继续晒干。忌雨淋和夜露，晚上和夜间移到室内摊开，防止变质。收割完毕后，还可于早晨露水未干和傍晚或阴天时回收地面落叶（扫落叶），以增加产量。

晒干或阴干后薄荷捆外加篾席包装贮运，放阴凉干燥处，防受潮发霉。亦可将薄荷茎叶晒至半干，放入蒸馏锅内蒸馏薄荷油，再精制成薄荷液。

（四）学习结果评价

根据学生实验结果，填写下表。

薄荷的品种	栽培时间	施肥时间	病虫害防治时间	加工方法	质量标准
1					
2					
3					
4					
5					

五、课后作业

1. 简单撰写薄荷规范化栽培技术规程。

2. 调查不同薄荷的栽培基地情况，填写下表。

序号	栽培基地	栽培时间	施肥时间	病虫害防治时间	加工方法	质量标准
1						
2						
3						
4						
5						

任务 2　能进行石斛规范化栽培

一、基本概念

1. 耳环石斛、西枫斗、铁皮枫斗　选铁皮石斛粗短部分，留两根细根（习称“龙头”），保留完整的茎梢（习称“凤尾”），用文火烘软或炒软，搓成螺旋形或弹簧状，反复搓烤使不变形，烘干。

2. 紫皮枫斗　齿瓣石斛加工类同铁皮石斛。

二、学习目标

1. 学会石斛药材的规范化种植技术。

2. 学会石斛药材的田间管理技术。

3. 学会石斛药材的规范化产地加工技术。

三、基本知识

（一）石斛产地

石斛别名扁金钗、吊兰花。分布于广西、广东、贵州、云南、江西、安徽、四川、湖北、湖南、浙江、福建、海南、台湾等省区。

（二）植物形态

石斛（金钗石斛）*Dendrobium nobile* Lindl.多年生附生草本。茎丛生，黄绿色，多节，上部较扁平而微弯，具纵沟，下部常收窄成圆柱形，茎干后呈金黄色。叶互生，近革质，长椭圆形，3~5片，无叶柄。总状花序生于茎上部的节上，常有花2~3朵；花大，白色，先端带淡紫红色，唇瓣卵圆形，近基部有1深紫色斑块。蒴果椭圆形，具棱4~6条；种子多数，细小。花期5~6月，果期7~8月。

（三）生长环境

野生状态下，石斛附生于热带、亚热带原始森林的疏松且厚、多纵裂沟的树皮或树干上，也生长于附有地衣、苔藓、腐殖质土壤的石缝中。喜温暖湿润、年降雨量1000mm以上、空气湿度大于80%、遮阴度在60%~80%、冬季温度在10℃以上的环境中，生长条件要求温暖、湿润、通风、透气、漏水，有散射光。

（四）生长过程

每年春末夏初，2年生茎上部节上抽出总状花序，开花后从茎基长出新芽，发育成茎。老茎不再开花。3年后萌蘖多，茎节接触地面，能产生不定根，形成新的个体。秋冬季节进入休眠期。冬春季稍耐干旱，严重缺水时常裸茎。

（五）质量标准

1.石斛

（1）外观　该品鲜石斛呈圆柱形或扁圆柱形。表面黄绿色，多有纵纹，节明显，节上有膜质叶鞘。肉质多汁，易折断。气微，味微苦而回甜，嚼之有黏性。以青绿色、饱满多汁、嚼之发黏者为佳。

金钗石斛呈扁圆柱形，长20~40cm，直径0.4~0.6cm，节间长2.5~3cm。表面金黄色或黄中带绿色，有深纵沟。质硬而脆，断面较平坦而疏松。气微，味苦。

鼓槌石斛呈粗纺锤形，中部直径1~3cm。具3~7节。表面金黄色。

流苏石斛等呈长圆柱形，长20~150cm，直径0.4~1.2cm，节间长2~6cm。表面黄色至暗黄色。

（2）含量　按照《中国药典》规定：含石斛碱（$C_{16}H_{25}NO_2$）不得少于0.40%，含毛兰素（$C_{18}H_{22}O_5$）不得少于0.030%。

2. 铁皮石斛

（1）外观　铁皮枫斗呈螺旋形或弹簧状。通常为2~6个旋纹，直径0.2~0.4cm。表面黄绿色或带金黄色，有细纵皱纹，节明显，节上偶尔可见灰白色叶鞘；一端可见茎基部留下的短须根。质坚实，易折断，断面平坦，灰白色至灰绿色，略呈角质状。气微，味淡，嚼之有黏性。

（2）含量　按照《中国药典》规定：铁皮石斛多糖以无水葡萄糖（$C_6H_{12}O_6$）计，不得少于25.0%，含甘露糖（$C_6H_{12}O_6$）应为13.0%~38.0%。

各种干燥石斛均以色金黄、有光泽、质柔软者为佳；铁皮石斛以色金黄、有光泽、有龙头凤尾者为佳。

四、能力训练

（一）操作条件

1. 地点　石斛药材生产基地。

2. 材料　不同品种石斛。

3. 工具　石斛规范化种植的工具、石斛病虫害防治的工具、石斛采收加工的工具等。

（二）安全及注意事项

1. 严格按照石斛实训基地的要求进行实训，注意安全。

2. 清洗工具、切削工具、蒸煮烫工具、修制工具、烘干工具使用时的注意事项。

3.《药材种植岗位操作规程》《药材田间管理岗位操作规程》《药材病虫害岗位操作规程》《药材采收加工岗位操作规程》。

（三）操作过程

1. 选地整地　根据其生长习性，栽培地宜选半阴半阳的环境，空气湿度在80%以上，冬季气温在0℃以上，人工可控的大棚也可。树种应为黄桷树、梨树、樟树等，且应为树皮厚有纵沟、含水多、枝叶茂、树干粗大的活树。石块地也应在阴凉、湿润且周围有阔叶树遮阴的地区，石块上应有苔藓生长及表面有少量腐殖质。

2. 繁殖方法

（1）分株繁殖　以3月下旬至4上旬发芽前栽种较好，选择生长健壮、根系发达、萌蘖多、无病虫害的1、2年生植株，连根挖出，轻轻将种蔸掰开，分为若干丛，每丛应留有2~3个茎，剪去枯茎和老根，留2~3cm根。可采取贴树栽植、贴石栽植和阴棚栽种法。

1）贴树栽植　选择枝叶茂盛、树干粗壮、水分较多、树皮有纵裂沟的常绿树（如乌桕、油桐、枫杨、香樟、青杠、柿子等），从下至上按30cm株距将树皮砍成鱼鳞口，将种蔸涂一薄层牛粪、阴沟泥混合物，然后放在鱼鳞口内卡紧，使根与树皮紧密结合，再覆一层稻草，用竹篾捆好。

2）贴石栽植　在生有苔藓的石块上，按20~30cm的株距凿出凹穴，将涂过牛粪、阴沟泥混合物的石斛种株放在凹穴内，用小石块将石斛根部固定，力求牢固不脱落即可。

3）阴棚栽种法　搭好大棚遮阴。大棚要通电、通水，覆盖塑料薄膜和70%遮阴度的遮阴网，周围和入口安装40目的防虫网，如有条件，可安喷淋设施。用腐殖质土、小砾石和细砂混合均匀，作厚约10cm的高畦，上盖细腐殖质土和小石块。移栽前用0.3%高锰酸钾或1000倍多菌灵药液对基质喷洒消毒。现多用黑色薄膜在消毒后覆盖基质面以减少基质杂菌侵染植株。将石斛种苗栽于畦内，株行距20cm × 20cm，也可建中间高、两边低的畦床或离地40~60cm水平和波浪状的高架种植畦。

（2）扦插繁殖　可用腐殖质土和小细砂混合或泥炭藓、树皮块、刨花、石灰岩颗粒等透气性好、排水性好的物质混合、浸水发酵或高温灭菌后作插床，并搭好大棚遮阴，选择健壮、未开花的茎，剪成小段，每段含2~3个节，按株行距10cm × 10cm扦插于插床中。插后要常洒水，保持空气湿润，控制室温在18~22℃，插后30~40天腋芽萌发，并长出白色气生根后，将单株横置畦床上，用小石块压着进行育苗，上盖细腐殖质土约2cm厚，待幼芽长至3~5cm时，移栽。

（3）腋芽繁殖　在3年生石斛茎的上端，常会萌发腋芽，并长出气生根，待腋芽长至5~7cm时，将石斛茎剪为两段，下段老茎作药用，上段新茎可进行移栽。

（4）组培繁殖　将茎尖组织放在含0.15~0.5mg/L 2，4-D（2，4-二氯苯氧乙酸）、0.5mg/L 6-BA（6-苄氨基腺嘌呤）的MS培养基上进行培养，组培过程中常加入适量的椰乳和活性炭等物质，保持温度在25~28℃，每天光照8~10h，光照强度在1600~2000lx，pH 5.0~5.5，30天左右可分化出幼芽。将幼芽转入含有0.20~0.40mg/L吲哚丁酸的MS培养基中，能诱导生根，2个月后形成种苗。

移栽前，先将苗瓶移到炼苗房进行2~3周炼苗以适应大棚环境。再用50%的1000倍多菌灵浇透基质。选苗高3~6cm、根长3cm以上、4~5片叶、3~4个节、生长健壮、无病害的瓶苗作为种苗。将培养基与小苗一起轻轻取出，合格的种苗和少根苗、裸根苗、污染苗分类放置。用清水将合格的种苗清洗2遍。少根苗、裸根苗放于100mg/L的ABT生根粉溶液中浸泡15min，以利生根。污染苗清洗2次后，用50%的1000倍多菌灵浸泡整株小苗10~15min。少根苗、裸根苗、污染苗分别移栽，以便管理。移栽在日平均气温在15~30℃时进行，注意保护好幼嫩的根系，其他同阴棚栽种法。管理得当，一周后，植株开始发新根。

3.田间管理

（1）温度管理　栽培石斛要满足其冬暖夏凉的要求，其生长适宜温度为20~30℃，高于35℃或低于9℃，石斛会进入休眠。夏季温度高时，大棚内须通风散热，并常喷雾来降温保湿，每天喷雾3~5次，每次喷雾2~5min；冬季气温低时，大棚四周要密封好，以防冻伤。

（2）湿度管理　空气湿度应保持在80%~90%。空气湿度过小，要经常喷雾浇水保湿。有“勤快人种死石斛”的经验，说明石斛种植根系湿度宜小，所以移栽一周左右苗床缺水时浇第一次水；喷雾过多则烂根，温度高、湿度大时还易引发软腐病等的发生。

（3）追肥

1）贴树栽植和贴石栽植　栽后第二年开始追肥，每年2次，第一次在4月（清明前后）施促芽肥，第二次在11月上旬（立冬前后）施越冬肥。用饼肥、猪牛粪、塘泥或河泥等，加钙镁磷肥和少量氮肥混匀，发酵后，薄薄地敷在根际周围。此外每隔1~2个月尚可用0.05%~0.1%磷酸二氢钾、2%过磷酸钙或3‰的复合肥水溶液进行叶面追肥。施肥应在傍晚太阳将落山和早晨露水干后进行，避免高温施肥。

2）阴棚栽植　移栽时以叶面肥为主，可选择石斛专用有机肥，也可以选择硝酸钾、磷酸二氢钾、多元复合肥等。新根发生后开始喷施0.05%~0.1%的硝酸钾或磷酸二氢钾，10天喷一次，连续喷3次。长出新芽后每10天喷3‰的多元复合肥和稀释的MS培养基，连续喷3次。一般情况下，施肥后两天停止浇水，如基质过干，可适当补水。栽后第2~5年追肥，可参考贴树栽植施肥法。

（4）除草　在3~4月和11月，大田栽培进行田间锄草。其他时间有杂草应随时拔除，杂菌、枯枝落叶也及时除去，大棚内要及时除去杂草和杂菌。在气温高的夏季，不宜除草，避免影响石斛的正常生长。

（5）修剪　每年春天发芽前，采收老茎，剪除枯茎，并除去病茎、弱茎和病株根部。种于树上的，还要剪去过密的树枝，使荫蔽度在60%左右。栽种5~6年后，植株萌发多，老根死亡等原因易导致植株生长不良，所以应进行分株繁殖。

（6）摘蕾　石斛栽培2年后开花，为减少营养损耗，要及时剪除花蕾。花蕾可单独干燥储存。

（7）更换基质　锯木屑、刨花、树皮等基质保水性好，栽培石斛易成活，但易腐烂，一般2年需更换。

4.病虫害及防治

（1）花叶病　发病叶片出现褐色条纹状花斑，进而感染新芽。

防治方法：可用2%的福尔马林或石灰水喷洒消毒。

（2）黑斑病　初夏危害叶片，嫩叶上呈现黑褐色斑点，斑点周围显黄色，逐渐扩散至整个叶片，使叶片枯萎脱落，3~5月发生。

防治方法：①可用1∶1∶150波尔多液或50%多菌灵1000倍液喷雾防治1~2次。②发病时，可用75%百菌清600倍液或40%克菌丹400倍液等杀菌剂进行喷雾。

（3）炭疽病　受害叶片出现褐色或黑色病斑，严重者感染茎枝，1~5月均有发生。

防治方法：用50%多菌灵1000倍液或50%甲基托布津1000倍液喷雾2~3次。

（4）煤污病　叶片表面覆盖一层灰黑色的粉末状物质，造成植株发育不良。

3~5月为发病期。

防治方法：可用50%多菌灵1000倍液间隔15天喷雾2~3次防治。

（5）铁锈病 温暖湿润的梅雨季节易发生。叶片先出现灰绿色斑点，然后出现铁锈色颗粒状物，最后散落锈色粉末状孢子。

防治方法：①及时清洁栽培场地，去除生病叶片。②用40%灭菌威300倍溶液或25%三唑酮乳油1500倍液喷施。

（6）猝倒病 因为苗床温度高、湿度大，组培苗移栽后易发生猝倒病。

防治方法：①降低温度和湿度，合理密植，加强通风。②及时清除生病植株，集中烧毁；③用50%多菌灵500倍液喷洒苗床。

（7）褐腐病和软腐病 褐腐病发生部位主要在叶和芽，使叶片产生黑褐色腐烂状斑点，易使整株死亡。软腐病从根茎发病，危害全株。发病部位出现湿性斑点并迅速软化呈腐烂状，有特异臭气。空气湿度大或灌溉时，发展迅速。

防治方法：①合理密植，加强通风。②控制环境温度和湿度，避免强光照射下浇水。③及时清除发病部位或植株，用0.5%波尔多液或200mg/L链霉素喷洒苗床并处理剪除部位。④可将病株用0.1%高锰酸钾溶液浸泡5~10min后，洗净晾晒10~15min后，再栽植在独立的苗床上。

（8）疫病 发病类似褐腐病而使植株落叶，有时可见白色霉斑。

防治方法：①及时去除发病部位，并将植株另置管理。②用40%疫霉灵200~300倍液叶面喷洒，或用50%甲霜铜600倍液灌根。

（9）菲盾蚧 寄生于植株叶片边缘或背面，吸食汁液，严重时导致植株死亡，还可引发煤污病。5月下旬为孵化盛期。

防治方法：①将有盾壳的老枝集中烧毁。②用海正灭虫灵4000倍液或1~3度石硫合剂喷雾杀灭。

（10）蜗牛、东风螺、蛞蝓 及时清洁栽培场地，并在周围撒生石灰、饱和食盐水；夜晚利用灯光诱引，进行人工捕杀；严重者可用麸皮拌敌百虫或玉米粉拌3.3%蜗牛敌诱杀。

（11）介壳虫 大棚内干燥、通风差时易发生。介壳虫吸食汁液，使石斛叶黄枝枯。

防治方法：人工捕杀或用800倍速松乳剂喷施，每10~15天喷一次，连续喷2~3次。

（12）红蜘蛛 温度高、干燥时易发生。叶片上分布如针尖大小的点状害虫，吸食汁液，使叶片形成皱折状白斑，严重者整株色泽变灰绿色，叶片软弱下垂。

防治方法：①适当增加喷水次数。②喷施48%乐斯本1000~2000倍液加高效除虫菊酯800倍液，以及20%哒满灵等高效低毒杀虫、杀螨剂，每10天左右交替使用，连喷2次即可控制虫害的发生。

5.采收加工

（1）采收 鲜用者全年可采收，采收后除去须根和枝叶，湿砂贮存备用。

（2）加工　干用者于秋末冬初（11~12月）或早春（2~3月）留嫩茎继续生长，离基部5cm剪取生长2年以上的茎枝。

1）水烫法　除去杂质，用开水略烫1~2min，烘晒至五成干时，用稻壳边搓边烘晒，至叶鞘搓净后，分出单枝，理顺摆齐，用草席捆好，低温烘至七八成干时，结合翻炕再揉搓一次，整理后，用草席再捆好，干透。

2）砂烫法　将洁净的河砂放入锅内炒热后，将除去杂质的石斛埋于石砂中，上下翻动至有轻微爆裂声，叶鞘翘起时取出，放在粗糙的平面上揉搓，夜露日晒，反复揉搓至叶鞘完全脱落，干燥即可。

3）沤净法　将石斛去除残叶和须根后，浸泡于水中多日；或集中堆放，用草席覆盖后，2~3天淋水一次，至叶鞘沤烂，易于分离，用稻壳搓去叶鞘后，覆盖草席进行烘干。烘的过程中注意火力不宜过大，并注意翻动。

（四）学习结果评价

根据学生实验结果，填写下表。

石斛的品种	栽培时间	施肥时间	病虫害防治时间	加工方法	质量标准
1					
2					
3					
4					
5					

五、课后作业

1.简单撰写石斛规范化栽培技术规程。

2.调查不同石斛的栽培基地情况，填写下表。

序号	栽培基地	栽培时间	施肥时间	病虫害防治时间	加工方法	质量标准
1						
2						
3						
4						
5						

（周晓旭）

项目十三　皮类药材规范化栽培技术

教学目标

▶ 知识目标：

1. 掌握　皮类药材的规范化种植技术、规范化田间管理技术和规范化产地加工技术。

2. 熟悉　皮类药材的质量标准和病虫害防治技术。

3. 了解　皮类药材植物学特征。

▶ 素质目标：

具有质量意识、环保意识、安全意识、信息素养、工匠精神和创新思维。

▶ 技能目标：

1. 能够熟练运用皮类药材的规范化种植技术、产地加工技术。

2. 能够进行皮类药材的田间管理与病虫害防治。

任务 1　能进行牡丹规范化栽培

一、基本概念

1. 刮丹皮　趁鲜用竹刀或碗片刮去外表栓皮和抽掉木心晒干者。

2. 原丹皮　将收获的牡丹根堆放1~2天，待失水稍变软后，去掉须根，用手紧握鲜根，用尖刀在侧面划一刀，深达木部，然后抽去中间木心（俗称抽筋）晒干即得。

二、学习目标

1. 学会牡丹药材的规范化种植技术。

2. 学会牡丹药材的田间管理技术。

3. 学会牡丹药材的规范化产地加工技术。

三、基本知识

（一）牡丹产地

牡丹别名丹皮、凤丹、粉丹皮。主产于安徽、河南、山东、重庆、湖北等省区。

（二）植物形态

牡丹*Paeonia suffruticosa* Andr.，多年生落叶亚灌木。根圆柱形，肉质肥厚，外皮灰褐色或紫棕色，有香气。茎丛生，基部木质，分枝短粗。叶互生，常为2回3出羽状复叶，小叶卵形，或宽卵形。花单生于枝顶，常单瓣，白色或略带淡红色。蓇荚果，呈五角星形，密生黄褐色毛，内有种子7~15粒，黑色，具光泽。花期5~7月，果期7~8月。

（三）生长环境

牡丹喜夏凉冬暖气候，要求阳光充足、雨量适中，夏季怕炎热，冬季怕严寒，能耐旱，忌水涝。要求土层深厚、土质疏松肥沃、排水良好、中性或微酸性的砂质壤土，对土壤中微量元素铜颇敏感，不宜在盐碱地、黏质土、低湿地及荫蔽地栽种。

（四）生长过程

牡丹为宿根植物，早春萌苗，10月中旬地上部分枯萎，其生育期为250天左右，移栽3~5年后采挖。采用种子繁殖，生产上一般是9月播种，当年生根不长苗，通过自然条件的低温冷冻作用，第二年早春上胚轴开始生长，幼苗出土，牡丹1~2年移栽，3~5年后采挖。

（五）质量标准

1. 外观 该品连丹皮呈筒状或半筒状，有纵剖开的裂缝，略向内卷曲或张开，长5~20cm，直径0.5~1.2cm，厚0.1~0.4cm。外表面灰褐色或黄褐色，有多数横长皮孔样突起和细根痕，栓皮脱落处粉红色；内表面淡灰黄色或浅棕色，有明显的细纵纹，常见发亮的结晶。质硬而脆，易折断，断面较平坦，淡粉红色，粉性。气芳香，味微苦而涩。刮丹皮外表面有刮刀削痕，外表面红棕色或淡灰黄色，有时可见灰褐色斑点状残存外皮。

2. 含量 按照《中国药典》规定：水分不得过13.0%；总灰分不得过5%；醇溶性浸出物不得少于15.0%；丹皮酚（$C_9H_{10}O_3$）不得少于1.2%。

四、能力训练

（一）操作条件

1. 地点 牡丹药材生产基地。

2. 材料 不同品种牡丹。

3. 工具 牡丹规范化种植的工具、牡丹病虫害防治的工具、牡丹采收加工的工具等。

（二）安全及注意事项

1. 严格按照牡丹实训基地的要求进行实训，注意安全。

2. 清洗工具、切削工具、蒸煮烫工具、修制工具、烘干工具使用时的注意事项。

3.《药材种植岗位操作规程》《药材田间管理岗位操作规程》《药材病虫害岗位操作规程》《药材采收加工岗位操作规程》。

（三）操作过程

1. 选地整地　牡丹喜温暖湿润环境，适宜阳光充足、排水良好、地下水位低、土层深厚肥沃的砂质壤土及腐殖质土，但以“金砂土”即麻砂土为最好。地选好后须精细整地，做到3犁3耙，深翻土壤40cm以上，使土层深厚疏松，且须施足基肥，每667m^{2}施入厩肥或土杂肥300kg。随后，开沟作高畦，育苗地畦宽120cm，种植地畦宽200cm。沟深20cm，沟宽30cm，沟底应平整，畦面呈瓦背形。四周开好排水沟，以利排水。

2. 繁殖方法

（1）种子繁殖

1）采种与种子处理　牡丹的种子于8月中下旬陆续成熟。当果实呈橙黄色，腹部即将破裂时，采收果实，置室内阴凉处摊开，使果实后熟。当果瓣完全开裂时，即可筛出种子，切勿暴晒，种子最易失去水分，一经干燥就会丧失发芽力。选择刚采收籽粒饱满、黑色发亮、无病虫害的种子，播前用25ppm赤霉素（GA）溶液浸种2~4h，或用50℃温水浸种1昼夜，使种皮变软，脱脂，吸水膨胀，可提高发芽率。

2）播种育苗　在整好的苗床上，按行距25cm，开横沟条播，沟深6cm，播幅宽10cm，将种子拌草木灰均匀地撒入沟内，上覆细肥土约3cm厚，压紧，并在床面盖草，保持土壤湿润。如遇天气干旱，应及时浇水，第二年2~3月出苗。出苗后揭草，进行中耕除草，并施清粪水，加强苗期管理，培育1年，即可移栽。每667m^{2}用种量约80kg。也可进行穴播。穴距30cm×20cm，呈品字形排列，穴深7~10cm，每穴播入种子10粒，散开呈环状排列。每667m^{2}用种量约20kg。

（2）分根繁殖　一般选择3~4年生、健壮、无病虫害的牡丹，在9月中旬至10月上旬挖起全株，将大根切下作药用，小根作种用。然后顺其自然生长的形状，用刀从根茎处切开，每根须留芽头2~3个，并尽量保留细根，以利成活。随即在整好的栽植地上，按株行距50cm×50cm挖穴，穴深25cm，每穴栽1根，填土压紧，并在畦面上铺盖腐熟粪肥或枯草，以防旱防寒。

（3）嫁接繁殖　多用于生长缓慢、珍稀品种的繁殖，或多种花色嫁接于砧木上，增强观赏性，或培养微型牡丹。牡丹嫁接常用的砧木是牡丹根或芍药根，前者成活率低，成苗慢，但寿命长，抗病力强；后者成活率高，成苗快，但寿命短，抗病力差。常用的嫁接方法有地接、掘接和芽接。

1）地接　即不挖出砧木，就地嫁接。将砧木的茎干距地面6~7cm处剪平，在横切面纵切1刀，然后将带2~3芽的接穗下部削成楔形插入砧木切口内，用绳绑紧，就地培土封埋过冬。此法宜在秋季进行，注意嫁接后至出圃移栽前应在花期摘去花蕾，及时浇水松土。

2）掘接　即将砧木挖出后置阴凉处，待砧木变软后再进行嫁接。将挖出的砧木顶端削平，从一侧纵切1刀，其余同前法，嫁接完毕后将其移植至苗床，深度以切口低于地面2~3cm为宜，然后培土封埋过冬，第2年春逐渐除去封土，露出接穗以利发芽，第3年秋季即可移栽。掘接一般在9月进行成活率较高。

3）芽接　从优良品种上选取健壮侧芽，将其四周环切成长方形并将其取下作接芽，然后在砧木上选取1腋芽环，切成与接芽基部大小基本相同的切面，迅速将接芽贴上去，使两细芽眼对准密接，并用麻绳绑紧，使其自然愈合。此法在5~9月均可进行。

3. 移栽定植　一般于9月中下旬至10月上旬进行。在整好的栽植地上，按株行距40cm×50cm挖穴，穴深25cm，然后每穴栽入二年生健壮根茎1株或细弱根茎2株。栽时，将芽头紧靠穴壁上部，理直根茎，覆土压紧，使根部舒展。栽后浇施1次清淡人畜粪水定根，盖土略高于畦面，以防积水，最后铺盖一层腐熟厩肥或枯草，以利防寒防旱。

4. 田间管理

（1）中耕除草　第2年春季，待牡丹萌发出土后即可揭去盖草，开始中耕除草。春夏季易生杂草，宜勤锄草、松土，做到田间无杂草。一般前2年每年锄草3~4次，可于4~9月分期进行。2年后由于植株已长大，杂草较少，可视情况进行锄草。锄草、松土宜浅，以免损伤根系。最好在雨后天晴时进行，以增加土壤的通透性。

（2）定根　第2年春季，扒开根际周围的泥土，暴露根蔸，让阳光照射，称亮根。其目的是让须根萎缩，使养分集中于主根生长，2~3天后结合中耕除草，再施上肥即可。

（3）追肥　除施足基肥外，每年春、秋、冬季各追肥1次。若未用基肥或基肥不足，则分期追肥更为重要。宜多施富含磷、钾的肥料，如以猪、牛、羊、鸡粪及绿肥等混合腐熟的堆肥，以及饼肥、骨粉、过磷酸钙等，于每年清明、白露、霜降前后分3次施入。施肥应严格把握“春秋少，腊冬多”的原则。施肥量可按植株大小酌情而定。第1次施用人畜粪水，第2次施入畜粪水加适量磷、钾肥，第3次施用腐熟堆肥加饼肥、过磷酸钙等。

（4）灌溉排水　牡丹怕涝，雨季应及时清沟排水，以防积水烂根。生长期如遇干旱，可在傍晚进行浇灌，一次灌足，不宜积水。

（5）摘蕾修枝　除留种植株外，于春季将花蕾全部摘除，以使养分集中供应根部生长，可提高产量。摘蕾一般宜在晴天上午进行，以利伤口愈合，防止病菌感染。每年于霜降时，剪去枯枝，清除枯叶杂草，运出田外堆积沤肥，既可促进植株健壮，又可减少病虫害发生。

（6）培土防寒　霜降前后，结合中耕除草施肥时，可在植株根际培土15cm左右或盖一层稻草，以防寒越冬，第二年长势更盛。

5.病虫害防治

（1）叶斑病　通常4月中旬发病，8~9月严重。危害叶片。初期叶面出现圆形或椭圆形的黑褐色病斑，以后扩大成不整齐的轮纹，最后出现黑色小点或霉状物，严重时叶片全部脱落。

防治方法：①实行轮作。②增施磷、钾肥，提高植株抗病能力。③发病初期用50%多菌灵800~1000倍液或1∶1∶100波尔多液喷雾，每隔10天1次，连续2~3次。

（2）锈病　多于花期开始发病。开始叶面呈黄褐色小斑点，不久膨大成橙黄色大斑，破裂后散发黄色粉末。

防治方法：①选地势高燥、排水良好的地方种植。②发病初期用0.3~0.4波美度石硫合剂或97%敌锈钠200倍液喷雾，每周1次，连喷2~3次。

（3）灰霉病　危害叶、茎、花。发病时，叶片上出现紫褐色或褐色具不明显轮纹的近圆形病斑，在潮湿的条件下，病部长出灰色霉状物。其防治方法同叶斑病。

（4）白绢病　此病多由土壤及肥料传染所致。危害根、茎。发病初期茎叶无明显症状，随着温、湿度的增大，菌丝由根茎部穿出表土，在根茎周围长出一层白色绢状物，由于植物输导组织受损，致使萎蔫枯死。

防治方法：①不宜与根茎类药材和豆类、茄科轮作。②每667m^2用30%菲醌1.5kg进行土壤消毒。③用木霉菌防治，使白绢病菌丝溶解，并能寄生于白绢病菌上，使菌丝、菌核死亡。

（5）蛴螬　全年均可危害，但以5~9月最为严重。蛴螬常危害根部，严重者会造成牡丹根死亡，引起地上部分长势衰弱或枯死，严重影响牡丹的生长。

防治方法：①量少，可在清晨将害株扒开捕杀。②用灯光诱杀成虫。

（6）地蚕（小地老虎）　在春秋两季危害最重。常从地面咬断幼苗或咬食未出土的幼芽造成缺苗。在杂草丛生地块发生较重。

防治方法：①清除杂草。②高龄幼虫可用切碎的鲜草30份拌入敌百虫粉1份，傍晚撒入田间诱杀。

（7）根结线虫　主要危害根部，被感染后，根上出现大小不等的瘤状物，黄白色，质地坚硬，切开后可发现白色有光泽的线虫虫体，同时引起叶片变黄，严重时造成叶片早落。

防治方法：①清除田间杂草。②用15%涕灭威颗粒穴施，每株5~10g，穴深5~10cm，1年1次。

（8）钻心虫　多在春季发生，成虫在根茎处产卵，孵化后幼虫钻入根部，逐渐向上蛀食，造成叶片枯黄，甚至全株死亡。

防治方法：发现虫害后，可折断被感染根茎，杀死害虫。

6.采收加工

（1）采收　9月下旬至10月上旬选择晴天采挖移栽3~5年的牡丹，挖时先把牡丹四周的泥土刨开，将根全部挖起，谨防伤根，抖去泥土，运至室内，分大、小株进行加工。

（2）加工　牡丹皮由于产地加工方法不同，可分为连丹皮和刮丹皮。连丹皮也称“原丹皮”，就是将收获的牡丹根堆放1~2天，待失水稍变软后，去掉须根，用手紧握鲜根，用尖刀在侧面划一刀，深达木部，然后抽去中间木心（俗称抽筋）晒干即得。若趁鲜用竹刀或碗片刮去外表栓皮和抽掉木心晒干者，则称刮丹皮。在晒干过程中不能淋雨、接触水分，因接触水分再晒干会使丹皮发红变质，影响药材质量。若根条较小，不易刮皮和抽心，可直接晒干，称丹皮须。

（四）学习结果评价

根据学生实验结果，填写下表。

牡丹的品种	栽培时间	施肥时间	病虫害防治时间	加工方法	质量标准
1					
2					
3					
4					
5					

五、课后作业

1.简单撰写牡丹规范化栽培技术规程。

2.调查不同牡丹的栽培基地情况，填写下表。

序号	栽培基地	栽培时间	施肥时间	病虫害防治时间	加工方法	质量标准
1						
2						
3						
4						
5						

任务2　能进行杜仲规范化栽培

一、基本概念

发汗　杜仲等药材的一种加工方法。

二、学习目标

1.学会杜仲药材的规范化种植技术。
2.学会杜仲药材的田间管理技术。
3.学会杜仲药材的规范化产地加工技术。

三、基本知识

（一）杜仲产地

杜仲别名丝棉树皮、玉丝皮、丝连皮等。主产于重庆、四川、陕西、湖北、湖南、江西、贵州、云南等省区。

（二）植物形态

杜仲*Eucommia ulmoides* Oliv.落叶乔木。树干端直，树冠卵形密集，冬芽卵形，外被鳞片。单叶互生，椭圆形或椭圆状卵形，边缘有锯齿，正面光滑，背面脉上有毛，用手撕开，叶片有白胶丝。花单性，雌雄异株，单生于小枝下部；雄花有短梗，花药条形，花丝短；雌花也有短梗，子房狭长。翅果狭长，椭圆形，种子1粒。花期3~4月，果期5~11月。

（三）生长环境

杜仲喜温暖湿润环境，一般分布在海拔700~1500m的地方。低海拔对杜仲无不良影响，而海拔过高则影响树木的生长发育，长势减弱，果实成熟期推迟。主产区年平均温度为11~18℃，最低温度为-19℃，年降水量450~1400mm。其中心产区年平均气温为15℃。杜仲为强喜光树种，对光照要求比较强烈，耐阴性差。杜仲对土壤的适应性很强，为垂直根系，喜土层深厚、肥沃的土壤，以砂质壤土、壤土和砾质壤土为最好。杜仲对土壤酸碱度的适应范围也比较广，微酸性至微碱性土壤，pH在5.0~8.4范围内都能正常生长。

（四）生长过程

生长初期树高增长缓慢，速生期在10~20年，年平均生长量为0.4~0.5m，以后逐次下降，50年后发生自然枯萎。

（五）质量标准

1.外观　该品呈板片状或两边稍向内卷，大小不一。外表面淡棕色或灰褐色，有明显的皱纹或纵裂槽纹，有的树皮较薄，未去粗皮，可见明显的皮孔。内表面暗紫色，光滑。质脆，易折断，断面有细密、银白色、富弹性的橡胶丝相连。气微，味稍苦。无卷形、无杂质、无霉变。

2. 含量 按照《中国药典》规定：醇溶性浸出物不得少于11.0%；松脂醇二葡萄糖苷（$C_{32}H_{42}O_{16}$）不得少于0.10%。

四、能力训练

（一）操作条件

1. 地点 杜仲药材生产基地。

2. 材料 不同品种杜仲。

3. 工具 杜仲规范化种植的工具、杜仲病虫害防治的工具、杜仲采收加工的工具等。

（二）安全及注意事项

1. 严格按照杜仲实训基地的要求进行实训，注意安全。

2. 清洗工具、切削工具、蒸煮烫工具、修制工具、烘干工具使用时的注意事项。

3.《药材种植岗位操作规程》《药材田间管理岗位操作规程》《药材病虫害岗位操作规程》《药材采收加工岗位操作规程》。

（三）操作过程

1. 选地整地 育苗地宜选地势向阳、土质疏松肥沃、湿润、排灌方便，微酸性至中性的砂壤土的地方。土壤瘠薄黏重、含砂砾过多及病虫害严重的土地不宜育苗。育苗地应于冬季深耕土地，播前每667m^{2}施入腐熟厩肥或土杂肥3000~4000kg。整平耙细后，作成高约20cm、宽120cm、沟宽30cm的苗床，以待播种。种植地选好后，应进行全面整地，先清除一切杂草灌木，集中烧毁作基肥，随即全面翻地深达30cm，并将这些表层肥土翻堆在适宜的地方，以便植苗时垫入穴底作肥用。

2. 繁殖方法 杜仲的繁殖方法分为种子、扦插、埋根、分株、压条、嫁接繁殖等，生产上以种子繁殖为主。

（1）种子繁殖

1）采种和种子处理 应选生长健壮、树干通直、树皮光滑、叶大皮厚、无病虫害、未剥皮利用的15年生以上、树冠紧凑的树木作采种树。10月下旬至11月上旬，当杜仲树叶大部分脱落，果实的果皮呈褐色、棕褐色或黄褐色时，选无风或微风的晴天，先在树冠下铺上竹席或布，再用竹竿轻敲树枝，使种子落在竹席或布上，然后收集种子薄摊于通风阴凉处晾干，切不可置烈日下暴晒或烘烤。杜仲种子寿命只有1年，生产上多采用春播。杜仲在播种前，用水选法精选种子后随即进行层积催芽处理约60天，待种子露白时就可播种。种子水选方法是将种子在冷水中浸泡8h，沉降水底的种子为上等；浸水24h，开始下沉的种子为中等；其余浮在水面和悬浮于水中的种子为下等。如播前来不及层积催芽，也可采用水浸处理，即在播前将种子置于20~30℃温水或冷水中浸泡2~3天，每天换水1次，待种子膨大呈萌芽状态时即可播种。

2）播种育苗 一般在3月上旬，当气温已稳定在10℃以上时，即可开始播种，宜早不宜迟，最迟不超过3月中旬。在整好的苗床上，按行距30cm开横沟，深3~5cm，播幅10cm，在沟内均匀撒入种子，每667m^{2}用种量6kg左右，播后覆细土或火土灰，厚约2cm，再盖草保温、保湿、防霜冻。层积催芽的种子播后15天左右即可出苗，浸种催芽的干藏种子则需30天左右。苗高3~4cm时，揭除床面盖草，并进行松土除草，幼苗长有2~4片真叶时间苗，使株距保持在10cm左右，并进行第1次追肥，每667m^{2}施入稀薄人畜粪水100kg，或尿素45kg，促进幼苗生长；第2次追肥在5月中旬进行，第3次于7月上旬进行，两次均以氮肥为主，每667m^{2}施尿素6~8kg；第4次追肥在幼苗长有10片真叶时，于夏末秋初，在施氮肥的基础上，适当增施草木灰或过磷酸钙等磷、钾肥，促使苗木生长粗壮。当年冬季或第二年春季，即可出圃定植。每667m^{2}可产苗木2万~2.5万株。

（2）扦插繁殖 扦插繁殖分为枝插与根插。

1）枝插 又分为硬枝扦插与嫩枝扦插2种。①硬枝扦插：一般于春季室外温度达到10℃以上时进行。插条应选树冠中上部芽体饱满的一年生健壮枝条，将其截成10~15cm长的枝段，每段需具3个节以上，上端离芽1~1.5cm和下端近节下均平切。为加快生根，可将插条下端放在200ppm ABT生根粉溶液中浸泡1h，然后按一定的株行距插入整好的苗床，直插，插入后于两侧压实，淋透水并覆土，使芽露出床面，然后搭设30~35cm高的塑料薄膜拱棚，以保湿、遮阴。②嫩枝扦插：一般于5月上中旬，气温不高于35℃时进行，选用当年生或根部蘖嫩枝扦插。于清晨剪枝，插穗基部削平，保留6~8片叶，并用湿毛巾包好置于阴凉处备用。可于塑料大棚内扦插，也可搭设小塑料拱棚扦插。为提高生根率，将插段下端放在200ppm ABT生根粉溶液中浸泡30min。方法同硬枝扦播，扦插深度可为插条长度的1/2~2/3，插后淋透水，遮阴，勤喷水保湿，并注意调节棚内温度。插后约1个月，便可生根，比硬枝扦插提前10~15天；同时成活率可达90%左右，比硬枝扦插高20%以上。

2）根插 利用根段插入土壤或其他基质，由根部下端断面愈伤组织或根段皮部萌芽长成新苗。插根的长度、粗度对苗木成活率及其以后生长发育状况均有较大的影响，通常选用1~2年生，长8cm、粗0.5cm以上的根段。按照上述硬枝扦插方法，将根段插入整理好的苗床，上端露出地面0.5~1cm，待萌芽长到5~7cm时再分期培土，固苗壮苗。只要管理得当，秋后苗高可达80~100cm，地径0.5~0.7cm，当年冬季到第二年春季即可出圃定植。

（3）埋根繁殖 春季起苗时，将一些长根截断，在圃地留存部分残根，然后沿苗行开挖底小口大的“V”字形沟，沟深15~20cm，沟宽20cm，沟土堆置于行间，使断根端部露出，并用利刀从断根端部斜劈成裂口，以扩大创伤面，促其伤口周围和端部多生萌苗；然后用塑料薄膜覆盖沟面，以保湿保温。幼苗萌发后立即揭开薄膜，以免灼伤萌苗，并注意沟内排水。随着萌苗生长，相应填培混有尿素的湿润细土（每100kg细土需混有尿素5kg）2~3次，每次填土，先填于丛苗之间，促其散开生长，后填入丛苗四周，促进根系扩展，秋后或第二年春即可分离丛生苗定植。

（4）分株繁殖　为促进杜仲根蘖萌发，可于早春对母株进行松土、施肥及适当断根等处理，待断根上萌生不定芽后再疏密、去弱留强，促进根蘖生长旺盛。选择母株基部生长健壮、高达30cm以上的萌蘖，挖开根际土壤，在其与母株连接处横割苗茎，深达其粗度的1/2~3/5，后握住苗木中、下部向切口反向缓压，促其萌蘖从切口处向上撕裂，待裂口长达5cm时停压，在裂缝处夹一竹片或石块，再培土施肥，以促进萌蘖发根生长，第二年春切口基部长出枝条细根后，连根带茎切下萌蘖苗木定植。

（5）压条繁殖　一般于10月进行，也可在第二年春2~3月选择已进入旺盛生长时期、抽生萌蘖多而健壮的植株作为压条母树，在压条母树上选用距离地面近、无病虫害的1~2年生枝为压条，压时先将枝条弯曲至地面，并就近割裂枝条形成层及木质部的1/3，埋入15cm深的穴内，覆土压实，露出地面的枝梢用石块压住，最后堆壅疏松而肥沃的土壤，待长出新根后，便可与母株切离定植。

（6）嫁接繁殖　嫁接繁殖对杜仲良种选育、建立无性系种子园具有重要意义。方法很多，有枝接、芽接、根接等，生产上多采用枝接法。枝接又分为切接、劈接等方法，一般采用切接法。通常于春季树液开始流动至芽萌动期间进行，用1~2年生健壮苗作砧木，在距地面5cm处截平，选择较平滑的一侧，在离切口边缘约4mm处（稍带木质部）垂直向下切一长5~6cm的切口，再选取长约10cm、带有2个芽的枝段作接穗，于接穗下端削成45°的马蹄形短斜面，长约2cm，再于背侧稍带木质部斜向下削出长约1cm的皮部，形成长削面，将削好的长削面向着砧木木质部，使砧、穗形成层至少有一侧密切吻合而插入砧木切口，最后用塑料薄膜带将接口连同砧木截面全部包扎，不留空隙，春季干旱，风大之处，最好用细潮湿土盖没砧穗组合部。

3.移栽定植　杜仲定植在冬春季均可进行。定植密度（株行距）为3m×4m，每667m^2栽植56株，采用这样的密度，便于土壤管理及农（药）林间作，有利于林木的加粗生长，能提早达到速生高产的目的。定植所用苗木要求高100cm、地径0.8~0.9cm、根系完整。起苗需带宿土，苗木大小要分级，分区栽植，雌雄株要搭配好，一般雄株占15%，以利授粉。定植时，要施好底肥。根据造林地肥力情况来确定施肥量。肥沃的造林地，每株施腐熟厩肥或土杂肥120kg，磷、钾肥各1.2kg；贫瘠的造林地，每株施厩肥150kg，磷、钾肥各1.5kg。肥料要与深翻整地的肥土按1：3的比例混合拌匀，分中、下两层施下，以中层为主，其施肥量应占全株施肥量的3/5。下层施肥厚度是30cm，踏实后，盖上一层20cm厚的风化土，再踩实。接着施中层肥，约1cm厚，按25cm一层踏实后，盖上一层20cm厚细土。再在其上挖一小穴，将苗木摆在小穴内，扶正，栽时要使苗木所带土团紧贴穴内泥土，不致留有空隙，再盖土20cm厚，踏实。为防止雨后槽内松土下沉积水影响苗木成活，必须使定植点和非定植点高出地面30cm。苗木栽好后，浇足定根水，上覆一层细土，最后覆盖20cm厚的杂草或枯枝落叶，以保湿保墒。

4.田间管理

（1）间作　在杜仲郁闭前，利用株行间种植农作物或耐阴的药材，不仅可增加收益，而且通过对农（药）作物的耕作，还能促进杜仲加速生长，提早达到优质高产标准。

（2）中耕除草　林木郁闭后，间作停止，林地定会滋生杂草，每年应中耕除草2次，第1次在4月中下旬进行，第2次在6月下旬至7月上旬进行，所除之草，可埋于树木株行间或其根际周围，以提高土壤肥力。

（3）扩槽深翻改土　杜仲苗定植后，由于土壤疏松、肥沃、湿润，到生长末期，其根系可伸展到槽边，为促使其在2~3年内形成强大根系，应于定植当年秋后将造林地扩槽深翻改土，其深度与整地时一致，要求边翻土边施肥，一般每667m^{2}施厩肥或土杂肥6000~10000kg，全面深翻，以后每隔3~4年进行1次。每次深翻改土，应根据全林根系分布情况，只在30cm厚的表土层内进行，以免过多损伤根系，不利于生长。

（4）追肥　要使杜仲速生高产，需要有足够的肥料，除定植和扩槽深翻改土时施好基肥外，每年还需在生育期间追肥2~3次。第1次在4月上中旬进行，此时正值杜仲花期和新梢抽出期，枝条内养分含量达到最低值。第2次在6月上中旬进行，此时是枝叶旺盛生长时期，根据树体大小，每次每株施尿素0.2~1kg，过磷酸钙0.05~0.5kg。第3次在11月上中旬进行，每株施腐熟厩肥或土杂肥150~200kg，以恢复树势，为第二年加速生长打基础。施肥方法是在杜仲根际周围挖沟施入。

（5）灌溉与盖草　在有条件的地方，根据杜仲生长发育特性，如土壤干燥，应及时进行灌溉。若在山地种植，因受条件的限制，为了保墒抗旱，应在栽植苗木覆草的基础上，于每年5月中旬及8月上旬各盖草1次，以扩大其面积和增强厚度。

（6）除芽修剪　杜仲的新梢在生长期末因顶端分生组织生长缓慢，顶芽瘦小或不充实，到冬季干枯死亡，第二年春再由顶端下部的侧芽取而代之，继续生长，每年如此循环往复，均由侧芽抽枝逐段合成主轴，故其分枝方式称为合轴分枝。如任其生长，形成多杈树干，不符合生产要求，所以在定植后要尽早摘除茎干下部侧芽，只留顶端1~2个健壮饱满侧芽。同时，对从近地面干部生出的侧枝，应保留5~6个旺盛芽，其余的剪除，以保证主干正常生长。

（7）截顶、整枝　在集约栽培管理条件下生长速度加快，定植后6年，树高可达7m左右。这时就应抑制其高度生长，剪除主干顶梢，并修剪密生枝、纤弱枝、下垂枝，以利养分集中供应主干和主枝，促进加粗生长，使皮层增厚，提前采收。

（8）纵伤树皮　为促进杜仲主干加粗，树皮增厚，定植后5年，当其胸径达到5cm左右时，于每年5月上旬用锋利刀尖从其枝下高处起，顺着主干向下割划，直到接近地面为止，深度以不损伤形成层为宜。一般每树划4道口，以后树干加粗则相应增加道口，第2年再划时，伤口线应与第1年伤口线错开，以利愈合。纵伤后，立即用100ppm ABT 2号生根粉溶液从上往下喷雾被划伤的树干，使药液由伤口渗入树皮内，以起到刺激其薄壁细胞分裂和生长的作用，促进树干增粗、树皮加厚。

5.病虫害防治

（1）猝倒病　为苗期主要病害，病菌在土壤内越冬，第二年春气温上升，病菌开始活动。老苗床病菌多，幼苗长势不旺也易发病。病部在茎基部，很快干缩倒伏。

防治方法：①选择疏松、肥沃、湿润、排水良好的微酸性及中性土壤育苗。②催芽处理前，用1%高锰酸钾溶液浸泡种子30min。③幼苗出土后，遇有病害，用1∶1∶200波尔多液进行喷雾，10~15天1次，连续3次。

（2）叶枯病　危害叶片，病斑在叶片中间呈不规则暗褐色多角形斑块，病斑上长有灰黑色霉状物，秋季病斑上有散生颗粒状物，最后导致病叶变黑脱落。常于4~5月发病，7~8月加重。

防治方法：①加强管理，增强长势，提高抗病能力。②发病初期用1∶1∶100波尔多液喷雾，每7~10天1次，连喷2~3次。③清除病枝残叶，集中烧毁。

（3）枝枯病　危害枝干，引起叶片早落，枝枯死，多发生于侧枝上，病害严重时，幼树主枝也可感染病菌而枯死。常于4~6月开始发病，7~8月为发病高峰期。

防治方法：①加强管理，防止各种伤口的发生。②染病枯枝应进行修剪，伤口用50%退菌特200倍液喷雾，也可用波尔多液涂抹剪口。③发病初期，用65%代森锌可湿性粉剂400~500倍液喷雾，每10天1次，连喷2~3次。

（4）地老虎　常从地面咬断幼苗或咬食未出土的幼芽，造成缺苗断株。

防治方法：①及时除草，减少产卵场所。②适时早播，错开幼虫盛期。③用90%晶体敌百虫0.5kg加水2.5~5kg拌鲜草50kg配成毒饵，诱杀幼虫。

（5）木蠹蛾幼虫　常蛀食树木的枝干部分，被害树木生长衰弱，严重时引起枝干折断，甚至全株死亡。

防治方法：①冬季清除被害木，找出幼虫灭除。②成虫羽化初期及产卵前，利用白涂剂涂刷树干，可防产卵。

（6）刺蛾类　又名洋辣子、毛辣虫，有黄刺蛾、青刺蛾、扁刺蛾、褐刺蛾等，于夏秋季以幼虫咬食叶片。

防治方法：①人工消灭越冬虫茧。②利用成虫趋光性进行灯光诱杀。

（7）杜仲夜蛾　主要危害杜仲叶片。危害期长，从杜仲发叶至叶片老黄时均可发生。

防治方法：①秋冬季翻挖林地，破坏杜仲夜蛾越冬场所，消灭越冬蛹。②利用3龄以上幼虫上树取食、下树潜伏的习性，使用溴氰菊酯毒笔在树干上画两个圆圈，间距3~5cm，触杀幼虫。

（8）蚜虫　多在幼苗期发生。6~8月群集于嫩梢及叶部，吸食其体液，影响苗木正常生长。

防治方法：可用1%苦参碱可溶液剂400倍液或2.8%阿维菌素乳油5500倍液喷施防治。

6. 采收加工

（1）采收　杜仲定植后生长15~20年，可进行剥皮。一般于5~6月进行。分为环状全剥和带状剥皮两种。

1）环状全剥　先在枝下和距根际10~20cm处环切1周。切口的深度以割断韧皮部而不损伤木质部为宜，再于两环剖圈间浅浅地纵切1刀。从上切口处轻轻撬起树皮，慢慢撕开，切勿使刀片、手指等触及割面，避免碰伤形成层，致感染病菌。为使剥面加速形成新皮，需保持湿润，避免病虫害侵袭，剥皮后，随即用10ppm 2，4-D或10ppm萘乙酸加10ppm赤霉素处理剥面，同时用透明塑料薄膜包扎，上紧下松，以利排水，同时注意尽量减少薄膜与木质部的接触面积。

2）带状剥皮　在主干垂直、对称地剥下2块带状的皮，或垂直剥下半周带状树皮，待新皮形成并长至与原皮厚度相同时，再次剥下另一半的树皮，每3年可剥1次。这种剥皮方法虽然皮张规格较小，但因剥后有营养输送带的存在，对树木生长发育影响较小，比较安全可靠，即使新皮不能再生，也不会导致树木死亡。

（2）加工　将剥下的树皮用开水烫后，一层层地紧密重叠置于用稻草垫底的平地上，加盖木板，上压重物使其平整，四周用稻草或麻袋、旧棉絮等围紧，使其“发汗”1周，如树皮内面由白转为棕褐色或紫褐色，即达到发汗要求，可取出晒干压平，用刮刀刮去外表粗皮，后用棕刷刷尽泥灰，即成商品。

（四）学习结果评价

根据学生实验结果，填写下表。

杜仲的品种	栽培时间	施肥时间	病虫害防治时间	加工方法	质量标准
1					
2					
3					
4					
5					

五、课后作业

1. 简单撰写杜仲规范化栽培技术规程。

2. 调查不同杜仲的栽培基地情况，填写下表。

序号	栽培基地	栽培时间	施肥时间	病虫害防治时间	加工方法	质量标准
1						
2						
3						
4						
5						

任务3　能进行厚朴规范化栽培

一、基本概念

双筒朴　树皮大的，两人相对从两面用力向内卷起，使成双卷筒。

二、学习目标

1. 学会厚朴药材的规范化种植技术。
2. 学会厚朴药材的田间管理技术。
3. 学会厚朴药材的规范化产地加工技术。

三、基本知识

（一）厚朴产地

厚朴别名紫油厚朴、油厚朴、油朴、川朴、双河紫油厚朴等。主要分布在陕西、甘肃、浙江、安徽、江西、福建、湖北、湖南、四川、贵州等地。

（二）植物形态

厚朴*Magnolia officinalis* Rehd. et Wils.乔木，皮紫褐色。单叶互生，密集小枝顶端，叶片椭圆状倒卵形，革质，先端钝圆或短尖，基部楔形或圆形，全缘或微波状；叶面光滑，背面脉为网纹状，被灰色短绒毛。初夏时花与叶同时开放。花单生枝顶，白色，有香气；雄蕊多数，雌蕊红色，心皮多数，排列于伸长的花托上。果实为聚合蓇葖果，小果实椭圆形，种子三角状倒卵形，外皮鲜红，内皮黑色。花期4~5月，果期9~10月。

（三）生长环境

厚朴生于海拔300~1700m的土壤肥沃、深厚的向阳山坡、林缘处。喜疏松、肥沃、排水良好、含腐殖质较多的酸性至中性土壤，一般在山地土壤、黄红壤地均能生长。厚朴为喜光树种，喜凉爽湿润、光照充足，怕严寒、酷暑、积水。生育期要求年平均气温16~17℃，最低温度不低于-8℃，年降水量800~1400mm，相对湿度70%以上。

（四）生长过程

采用种子育苗移栽，育苗1~2年春季移栽，杜仲树皮一般要10年以上才能达到收获要求，5~6年生厚朴增高长粗最快，15年后生长不明显，皮重增长以6~16年生最快，16年以后不明显，20年后进入盛果期。

（五）质量标准

1.外观　该品干皮呈卷筒状或双卷筒状；近根部的干皮一端展开如喇叭口。外表面灰棕色或灰褐色，粗糙，有时呈鳞片状，较易剥落，有明显椭圆形皮孔和纵皱纹，刮去粗皮者显黄棕色。内表面紫棕色或深紫褐色，较平滑，具细密纵纹，划之显油痕。质坚硬，不易折断，断面颗粒性，外层灰棕色，内层紫褐色或棕色，有油性，有的可见多数小亮星。气香，味辛辣、微苦。无青苔、无杂质、无霉变。

2.含量　按照《中国药典》规定：水分不得过15.0%；总灰分不得过7.0%；酸不溶性灰分不得过3.0%；含厚朴酚（$C_{18}H_{18}O_2$）与和厚朴酚（$C_{18}H_{18}O_2$）的总量不得少于2.0%。

四、能力训练

（一）操作条件

1.地点　厚朴药材生产基地。

2.材料　不同品种厚朴。

3.工具　厚朴规范化种植的工具、厚朴病虫害防治的工具、厚朴采收加工的工具等。

（二）安全及注意事项

1.严格按照厚朴实训基地的要求进行实训，注意安全。

2.清洗工具、切削工具、蒸煮烫工具、修制工具、烘干工具使用时的注意事项。

3.《药材种植岗位操作规程》《药材田间管理岗位操作规程》《药材病虫害岗位操作规程》《药材采收加工岗位操作规程》。

（三）操作过程

1.选地整地　选向阳、避风地带，疏松、肥沃、排水良好、含腐殖质较多的酸性至中性土壤。一般在山地黄壤、黄红壤地上均能生长，房前屋后和道路两旁均可种植。育苗地应选择海拔250~800m、坡度10°~15°、坡向朝东的新开荒地或土质肥沃的稻田为宜，菜地或地瓜地不宜种植。造林地应选择土壤肥沃、土层深厚、质地疏松、排灌方便的向阳山坡地。育苗地一般于冬季深翻，春播时结合整地每667m^{2}施腐熟厩肥或土杂肥3000kg，整地要3犁3耙，耙平整细，然后开道作畦，畦宽120cm，高15cm，道宽30cm，畦面呈瓦背形，待播。

2.繁殖方法 厚朴的繁殖方法有种子繁殖、压条繁殖、分蘖繁殖等，生产上以种子繁殖为主。

（1）选种与种子处理 选择15~20年生皮厚油多的优良母树留种。一般选籽粒饱满、无病虫害、成熟的种子。厚朴种子外皮富含蜡质，水分难以渗入，不易发芽，必须进行脱脂处理：9~10月采摘成熟的聚合果，置通风干燥处，待聚合果开裂，露出红色种子时，剥离种子，浸入浅水，脚踩、手搓至种子红色蜡质全部去掉后摊开晾干。将种子与湿砂按1∶3的比例混合贮藏，贮藏期间保持湿润，防止干燥，一般含水量在20%左右，第二年春天播种时，用40℃的10%石灰水浸种24h，并用木棒搅拌，待播。

（2）播种 厚朴播种育苗可秋播，也可春播。秋播在11月中下旬进行，春播在2月下旬至3月上旬进行。在整好的苗床上条播，条距30cm，深3cm，将处理好的种子均匀地播入沟内，覆土3cm，每667m^{2}用种量为15kg左右。

（3）移栽 在低海拔地区育苗，一年即可移栽；如在海拔1600m以上的高山地区育苗，则需2年才能出圃移栽定植。定植地选择土层深厚、土壤疏松肥沃、排水良好、呈中性或微酸性反应、含腐殖质丰富的山地夹砂壤土为好。移栽一般在秋末落叶后进行，成活率较高。在事先准备好的穴内每穴栽种苗木1株，先将苗木放直栽入穴内，使根向不同方向平展，不能弯曲，然后分层次将土放入穴内压紧，至半穴时将苗木轻轻提一下，使根系舒展，浇透水后，再盖上一层松土即可。

3.田间管理

（1）苗期管理

1）中耕除草 保持畦面无杂草。除草后要立即撒上一层火烧土，以保护幼苗根部，促进生长。同时，注意春雨季节的排水管理，以免积水烂根。

2）追肥 待厚朴苗长到五叶包心，地上部分完全木质化时，每667m^{2}用5kg尿素在晚间或雨天直接撒施，如久晴不雨，可将尿素兑水稀释后于行间泼施，这样既追了肥，又可起到抗旱的作用，如苗地肥力较好，可视幼苗生长情况适时撒施。

（2）成株期管理

1）除荫、修剪、间伐 厚朴荫蔽力强，特别是根际部位和树干部由于机械损伤、病虫和兽害等原因，常出现萌芽而形成多干现象，这对主干的生长是极其不利的。因此，必须及时修剪除檗，以利其正常生长。如种植密度大，或混交种植，还应及时进行间伐和修剪，方能保证厚朴林的正常发育。

2）截顶、整枝和斜割树皮　为加快厚朴生长，增厚皮层，定植10年后，树高达到9m左右时，就可将主干顶梢截除，并修剪密生枝、纤弱枝、垂死枝，使养分集中供应主干和主枝生长。同时于春季用利刀从其枝下高15cm处起一直到茎部围绕树干将树皮等距离地斜割4~5刀，并用100ppm ABT 2号生根粉原液向刀口处喷雾，促进树皮薄壁细胞加速分裂和生长，使树皮增厚更快。这样，15年生的厚朴就可以采收剥皮。

4.病虫害防治

（1）立枯病　在苗期发生，形成黑色的凹陷斑，幼苗折倒死亡。病原菌以菌丝体或菌核在土壤中或病残组织中越冬。在土壤黏性过重、阴雨天等情况下发生严重。

防治方法：①选择排水良好的砂质壤土种植。②雨后及时清沟排水，降低田间湿度。③发病初期，用5%石灰液浇注，每隔7天1次，连续浇注3~4次。

（2）叶枯病　叶面病斑黑褐色，后逐渐扩大密布全叶，病斑呈灰白色。在潮湿时，病斑上生有黑色小点。后期，病叶干枯死亡。病原菌以分生孢子器附着在寄主病残叶上越冬，成为第二年的初次侵染来源。生长期，分生孢子借风雨传播，引起再次侵染，扩大危害。

防治方法：①及时摘除病叶，烧毁或深埋。②每隔7~8天喷1次1：1：120波尔多液或50%退菌特800倍液，连续2~3次。

（3）根腐病　幼苗期发生，根部首先变褐色，逐渐扩大呈水渍状；后期，病部发黑腐烂，苗木死亡。生长期，一旦有适宜条件即可发病。天气时晴时雨、土壤积水、幼苗生长不良等促使发病。

防治方法：①及时疏沟排水，降低田间湿度，防止土壤板结，增强植株抵抗力。②发病初期，用50%退菌特500~1000倍液，每隔15天喷1次，连续喷3~4次。

（4）褐天牛　初孵化幼虫蛀入树皮在皮下蛀食，约经6周向木质部蛀入。

防治方法：①夏季检查树干，用钢丝钩杀初孵化幼虫。②5~7月成虫盛发期，在清晨检查有洞孔的树干，捕杀成虫。

（5）金龟子　越冬成虫在来年6~7月夜间出动咬食厚朴叶片，造成缺刻或光杆，闷热无风的晚上更为严重。

防治方法：①清除杂草，深翻土地，消灭越冬虫口。②施用腐熟的有机肥，施后覆土，减少产卵量。

（6）白蚁　危害根部。

防治方法：寻找白蚁主道后，放药发烟；在不损坏树木的情况下，采用挖巢灭蚁的方法。

5.采收加工

（1）采收　一般栽种15~20年收获。树龄愈长，皮愈厚，油性愈重，产量高，质量也好。收获期为5~6月。此时形成层细胞分裂较快，薄壁细胞富含水分，皮部组织发育旺盛，皮部与木质部之间疏松，易剥离。收获过早，树皮内油分差，皮薄，质量不好。

采收方法有伐树剥皮法和环剥方法2种。

1）伐树剥皮法　采收时将厚朴树连根挖起，分段剥取茎皮、树皮和根皮。此法对资源破坏严重。

2）环剥方法　5月中旬至6月下旬，选择树干直、生长势强、胸径达20cm以上的树，于阴天（相对湿度最好为70%~80%）进行环剥。先在离地面6~7cm处，向上取一段30~35cm长的树干，在上、下两端用环剥刀绕树干横切，上面的刀口略向下，下面的刀口略向上，深度以接近形成层为度。然后纵割1刀，在纵割处将树皮撬起，慢慢剥下。长势好的树，1次可以同时剥2~3段。被剥处用透明塑料薄膜包裹，保护幼嫩的形成层。包裹时上紧下松，要尽量减少薄膜与木质部的接触面积。整个环剥操作过程中手指切勿触到形成层，避免形成层可能因此而坏死。剥后25~35天，被剥皮部位新皮生长，即可逐渐去掉塑料薄膜。第2年，又可按上法在树干其他部位剥皮。此法利于保护资源和生态环境。

（2）加工　用竹夹将筒朴夹住置大锅沸水中，用瓢舀开水烫淋，待厚朴柔软时取出，用青草塞住两端，直立放置于清洁的屋角或大木桶内，上盖湿草或清洁棉絮"发汗"24h后，树皮横断面呈紫褐色或棕褐色，有油润光泽。取出筒朴，分成单张，用竹片或木棒撑开晒干，后用甑子蒸软后，进行卷筒。树皮大的，两人相对从两面用力向内卷起，使成双卷筒，小的卷成单卷。卷好后用稻草捆紧两端，两端用刀截齐，晒干。晚上收回后呈"井"字形摆放，易通风干燥。

（四）学习结果评价

根据学生实验结果，填写下表。

厚朴的品种	栽培时间	施肥时间	病虫害防治时间	加工方法	质量标准
1					
2					
3					
4					
5					

五、课后作业

1. 简单撰写厚朴规范化栽培技术规程。
2. 调查不同厚朴的栽培基地情况，填写下表。

序号	栽培基地	栽培时间	施肥时间	病虫害防治时间	加工方法	质量标准
1						
2						
3						
4						
5						

（王向平）

目标检测

一、名称解释

1.发汗　2.过桥　3.红参　4.零余子　5.刮丹皮　6.枳实
7.大青叶　8.铁皮枫斗　9.北山楂　10.泡片

二、单选题

1.下列药材栽培过程中需要支架的是（　　）
A.山药　B.牡丹　C.牛膝　D.人参　E.菊花
2.在分离繁殖过程中，下列哪种植物采用分根茎（　　）
A.百合　B.黄精　C.人参　D.白及　E.芍药
3.在分离繁殖过程中，下列哪种植物采用分块茎（　　）
A.百合　B.黄精　C.人参　D.白及　E.芍药
4.《中药材质量管理规范》简称（　　）
A. SOP　B. GAP　C. GEP　D. GMP　E. GSP
5.由细菌或真菌引起的药用植物各器官发生腐烂坏死的现象称为（　　）
A.变色　B.斑点　C.腐烂　D.萎蔫　E.畸形
6.某些外来的刺激使昆虫发生一种不可抑制的行为，称（　　）
A.趋性　B.假死性　C.植食性　D.休眠　E.肉食性
7.昆虫在发育过程中，由于低温、酷热或食料不足等多种原因，虫体暂时停止发育而不食不动的现象称为（　　）
A.趋性　B.假死性　C.植食性　D.休眠　E.肉食性
8.下列哪项不属于虫害发生的环境因子（　　）
A.气候因子　B.土壤因子　C.虫害的基因
D.生物因子　E.人为因子

9. 下列哪项不属于药用植物病虫害的发生特点（　　）

A. 道地产区病虫害多

B. 人类的农事劳作是害虫的来源

C. 害虫种类复杂，单食性和寡食性害虫相对较多

D. 药用植物地下部分病虫害危害严重

E. 无性繁殖材料是病虫害传播的来源

10. 下列哪项不属于病虫害防治方法中的农业防治（　　）

A. 适宜轮作　　B. 深耕细作

C. 以虫治虫　　D. 清除药用植物栽培区杂草

E. 合理施肥

11. 下列不属于四大怀药的是（　　）

A. 山药　　B. 牛膝　　C. 菊花　　D. 大黄　　E. 地黄

12. 中药材生产质量的生产目标不包含（　　）

A. 安全　　B. 有效　　C. 稳定　　D. 色正　　E. 可控

13. 下列哪种药材属于浙八味药材（　　）

A. 当归　　B. 川芎　　C. 金银花　　D. 白菊　　E. 佛手

14. 石斛属于哪种根的变态（　　）

A. 贮藏根　　B. 气生根　　C. 寄生根　　D. 支持根　　E. 攀援根

15. 植物石斛为（　　）

A. 腐生草本　　B. 共生草本　　C. 寄生草本

D. 附生草本　　E. 都不是

16. 十字花科的雄蕊类型是（　　）

A. 四强雄蕊　　B. 二强雄蕊　　C. 单体雄蕊

D. 聚药雄蕊　　E. 二体雄蕊

17. 下列不属于五加科的是（　　）

A. 人参　　B. 三七　　C. 西洋参　　D. 白芷　　E. 通脱木

18. 百合的种子寿命年限为（　　）

A. 一年　　B. 二年　　C. 半年　　D. 三年　　E. 四年

19. 百合种植的适宜温度为（　　）

A. 8~25℃　　B. 12~30℃　　C. 6~20℃

D. 15~30℃　　E. 25~30℃

20. 根据《中国药典》，不属于百合药材来源的是（　　）

A. 百合　　B. 卷丹　　C. 细叶百合　　D. 苦百合　　E. 百合 + 卷丹

21. 石斛黑斑病多发生于（　　）

A. 1~2月　　B. 3~4月　　C. 5~6月　　D. 4~5月　　E. 2~3月

22. 石斛在种植的时候，郁闭度是（　　）

A. 60%左右　　B. 50%左右　　C. 70%左右

D. 80%左右　　E. 90%左右

23. 石斛一般在（　　）进行采收

A. 春初　　B. 春末萌芽　　C. 夏初　　D. 夏末　　E. 秋初

24. 石斛的繁殖方式不包括（　　）

A. 分株繁殖　　B. 孢子繁殖　　C. 播种繁殖

D. 压条繁殖　　E. 扦插繁殖

25. 菊花每年每兜分株一般在（　　）株左右

A.5　　B.15　　C.10　　D.20　　E.30株以上

26. 菊花的栽培季节是（　　）

A. 夏　　B. 春　　C. 冬　　D. 秋　　E. 秋冬

27. 菊花最怕（　　）

A. 强光照　　B. 高温　　C. 积水　　D. 霜冻　　E. 阴雨

28. 大青叶与板蓝根除清热解毒外，还具有的功效是（　　）

A. 凉血利咽　　B. 化痰开窍　　C. 熄风定惊

D. 消痈排脓　　E. 疏散风热

29. 菘蓝一般在（　　）播种

A.10月　　B.8月　　C.6月　　D.5月　　E.4月

30. 菘蓝为（　　）植物

A. 木兰科　　B. 唇形科　　C. 伞科　　D. 十字花科　　E. 爵床科

31. 菘蓝的繁殖方式是（　　）

A. 种子繁殖　　B. 孢子繁殖　　C. 无性繁殖

D. 分株繁殖　　E. 扦插繁殖

32. 下列哪种菊花不属于中国四大名菊（　　）

A. 杭菊　　B. 亳菊　　C. 滁菊　　D. 怀菊　　E. 神农香菊

33. 山药来源为薯蓣科植物（　　）的根状茎

A. 薯蓣　　B. 穿龙薯蓣　　C. 粉背薯蓣　　D. 盾叶薯蓣　　E. 都不是

34. 菊花的田间管理不包括（　　）

A. 中耕除草　　B. 追肥　　C. 摘心打顶

D. 整枝修剪　　E. 拉枝

35. 趁鲜刮后干燥的是（　　）

A. 大黄　　B. 丹皮　　C. 天麻　　D. 玄参　　E. 党参

附录

附录一　中药材生产质量管理规范

第一章　总　则

第一条　为落实《中共中央 国务院关于促进中医药传承创新发展的意见》，推进中药材规范化生产，保证中药材质量，促进中药高质量发展，依据《中华人民共和国药品管理法》《中华人民共和国中医药法》，制定本规范。

第二条　本规范是中药材规范化生产和质量管理的基本要求，适用于中药材生产企业（以下简称企业）采用种植（含生态种植、野生抚育和仿野生栽培）、养殖方式规范生产中药材的全过程管理，野生中药材的采收加工可参考本规范。

第三条　实施规范化生产的企业应当按照本规范要求组织中药材生产，保护野生中药材资源和生态环境，促进中药材资源的可持续发展。

第四条　企业应当坚持诚实守信，禁止任何虚假、欺骗行为。

第二章　质量管理

第五条　企业应当根据中药材生产特点，明确影响中药材质量的关键环节，开展质量风险评估，制定有效的生产管理与质量控制、预防措施。

第六条　企业对基地生产单元主体应当建立有效的监督管理机制，实现关键环节的现场指导、监督和记录；统一规划生产基地，统一供应种子种苗或其它繁殖材料，统一肥料、农药或者饲料、兽药等投入品管理措施，统一种植或者养殖技术规程，统一采收与产地加工技术规程，统一包装与贮存技术规程。

第七条　企业应当配备与生产基地规模相适应的人员、设施、设备等，确保生产和质量管理措施顺利实施。

第八条　企业应当明确中药材生产批次，保证每批中药材质量的一致性和可追溯。

第九条　企业应当建立中药材生产质量追溯体系，保证从生产地块、种子种苗或其它繁殖材料、种植养殖、采收和产地加工、包装、储运到发运全过程关键环节可追溯；鼓励企业运用现代信息技术建设追溯体系。

第十条　企业应当按照本规范要求，结合生产实践和科学研究情况，制定如下主要环节的生产技术规程：

（一）生产基地选址；

（二）种子种苗或其它繁殖材料要求；

（三）种植（含生态种植、野生抚育和仿野生栽培）、养殖；

（四）采收与产地加工；

（五）包装、放行与储运。

第十一条　企业应当制定中药材质量标准，标准不能低于现行法定标准。

（一）根据生产实际情况确定质量控制指标，可包括：药材性状、检查项、理化鉴别、浸出物、指纹或者特征图谱、指标或者有效成分的含量；药材农药残留或者兽药残留、重金属及有害元素、真菌毒素等有毒有害物质的控制标准等；

（二）必要时可制定采收、加工、收购等中间环节中药材的质量标准。

第十二条　企业应当制定中药材种子种苗或其它繁殖材料的标准。

第三章　机构与人员

第十三条　企业可采取农场、林场、公司+农户或者合作社等组织方式建设中药材生产基地。

第十四条　企业应当建立相应的生产和质量管理部门，并配备能够行使质量保证和控制职能的条件。

第十五条　企业负责人对中药材质量负责；企业应当配备足够数量并具有和岗位职责相对应资质的生产和质量管理人员；生产、质量的管理负责人应当有中药学、药学或者农学等相关专业大专及以上学历并有中药材生产、质量管理三年以上实践经验，或者有中药材生产、质量管理五年以上的实践经验，且均须经过本规范的培训。

第十六条　生产管理负责人负责种子种苗或其它繁殖材料繁育、田间管理或者药用动物饲养、农业投入品使用、采收与加工、包装与贮存等生产活动；质量管理负责人负责质量标准与技术规程制定及监督执行、检验和产品放行。

第十七条　企业应当开展人员培训工作，制定培训计划、建立培训档案；对直接从事中药材生产活动的人员应当培训至基本掌握中药材的生长发育习性、对环境条件的要求，以及田间管理或者饲养管理、肥料和农药或者饲料和兽药使用、采收、产地加工、贮存养护等的基本要求。

第十八条　企业应当对管理和生产人员的健康进行管理；患有可能污染药材疾病的人员不得直接从事养殖、产地加工、包装等工作；无关人员不得进入中药材养殖控制区域，如确需进入，应当确认个人健康状况无污染风险。

第四章　设施、设备与工具

第十九条　企业应当建设必要的设施，包括种植或者养殖设施、产地加工设施、中药材贮存仓库、包装设施等。

第二十条　存放农药、肥料和种子种苗，兽药、饲料和饲料添加剂等的设施，能够保持存放物品质量稳定和安全。

第二十一条 分散或者集中加工的产地加工设施均应当卫生、不污染中药材，达到质量控制的基本要求。

第二十二条 贮存中药材的仓库应当符合贮存条件要求；根据需要建设控温、避光、通风、防潮和防虫、防鼠禽畜等设施。

第二十三条 质量检验室功能布局应当满足中药材的检验条件要求，应当设置检验、仪器、标本、留样等工作室（柜）。

第二十四条 生产设备、工具的选用与配置应当符合预定用途，便于操作、清洁、维护，并符合以下要求：

（一）肥料、农药施用的设备、工具使用前应仔细检查，使用后及时清洁；

（二）采收和清洁、干燥及特殊加工等设备不得对中药材质量产生不利影响；

（三）大型生产设备应当有明显的状态标识，应当建立维护保养制度。

第五章 基地选址

第二十五条 生产基地选址和建设应当符合国家和地方生态环境保护要求。

第二十六条 企业应当根据种植或养殖中药材的生长发育习性和对环境条件的要求，制定产地和种植地块或者养殖场所的选址标准。

第二十七条 中药材生产基地一般应当选址于道地产区，在非道地产区选址，应当提供充分文献或者科学数据证明其适宜性。

第二十八条 种植地块应当能满足药用植物对气候、土壤、光照、水分、前茬作物、轮作等要求；养殖场所应当能满足药用动物对环境条件的各项要求。

第二十九条 生产基地周围应当无污染源；生产基地环境应当持续符合国家标准：

（一）空气符合国家《环境空气质量标准》二类区要求；

（二）土壤符合国家《土壤环境质量农用地污染风险管控标准（试行）》的要求；

（三）灌溉水符合国家《农田灌溉水质标准》，产地加工用水和药用动物饮用水符合国家《生活饮用水卫生标准》。

第三十条 基地选址范围内，企业至少完成一个生产周期中药材种植或者养殖，并有两个收获期中药材质量检测数据且符合企业内控质量标准。

第三十一条 企业应当按照生产基地选址标准进行环境评估，确定产地，明确生产基地规模、种植地块或者养殖场所布局；

（一）根据基地周围污染源的情况，确定空气是否需要检测，如不检测，则需提供评估资料；

（二）根据水源情况确定水质是否需要定期检测，没有人工灌溉的基地，可不进行灌溉水检测。

第三十二条 生产基地应当规模化，种植地块或者养殖场所可成片集中或者相对分散，鼓励集约化生产。

第三十三条　产地地址应当明确至乡级行政区划；每一个种植地块或者养殖场所应当有明确记载和边界定位。

第三十四条　种植地块或者养殖场所可在生产基地选址范围内更换、扩大或者缩小规模。

第六章　种子种苗或其它繁殖材料

第一节　种子种苗或其它繁殖材料要求

第三十五条　企业应当明确使用种子种苗或其它繁殖材料的基原及种质，包括种、亚种、变种或者变型、农家品种或者选育品种；使用的种植或者养殖物种的基原应当符合相关标准、法规。使用列入《国家重点保护野生植物名录》的药用野生植物资源的，应当符合相关法律法规规定。

第三十六条　鼓励企业开展中药材优良品种选育，但应当符合以下规定：

（一）禁用人工干预产生的多倍体或者单倍体品种、种间杂交品种和转基因品种；

（二）如需使用非传统习惯使用的种间嫁接材料、诱变品种（包括物理、化学、太空诱变等）和其它生物技术选育品种等，企业应当提供充分的风险评估和实验数据证明新品种安全、有效和质量可控。

第三十七条　中药材种子种苗或其它繁殖材料应当符合国家、行业或者地方标准；没有标准的，鼓励企业制定标准，明确生产基地使用种子种苗或其它繁殖材料的等级，并建立相应检测方法。

第三十八条　企业应当建立中药材种子种苗或其它繁殖材料的良种繁育规程，保证繁殖的种子种苗或其它繁殖材料符合质量标准。

第三十九条　企业应当确定种子种苗或其它繁殖材料运输、长期或者短期保存的适宜条件，保证种子种苗或其它繁殖材料的质量可控。

第二节　种子种苗或其它繁殖材料管理

第四十条　企业在一个中药材生产基地应当只使用一种经鉴定符合要求的物种，防止与其它种质混杂；鼓励企业提纯复壮种质，优先采用经国家有关部门鉴定，性状整齐、稳定、优良的选育新品种。

第四十一条　企业应当鉴定每批种子种苗或其它繁殖材料的基原和种质，确保与种子种苗或其它繁殖材料的要求相一致。

第四十二条　企业应当使用产地明确、固定的种子种苗或其它繁殖材料；鼓励企业建设良种繁育基地，繁殖地块应有相应的隔离措施，防止自然杂交。

第四十三条　种子种苗或其它繁殖材料基地规模应当与中药材生产基地规模相匹配；种子种苗或其它繁殖材料应当由供应商或者企业检测达到质量标准后，方可使用。

第四十四条 从县域之外调运种子种苗或其它繁殖材料，应当按国家要求实施检疫；用作繁殖材料的药用动物应当按国家要求实施检疫，引种后进行一定时间的隔离、观察。

第四十五条 企业应当采用适宜条件进行种子种苗或其它繁殖材料的运输、贮存；禁止使用运输、贮存后质量不合格的种子种苗或其它繁殖材料。

第四十六条 应当按药用动物生长发育习性进行药用动物繁殖材料引进；捕捉和运输时应当遵循国家相关技术规定，减免药用动物机体损伤和应激反应。

第七章 种植与养殖

第一节 种植技术规程

第四十七条 企业应当根据药用植物生长发育习性和对环境条件的要求等制定种植技术规程，主要包括以下环节：

（一）种植制度要求：前茬、间套种、轮作等；

（二）基础设施建设与维护要求：维护结构、灌排水设施、遮阴设施等；

（三）土地整理要求：土地平整、耕地、做畦等；

（四）繁殖方法要求：繁殖方式、种子种苗处理、育苗定植等；

（五）田间管理要求：间苗、中耕除草、灌排水等；

（六）病虫草害等的防治要求：针对主要病虫草害等的种类、危害规律等采取的防治方法；

（七）肥料、农药使用要求。

第四十八条 企业应当根据种植中药材营养需求特性和土壤肥力，科学制定肥料使用技术规程：

（一）合理确定肥料品种、用量、施肥时期和施用方法，避免过量施用化肥造成土壤退化；

（二）以有机肥为主，化学肥料有限度使用，鼓励使用经国家批准的微生物肥料及中药材专用肥；

（三）自积自用的有机肥须经充分腐熟达到无害化标准，避免掺入杂草、有害物质等；

（四）禁止直接施用城市生活垃圾、工业垃圾、医院垃圾和人粪便。

第四十九条 防治病虫害等应当遵循“预防为主、综合防治”原则，优先采用生物、物理等绿色防控技术；应制定突发性病虫害等的防治预案。

第五十条 企业应当根据种植的中药材实际情况，结合基地的管理模式，明确农药使用要求：

（一）农药使用应当符合国家有关规定；优先选用高效、低毒生物农药；尽量减少或避免使用除草剂、杀虫剂和杀菌剂等化学农药。

（二）使用农药品种的剂量、次数、时间等，使用安全间隔期，使用防护措施等，尽可能使用最低剂量、降低使用次数；

（三）禁止使用：国务院农业农村行政主管部门禁止使用的剧毒、高毒、高残留农药，以及限制在中药材上使用的其它农药；

（四）禁止使用壮根灵、膨大素等生长调节剂调节中药材收获器官生长。

第五十一条　按野生抚育和仿野生栽培方式生产中药材，应当制定野生抚育和仿野生栽培技术规程，如年允采收量、种群补种和更新、田间管理、病虫草害等的管理措施。

第二节　种植管理

第五十二条　企业应当按照制定的技术规程有序开展中药材种植，根据气候变化、药用植物生长、病虫草害等情况，及时采取措施。

第五十三条　企业应当配套完善灌溉、排水、遮阴等田间基础设施，及时维护更新。

第五十四条　及时整地、播种、移栽定植；及时做好多年生药材冬季越冬田地清理。

第五十五条　采购农药、肥料等农业投入品应当核验供应商资质和产品质量，接收、贮存、发放、运输应当保证其质量稳定和安全；使用应当符合技术规程要求。

第五十六条　应当避免灌溉水受工业废水、粪便、化学农药或其它有害物质污染。

第五十七条　科学施肥，鼓励测土配方施肥；及时灌溉和排涝，减轻不利天气影响。

第五十八条　根据田间病虫草害等的发生情况，依技术规程及时防治。

第五十九条　企业应当按照技术规程使用农药，做好培训、指导和巡检。

第六十条　企业应当采取措施防范并避免邻近地块使用农药对种植中药材的不良影响。

第六十一条　突发病虫草害等或者异常气象灾害时，根据预案及时采取措施，最大限度降低对中药材生产的不利影响；要做好生长或者质量受严重影响地块的标记，单独管理。

第六十二条　企业应当按技术规程管理野生抚育和仿野生栽培中药材，坚持“保护优先、遵循自然”原则，有计划地做好投入品管控、过程管控和产地环境管控，避免对周边野生植物造成不利影响。

第三节　养殖技术规程

第六十三条　企业应当根据药用动物生长发育习性和对环境条件的要求等制定养殖技术规程，主要包括以下环节：

（一）种群管理要求：种群结构、谱系、种源、周转等；

（二）养殖场地设施要求：养殖功能区划分，饲料、饮用水设施，防疫设施，其它安全防护设施等；

（三）繁育方法要求：选种、配种等；

（四）饲养管理要求：饲料、饲喂、饮水、安全和卫生管理等；

（五）疾病防控要求：主要疾病预防、诊断、治疗等；

（六）药物使用技术规程；

（七）药用动物属于陆生野生动物管理范畴的，还应当遵守国家人工繁育陆生野生动物的相关标准和规范。

第六十四条 按国务院农业农村行政主管部门有关规定使用饲料和饲料添加剂；禁止使用国务院农业农村行政主管部门公布禁用的物质以及对人体具有直接或潜在危害的其它物质；不得使用未经登记的进口饲料和饲料添加剂。

第六十五条 按国家相关标准选择养殖场所使用的消毒剂。

第六十六条 药用动物疾病防治应当以预防为主、治疗为辅，科学使用兽药及生物制品；应当制定各种突发性疫病发生的防治预案。

第六十七条 按国家相关规定、标准和规范制定预防和治疗药物的使用技术规程：

（一）遵守国务院畜牧兽医行政管理部门制定的兽药安全使用规定；

（二）禁止使用国务院畜牧兽医行政管理部门规定禁止使用的药品和其它化合物；

（三）禁止在饲料和药用动物饮用水中添加激素类药品和国务院畜牧兽医行政管理部门规定的其它禁用药品；经批准可以在饲料中添加的兽药，严格按照兽药使用规定及法定兽药质量标准、标签和说明书使用，兽用处方药必须凭执业兽医处方购买使用；禁止将原料药直接添加到饲料及药用动物饮用水中或者直接饲喂药用动物；

（四）禁止将人用药品用于药用动物；

（五）禁止滥用兽用抗菌药。

第六十八条 制定患病药用动物处理技术规程，禁止将中毒、感染疾病的药用动物加工成中药材。

第四节 养殖管理

第六十九条 企业应当按照制定的技术规程，根据药用动物生长、疾病发生等情况，及时实施养殖措施。

第七十条 企业应当及时建设、更新和维护药用动物生长、繁殖的养殖场所，及时调整养殖分区，并确保符合生物安全要求。

第七十一条 应当保持养殖场所及设施清洁卫生，定期清理和消毒，防止外来污染。

第七十二条 强化安全管理措施，避免药用动物逃逸，防止其它禽畜的影响。

第七十三条 定时定点定量饲喂药用动物，未食用的饲料应当及时清理。

第七十四条 按要求接种疫苗；根据药用动物疾病发生情况，依规程及时确定具体防治方案；突发疫病时，根据预案及时、迅速采取措施并做好记录。

第七十五条　发现患病药用动物，应当及时隔离；及时处理患传染病药用动物；患病药用动物尸体按相关要求进行无害化处理。

第七十六条　应当根据养殖计划和育种周期进行种群繁育，及时调整养殖种群的结构和数量，适时周转。

第七十七条　应当按照国家相关规定处理养殖及加工过程中的废弃物。

第八章　采收与产地加工

第一节　技术规程

第七十八条　企业应当制定种植、养殖、野生抚育或仿野生栽培中药材的采收与产地加工技术规程，明确采收的部位、采收过程中需除去的部分、采收规格等质量要求，主要包括以下环节：

（一）采收期要求：采收年限、采收时间等；

（二）采收方法要求：采收器具、具体采收方法等；

（三）采收后中药材临时保存方法要求；

（四）产地加工要求：拣选、清洗、去除非药用部位、干燥或保鲜，以及其它特殊加工的流程和方法。

第七十九条　坚持“质量优先、兼顾产量”原则，参照传统采收经验和现代研究，明确采收年限范围，确定基于物候期的适宜采收时间。

第八十条　采收流程和方法应当科学合理；鼓励采用不影响药材质量和产量的机械化采收方法；避免采收对生态环境造成不良影响。

第八十一条　企业应当在保证中药材质量前提下，借鉴优良的传统方法，确定适宜的中药材干燥方法；晾晒干燥应当有专门的场所或场地，避免污染或混淆的风险；鼓励采用有科学依据的高效干燥技术以及集约化干燥技术。

第八十二条　应当采用适宜方法保存鲜用药材，如冷藏、砂藏、罐贮、生物保鲜等，并明确保存条件和保存时限；原则上不使用保鲜剂和防腐剂，如必须使用应当符合国家相关规定。

第八十三条　涉及特殊加工要求的中药材，如切制、去皮、去心、发汗、蒸、煮等，应根据传统加工方法，结合国家要求，制定相应的加工技术规程。

第八十四条　禁止使用有毒、有害物质用于防霉、防腐、防蛀；禁止染色增重、漂白、掺杂使假等。

第八十五条　毒性、易制毒、按麻醉药品管理中药材的采收和产地加工，应当符合国家有关规定。

第二节　采收管理

第八十六条　根据中药材生长情况、采收时气候情况等，按照技术规程要求，在规定期限内，适时、及时完成采收。

第八十七条　选择合适的天气采收，避免恶劣天气对中药材质量的影响。

第八十八条 应当单独采收、处置受病虫草害等或者气象灾害等影响严重、生长发育不正常的中药材。

第八十九条 采收过程应当除去非药用部位和异物，及时剔除破损、腐烂变质部分。

第九十条 不清洗直接干燥使用的中药材，采收过程中应当保证清洁，不受外源物质的污染或者破坏。

第九十一条 中药材采收后应当及时运输到加工场地，及时清洁装载容器和运输工具；运输和临时存放措施不应当导致中药材品质下降，不产生新污染及杂物混入，严防淋雨、泡水等。

第三节 产地加工管理

第九十二条 应当按照统一的产地加工技术规程开展产地加工管理，保证加工过程方法的一致性，避免品质下降或者外源污染；避免造成生态环境污染。

第九十三条 应当在规定时间内加工完毕，加工过程中的临时存放不得影响中药材品质。

第九十四条 拣选时应当采取措施，保证合格品和不合格品及异物有效区分。

第九十五条 清洗用水应当符合要求，及时、迅速完成中药材清洗，防止长时间浸泡。

第九十六条 应当及时进行中药材晾晒，防止晾晒过程雨水、动物等对中药材的污染，控制环境尘土等污染；应当阴干药材不得暴晒。

第九十七条 采用设施、设备干燥中药材，应当控制好干燥温度、湿度和干燥时间。

第九十八条 应当及时清洁加工场地、容器、设备；保证清洗、晾晒和干燥环境、场地、设施和工具不对药材产生污染；注意防冻、防雨、防潮、防鼠、防虫及防禽畜。

第九十九条 应当按照制定的方法保存鲜用药材，防止生霉变质。

第一百条 有特殊加工要求的中药材，应当严格按照制定的技术规程进行加工，如及时去皮、去心，控制好蒸、煮时间等。

第一百零一条 产地加工过程中品质受到严重影响的，原则上不得作为中药材销售。

第九章 包装、放行与储运

第一节 技术规程

第一百零二条 企业应当制定包装、放行和储运技术规程，主要包括以下环节：

（一）包装材料及包装方法要求：包括采收、加工、贮存各阶段的包装材料要求及包装方法；

（二）标签要求：标签的样式，标识的内容等；

（三）放行制度：放行检查内容，放行程序，放行人等。

（四）贮存场所及要求：包括采收后临时存放、加工过程中存放、成品存放等对环境条件的要求；

（五）运输及装卸要求：车辆、工具、覆盖等的要求及操作要求；

（六）发运要求。

第一百零三条　包装材料应当符合国家相关标准和药材特点，能够保持中药材质量；禁止采用肥料、农药等包装袋包装药材；毒性、易制毒、按麻醉药品管理中药材应当使用有专门标记的特殊包装；鼓励使用绿色循环可追溯周转筐。

第一百零四条　采用可较好保持中药材质量稳定的包装方法，鼓励采用现代包装方法和器具。

第一百零五条　根据中药材对贮存温度、湿度、光照、通风等条件的要求，确定仓储设施条件；鼓励采用有利于中药材质量稳定的冷藏、气调等现代贮存保管新技术、新设备。

第一百零六条　明确贮存的避光、遮光、通风、防潮、防虫、防鼠等养护管理措施；使用的熏蒸剂不能带来质量和安全风险，不得使用国家禁用的高毒性熏蒸剂；禁止贮存过程使用硫磺熏蒸。

第一百零七条　有特殊贮存要求的中药材贮存，应当符合国家相关规定。

第二节　包装管理

第一百零八条　企业应当按照制定的包装技术规程，选用包装材料，进行规范包装。

第一百零九条　包装前确保工作场所和包装材料已处于清洁或者待用状态，无其它异物。

第一百一十条　包装袋应当有清晰标签，不易脱落或者损坏；标示内容包括品名、基原、批号、规格、产地、数量或重量、采收日期、包装日期、保质期、追溯标志、企业名称等信息。

第一百一十一条　确保包装操作不影响中药材质量，防止混淆和差错。

第三节　放行与储运管理

第一百一十二条　应当执行中药材放行制度，对每批药材进行质量评价，审核生产、检验等相关记录；由质量管理负责人签名批准放行，确保每批中药材生产、检验符合标准和技术规程要求；不合格药材应当单独处理，并有记录。

第一百一十三条　应当分区存放中药材，不同品种、不同批中药材不得混乱交叉存放；保证贮存所需要的条件，如洁净度、温度、湿度、光照和通风等。

第一百一十四条　应当建立中药材贮存定期检查制度，防止虫蛀、霉变、腐烂、泛油等的发生。

第一百一十五条　应当按技术规程要求开展养护工作，并由专业人员实施。

第一百一十六条　应当按照技术规程装卸、运输；防止发生混淆、污染、异物混入、包装破损、雨雪淋湿等。

第一百一十七条 应当有产品发运的记录，可追查每批产品销售情况；防止发运过程中的破损、混淆和差错等。

第十章 文 件

第一百一十八条 企业应当建立文件管理系统，全过程关键环节记录完整。

第一百一十九条 文件包括管理制度、标准、技术规程、记录、标准操作规程等。

第一百二十条 应当制定规程，规范文件的起草、修订、变更、审核、批准、替换或撤销、保存和存档、发放和使用。

第一百二十一条 记录应当简单易行、清晰明了；不得撕毁和任意涂改；记录更改应当签注姓名和日期，并保证原信息清晰可辨；记录重新誊写，原记录不得销毁，作为重新誊写记录的附件保存；电子记录应当符合相关规定；记录保存至该批中药材销售后至少三年以上。

第一百二十二条 企业应当根据影响中药材质量的关键环节，结合管理实际，明确生产记录要求：

（一）按生产单元进行记录，覆盖生产过程的主要环节，附必要照片或者图像，保证可追溯；

（二）药用植物种植主要记录：种子种苗来源及鉴定，种子处理，播种或移栽、定植时间及面积；肥料种类、施用时间、施用量、施用方法；重大病虫草害等的发生时间、为害程度，施用农药名称、来源、施用量、施用时间、方法和施用人等；灌溉时间、方法及灌水量；重大气候灾害发生时间、危害情况；主要物候期。

（三）药用动物养殖主要记录：繁殖材料及鉴定；饲养起始时间；疾病预防措施，疾病发生时间、程度及治疗方法；饲料种类及饲喂量。

（四）采收加工主要记录：采收时间及方法；临时存放措施及时间；拣选及去除非药用部位方式；清洗时间；干燥方法和温度；特殊加工手段等关键因素。

（五）包装及储运记录：包装时间；入库时间；库温度、湿度；除虫除霉时间及方法；出库时间及去向；运输条件等。

第一百二十三条 培训记录包括培训时间、对象、规模、主要培训内容、培训效果评价等。

第一百二十四条 检验记录包括检品信息、检验人、复核人、主要检验仪器、检验时间、检验方法和检验结果等。

第一百二十五条 企业应当根据实际情况，在技术规程基础上，制定标准操作规程用于指导具体生产操作活动，如批的确定、设备操作、维护与清洁、环境控制、贮存养护、取样和检验等。

第十一章　质量检验

第一百二十六条　企业应当建立质量控制系统，包括相应的组织机构、文件系统以及取样、检验等，确保中药材质量符合要求。

第一百二十七条　企业应当制定质量检验规程，对自己繁育并在生产基地使用的种子种苗或其它繁殖材料、生产的中药材实行按批检验。

第一百二十八条　购买的种子种苗、农药、商品肥料、兽药或生物制品、饲料和饲料添加剂等，企业可不检测，但应当向供应商索取合格证或质量检验报告。

第一百二十九条　检验可以自行检验，也可以委托第三方或中药材使用单位检验。

第一百三十条　质量检测实验室人员、设施、设备应当与产品性质和生产规模相适应；用于质量检验的主要设备、仪器，应当按规定要求进行性能确认和校验。

第一百三十一条　用于检验用的中药材、种子种苗或其它繁殖材料，应当按批取样和留样：

（一）保证取样和留样的代表性；

（二）中药材留样包装和存放环境应当与中药材贮存条件一致，并保存至该批中药材保质期届满后三年；

（三）中药材种子留样环境应当能够保持其活力，保存至生产基地中药材收获后三年；种苗或药用动物繁殖材料依实际情况确定留样时间；

（四）检验记录应当保留至该批中药材保质期届满后三年。

第一百三十二条　委托检验时，委托方应当对受托方进行检查或现场质量审计，调阅或者检查记录和样品。

第十二章　内　审

第一百三十三条　企业应当定期组织对本规范实施情况的内审，对影响中药材质量的关键数据定期进行趋势分析和风险评估，确认是否符合本规范要求，采取必要改进措施。

第一百三十四条　企业应当制定内审计划，对质量管理、机构与人员、设施设备与工具、生产基地、种子种苗或其它繁殖材料、种植与养殖、采收与产地加工、包装放行与储运、文件、质量检验等项目进行检查。

第一百三十五条　企业应当指定人员定期进行独立、系统、全面的内审，或者由第三方依据本规范进行独立审核。

第一百三十六条　内审应当有记录和内审报告；针对影响中药材质量的重大偏差，提出必要的纠正和预防措施。

第十三章　投诉、退货与召回

第一百三十七条　企业应当建立投诉处理、退货处理和召回制度。

第一百三十八条 企业应当建立标准操作规程，规定投诉登记、评价、调查和处理的程序；规定因中药材缺陷发生投诉时所采取的措施，包括从市场召回中药材等。

第一百三十九条 投诉调查和处理应当有记录，并注明所调查批次中药材的信息。

第一百四十条 企业应当指定专人负责组织协调召回工作，确保召回工作有效实施。

第一百四十一条 应当有召回记录，并有最终报告；报告应对产品发运数量、已召回数量以及数量平衡情况予以说明。

第一百四十二条 因质量原因退货或者召回的中药材，应当清晰标识，由质量部门评估，记录处理结果；存在质量问题和安全隐患的，不得再作为中药材销售。

第十四章 附 则

第一百四十三条 本规范所用下列术语的含义是：

（一）中药材

指来源于药用植物、药用动物等资源，经规范化的种植（含生态种植、野生抚育和仿野生栽培）、养殖、采收和产地加工后，用于生产中药饮片、中药制剂的药用原料。

（二）生产单元

基地中生产组织相对独立的基本单位，如一家农户，农场中一个相对独立的作业队等。

（三）技术规程

指为实现中药材生产顺利、有序开展，保证中药材质量，对中药材生产的基地选址，种子种苗或其它繁殖材料，种植、养殖，野生抚育或者仿野生栽培，采收与产地加工，包装、放行与储运等所做的技术规定和要求。

（四）道地产区

该产区所产的中药材经过中医临床长期应用优选，与其它地区所产同种中药材相比，品质和疗效更好，且质量稳定，具有较高知名度。

（五）种子种苗

药用植物的种植材料或者繁殖材料，包括籽粒、果实、根、茎、苗、芽、叶、花等，以及菌物的菌丝、子实体等。

（六）其它繁殖材料

除种子种苗之外的繁殖材料，包括药用动物供繁殖用的种物、仔、卵等。

（七）种质

生物体亲代传递给子代的遗传物质。

（八）农业投入品

生产过程中所使用的农业生产物资，包括种子种苗或其它繁殖材料、肥料、农药、农膜、兽药、饲料和饲料添加剂等。

（九）综合防治

指有害生物的科学管理体系，是从农业生态系统的总体出发，根据有害生物和环境之间的关系，充分发挥自然控制因素的作用，因地制宜、协调应用各种必要措施，将有害生物控制在经济允许的水平以下，以获得最佳的经济、生态和社会效益。

（十）产地加工

中药材收获后必须在产地进行连续加工的处理过程，包括拣选、清洗、去除非药用部位、干燥及其它特殊加工等。

（十一）生态种植

应用生态系统的整体、协调、循环、再生原理，结合系统工程方法设计，综合考虑经济、生态和社会效益，应用现代科学技术，充分应用能量的多级利用和物质的循环再生，实现生态与经济良性循环的中药农业种植方式。

（十二）野生抚育

在保持生态系统稳定的基础上，对原生境内自然生长的中药材，主要依靠自然条件、辅以轻微干预措施，提高种群生产力的一种生态培育模式。

（十三）仿野生栽培

在生态条件相对稳定的自然环境中，根据中药材生长发育习性和对环境条件的要求，遵循自然法则和生物规律，模仿中药材野生环境和自然生长状态，再现植物与外界环境的良好生态关系，实现品质优良的中药材生态培育模式。

（十四）批

同一产地且种植地、养殖地、野生抚育或者仿野生栽培地的生态环境条件基本一致，种子种苗或其它繁殖材料来源相同，生产周期相同，生产管理措施基本一致，采收期和产地加工方法基本一致，质量基本均一的中药材。

（十五）放行

对一批物料或产品进行质量评价后，做出批准使用、投放市场或者其它决定的操作。

（十六）储运

包括中药材的贮存、运输等。

（十七）发运

指企业将产品发送到经销商或者用户的一系列操作，包括配货、运输等。

（十八）标准操作规程

也称标准作业程序，是依据技术规程将某一操作的步骤和标准，以统一的格式描述出来，用以指导日常的生产工作。

第一百四十四条　本规范自发布之日起施行。

附录二　中药材生产质量管理规范认证管理办法（试行）

第一条　根据《药品管理法》及《药品管理法实施条例》的有关规定，为加强中药材生产的监督管理，规范《中药材生产质量管理规范（试行）》（英文名称为Good Agricultural Practice for Chinese Crude Drugs，简称中药材GAP）认证工作，制定本办法。

第二条　国家食品药品监督管理局负责全国中药材GAP认证工作；负责中药材GAP认证检查评定标准及相关文件的制定、修订工作；负责中药材GAP认证检查员的培训、考核和聘任等管理工作。

国家食品药品监督管理局药品认证管理中心（以下简称“局认证中心”）承担中药材GAP认证的具体工作。

第三条　省、自治区、直辖市食品药品监督管理局（药品监督管理局）负责本行政区域内中药材生产企业的GAP认证申报资料初审和通过中药材GAP认证企业的日常监督管理工作。

第四条　申请中药材GAP认证的中药材生产企业，其申报的品种至少完成一个生产周期。申报时需填写《中药材GAP认证申请表》（一式二份），并向所在省、自治区、直辖市食品药品监督管理局（药品监督管理局）提交以下资料。

（一）《营业执照》（复印件）；

（二）申报品种的种植（养殖）历史和规模、产地生态环境、品种来源及鉴定、种质来源、野生资源分布情况和中药材动植物生长习性资料、良种繁育情况、适宜采收时间（采收年限、采收期）及确定依据、病虫害综合防治情况、中药材质量控制及评价情况等；

（三）中药材生产企业概况，包括组织形式并附组织机构图（注明各部门名称及职责）、运营机制、人员结构，企业负责人、生产和质量部门负责人背景资料（包括专业、学历和经历）、人员培训情况等；

（四）种植（养殖）流程图及关键技术控制点；

（五）种植（养殖）区域布置图（标明规模、产量、范围）；

（六）种植（养殖）地点选择依据及标准；

（七）产地生态环境检测报告（包括土壤、灌溉水、大气环境）、品种来源鉴定报告、法定及企业内控质量标准（包括质量标准依据及起草说明）、取样方法及质量检测报告书，历年来质量控制及检测情况；

（八）中药材生产管理、质量管理文件目录；

（九）企业实施中药材GAP自查情况总结资料。

第五条　省、自治区、直辖市食品药品监督管理局（药品监督管理局）应当自收到中药材GAP认证申报资料之日起40个工作日内提出初审意见。符合规定的，将初审意见及认证资料转报国家食品药品监督管理局。

第六条　国家食品药品监督管理局组织对初审合格的中药材GAP认证资料进行形式审查，必要时可请专家论证，审查工作时限为5个工作日（若需组织专家论证，可延长至30个工作日）。符合要求的予以受理并转局认证中心。

第七条　局认证中心在收到申请资料后30个工作日内提出技术审查意见，制定现场检查方案。检查方案的内容包括日程安排、检查项目、检查组成员及分工等，如需核实的问题应列入检查范围。现场检查时间一般安排在该品种的采收期，时间一般为3~5天，必要时可适当延长。

第八条　检查组成员的选派遵循本行政区域内回避原则，一般由3~5名检查员组成。根据检查工作需要，可临时聘任有关专家担任检查员。

第九条　省、自治区、直辖市食品药品监督管理局（药品监督管理局）可选派1名负责中药材生产监督管理的人员作为观察员，联络、协调检查有关事宜。

第十条　现场检查首次会议应确认检查品种，落实检查日程，宣布检查纪律和注意事项，确定企业的检查陪同人员。检查陪同人员必须是企业负责人或中药材生产、质量管理部门负责人，熟悉中药材生产全过程，并能够解答检查组提出的有关问题。

第十一条　检查组必须严格按照预定的现场检查方案对企业实施中药材GAP的情况进行检查。对检查发现的缺陷项目如实记录，必要时应予取证。检查中如需企业提供的资料，企业应及时提供。

第十二条　现场检查结束后，由检查组长组织检查组讨论做出综合评定意见，形成书面报告。综合评定期间，被检查企业人员应予回避。

第十三条　现场检查报告须检查组全体人员签字，并附缺陷项目、检查员记录、有异议问题的意见及相关证据资料。

第十四条　现场检查末次会议应现场宣布综合评定意见。被检查企业可安排有关人员参加。企业如对评定意见及检查发现的缺陷项目有不同意见，可作适当解释、说明。检查组对企业提出的合理意见应予采纳。

第十五条　检查中发现的缺陷项目，须经检查组全体人员和被检查企业负责人签字，双方各执一份。如有不能达成共识的问题，检查组须作好记录，经检查组全体成员和被检查企业负责人签字，双方各执一份。

第十六条　现场检查报告、缺陷项目表、每个检查员现场检查记录和原始评价及相关资料应在检查工作结束后5个工作日内报送局认证中心。

第十七条 局认证中心在收到现场检查报告后20个工作日内进行技术审核，符合规定的，报国家食品药品监督管理局审批。符合《中药材生产质量管理规范》的，颁发《中药材GAP证书》并予以公告。

第十八条 对经现场检查不符合中药材GAP认证标准的，不予通过中药材GAP认证，由局认证中心向被检查企业发认证不合格通知书。

第十九条 认证不合格企业再次申请中药材GAP认证的，以及取得中药材GAP证书后改变种植（养殖）区域（地点）或扩大规模等，应按本办法第四条规定办理。

第二十条 《中药材GAP证书》有效期一般为5年。生产企业应在《中药材GAP证书》有效期满前6个月，按本办法第四条的规定重新申请中药材GAP认证。

第二十一条 《中药材GAP证书》由国家食品药品监督管理局统一印制，应当载明证书编号、企业名称、法定代表人、企业负责人、注册地址、种植（养殖）区域（地点）、认证品种、种植（养殖）规模、发证机关、发证日期、有效期限等项目。

第二十二条 中药材GAP认证检查员须具备下列条件：

（一）遵纪守法、廉洁正派、坚持原则、实事求是；

（二）熟悉和掌握国家药品监督管理相关的法律、法规和方针政策；

（三）具有中药学相关专业大学以上学历或中级以上职称，并具有5年以上从事中药材研究、监督管理、生产质量管理相关工作实践经验；

（四）能够正确理解中药材GAP的原则，准确掌握中药GAP认证检查标准；

（五）身体状况能胜任现场检查工作，无传染性疾病；

（六）能服从选派，积极参加中药材GAP认证现场检查工作。

第二十三条 中药材GAP认证检查员应经所在单位推荐，填写《国家中药材GAP认证检查员推荐表》，由省级食品药品监督管理局（药品监督管理局）签署意见后报国家食品药品监督管理局进行资格认定。

第二十四条 国家食品药品监督管理局负责对中药材GAP认证检查员进行年审，不合格的予以解聘。

第二十五条 中药材GAP认证检查员受国家食品药品监督管理局的委派，承担对生产企业的中药材GAP认证现场检查、跟踪检查等项工作。

第二十六条 中药材GAP认证检查员必须加强自身修养和知识更新，不断提高中药材GAP认证检查的业务知识和政策水平。

第二十七条 中药材GAP认证检查员必须遵守中药材GAP认证检查员守则和现场检查纪律。对违反有关规定的，予以批评教育，情节严重的，取消中药材GAP认证检查员资格。

第二十八条 国家食品药品监督管理局负责组织对取得《中药材GAP证书》的企业，根据品种生长特点确定检查频次和重点进行跟踪检查。

第二十九条 在《中药材GAP证书》有效期内，省、自治区、直辖市食品药品监督管理局（药品监督管理局）负责每年对企业跟踪检查一次，跟踪检查情况应及时报国家食品药品监督管理局。

第三十条　取得《中药材GAP证书》的企业，如发生重大质量问题或者未按照中药材GAP组织生产的，国家食品药品监督管理局将予以警告，并责令改正；情节严重的，将吊销其《中药材GAP证书》。

第三十一条　取得《中药材GAP证书》的中药材生产企业，如发现申报过程采取弄虚作假骗取证书的，或以非认证企业生产的中药材冒充认证企业生产的中药材销售和使用等严重问题的，一经核实，国家食品药品监督管理局将吊销其《中药材GAP证书》。

第三十二条　中药材生产企业《中药材GAP证书》登记事项发生变更的，应在事项发生变更之日起30日内，向国家食品药品监督管理局申请办理变更手续，国家食品药品监督管理局应在15个工作日内作出相应变更。

第三十三条　中药材生产企业终止生产中药材或者关闭的，由国家食品药品监督管理局收回《中药材GAP证书》。

第三十四条　申请中药材GAP认证的中药材生产企业应按照有关规定缴纳认证费用。未按规定缴纳认证费用的，中止认证或收回《中药材GAP证书》。

第三十五条　本办法由国家食品药品监督管理局负责解释。

第三十六条　本办法自2003年11月1日起施行。

附录三　中药材生产质量管理规范认证检查评定标准（试行）

1.根据《中药材生产质量管理规范（试行）》（简称中药材GAP），制定本认证检查评定标准。

2.中药材GAP认证检查项目共104项，其中关键项目（条款号前加“*”）19项，一般项目85项。关键项目不合格则称为严重缺陷，一般项目不合格则称为一般缺陷。

3.根据申请认证品种确定相应的检查项目。

4.结果评定：

项目		结果
严重缺陷	一般缺陷	
0	≤20%	通过GAP认证
0	>20%	不通过GAP认证
≥1项	0	

条款	检查内容
0301	生产企业是否对申报品种制定了保护野生药材资源、生态环境和持续利用的实施方案
*0401	生产企业是否按产地适宜性优化原则，因地制宜，合理布局，选定和建立生产区域，种植区域的环境生态条件是否与动植物生物学和生态学特性相对应
0501	中药材产地空气是否符合国家大气环境质量二级标准
*0502	中药材产地土壤是否符合国家土壤质量二级标准
0503	应根据种植品种生产周期确定土壤质量检测周期，一般每4年检测一次
*0504	中药材灌溉水是否符合国家农田灌溉水质量标准
0505	应定期对灌溉水进行检测，至少每年检测一次
*0506	药用动物饮用水是否符合生活饮用水质量标准
0507	饮用水至少每年检测一次
0601	药用动物养殖是否满足动物种群对生态因子的需求及与生活、繁殖等相适应的条件
*0701	对养殖、栽培或野生采集的药用动植物，是否准确鉴定其物种（包括亚种、变种或品种、中文名及学名等）
0801	种子种苗、菌种等繁殖材料是否制定检验及检疫制度，在生产、储运过程中是否进行检验及检疫，并出具报告书

续表

条款	检查内容
0802	是否有防止伪劣种子种苗、菌种等繁殖材料的交易与传播的管理制度和有效措施
0803	是否根据具体品种情况制定药用植物种子种苗、菌种等繁殖材料的生产管理制度和操作规程
0901	是否按动物习性进行药用动物的引种及驯化
0902	在捕捉和运输动物时，是否有防止预防或避免动物机体和精神损伤的有效措施及方法
0903	引种动物是否由检疫机构检疫，并出具检疫报告书。引种动物是否进行一定时间的隔离、观察
*1001	是否进行中药材良种选育、配种工作，是否建立与生产规模相适应的良种繁育场所
*1101	是否根据药用植物生长发育要求制定相应的种植规程
1201	是否根据药用植物的营养特点及土壤的供肥能力，制定并实施施肥的标准操作规程（包括施肥种类、时间、方法和数量）
1202	施用肥料的种类是否以有机肥为主。若需使用化学肥料，是否制定有限度使用的岗位操作法或标准操作规程
1301	施用农家肥是否充分腐熟达到无害化卫生标准
*1302	禁止施用城市生产垃圾、工业垃圾及医院垃圾和粪便
1401	是否制定药用植物合理灌溉和排水的管理制度及标准操作规程，适时、合理灌溉和排水，保持土壤的良好通气条件
1501	是否根据药用植物不同生长发育特性和不同药用部位，制定药用植物田间管理制度及标准操作规程，加强田间管理，及时采取打顶、摘蕾、整枝修剪、覆盖遮荫等栽培措施，调控植株生长发育，提高药材产量，保持质量稳定
*1601	药用植物病虫害的防治是否采取综合防治策略
*1602	药用植物如必须施用农药时，是否按照《中华人民共和国农药管理条例》的规定，采用最小有效剂量并选用高效、低毒、低残留农药，以降低农药残留和重金属污染，保护生态环境
*1701	是否根据药用动物生存环境、食性、行为特点及对环境的适应能力等，确定与药用动物相适应的养殖方式和方法
1702	是否制定药用动物的养殖规程和管理制度
1801	是否根据药用动物的季节活动、昼夜活动规律及不同生长周期的生理特点，科学配制饲料，制定药用动物定时定量投喂的标准操作规程
1802	药用动物是否适时适量地补充精料、维生素、矿物质及其他必要的添加剂
*1803	药用动物饲料不得添加激素、类激素等添加剂
1804	药用动物饲料及添加剂应无污染
1901	药用动物养殖是否根据季节、气温、通气等情况，确定给水的时间和次数
1902	草食动物是否尽可能通过多食青绿多汁的饲料补充水分
2001	是否根据药用动物栖息、行为等特性，建造具有一定空间的固定场所及必要的安全设施
2101	药用动物养殖环境是否保持清洁卫生
2102	是否建立消毒制度，并选用适当消毒剂对动物的生活场所、设备等进行定期消毒
2103	是否建立对出入养殖场所人员的管理制度
2201	是否建立药用动物疫病预防措施，定期接种疫苗

续表

条款	检查内容
2301	是否合理划分养殖区，对群饲药用动物要有适当密度
2302	发现患病动物，是否及时隔离
2303	传染病患动物是否及时处死后，火化或深埋
2401	是否根据养殖计划和育种需要，确定动物群的组成与结构，适时周转
*2501	禁止将中毒、感染疫病及不明原因死亡的药用动物加工成中药材
2601	野生或半野生药用动植物的采集是否坚持“最大持续产量”原则，是否有计划地进行野生抚育、轮采与封育
*2701	是否根据产品质量及植物单位面积产量或动物养殖数量，并参考传统采收经验等因素确定适宜的采收时间（包括采收期、采收年限）
2702	是否根据产品质量及植物单位面积产量或动物养殖数量，并参考传统采收经验等因素确定适宜的采收方法
2801	采收机械、器具是否保持清洁、无污染，是否存放在无虫鼠害和禽畜的清洁干燥场所
2901	采收及初加工过程中是否排除非药用部分及异物，特别是杂草及有毒物质，剔除破损、腐烂变质的部分
3001	药用部分采收后，是否按规定进行拣选、清洗、切制或修整等适宜的加工
3002	需干燥的中药材采收后，是否及时采用适宜的方法和技术进行干燥，控制湿度和温度，保证中药材不受污染、有效成分不被破坏
3101	鲜用中药材是否采用适宜的保鲜方法。如必须使用保鲜剂和防腐剂时，是否符合国家对食品添加剂的有关规定
3201	加工场地周围环境是否有污染源，是否清洁、通风，是否有满足中药材加工的必要设施，是否有遮阳、防雨、防鼠、防尘、防虫、防禽畜措施
3301	地道药材是否按传统方法进行初加工。如有改动，是否提供充分试验数据，证明其不影响中药材质量
3401	包装是否按标准操作规程操作
3402	包装前是否再次检查并清除劣质品及异物
3403	包装是否有批包装记录，其内容应包括品名、规格、产地、批号、重量、包装工号、包装日期等
3501	所使用的包装材料是否清洁、干燥、无污染、无破损，并符合中药材质量要求
3601	在每件中药材包装上，是否注明品名、规格、产地、批号、包装日期、生产单位、采收日期、贮藏条件、注意事项，并附有质量合格的标志
3701	易破碎的中药材是否装在坚固的箱盒内
*3702	毒性中药材、按麻醉药品管理的中药材是否使用特殊包装，是否有明显的规定标记
3801	中药材批量运输时，是否与其他有毒、有害、易串味物质混装
3802	运载容器是否具有较好的通气性，并有防潮措施
3901	是否制定仓储养护规程和管理制度
3902	中药材仓库是否保持清洁和通风、干燥、避光、防霉变。温度、湿度是否符合储存要求并具有防鼠、虫、禽畜的措施

续表

条款	检查内容
3903	中药材仓库地面是否整洁、无缝隙、易清洁
3904	中药材存放是否与墙壁、地面保持足够距离，是否有虫蛀、霉变、腐烂、泛油等现象发生，并定期检查
3905	应用传统贮藏方法的同时，是否注意选用现代贮藏保管新技术、新设备
*4001	生产企业是否设有质量管理部门，负责中药材生产全过程的监督管理和质量监控
4002	是否配备与中药材生产规模、品种检验要求相适应的人员
4003	是否配备与中药材生产规模、品种检验要求相适应的场所、仪器和设备
4101	质量管理部门是否履行环境监测、卫生管理的职责
4102	质量管理部门是否履行对生产资料、包装材料及中药材的检验，并出具检验报告书
4103	质量管理部门是否履行制定培训计划并监督实施的职责
4104	质量管理部门是否履行制定和管理质量文件，并对生产、包装、检验、留样等各种原始记录进行管理的职责
*4201	中药材包装前，质量检验部门是否对每批中药材，按国家标准或经审核批准的中药材标准进行检验
4202	检验项目至少包括中药材性状与鉴别、杂质、水分、灰分与酸不溶性灰分、浸出物、指标性成分或有效成分含量
*4203	中药材农药残留量、微生物限度、重金属含量等是否符合国家标准和有关规定
4204	是否制订有采样标准操作规程
4205	是否设立留样观察室，并按规定进行留样
4301	检验报告是否由检验人员、质量检验部门负责人签章并存档
*4401	不合格的中药材不得出场和销售
4501	生产企业的技术负责人是否有相关专业的大专以上学历，并有中药材生产实践经验
4601	质量管理部门负责人是否有相关专业大专以上学历，并有中药材质量管理经验
4701	从事中药材生产的人员是否具有基本的中药学、农学、林学或畜牧学常识，并经生产技术、安全及卫生学知识培训
4702	从事田间工作的人员是否熟悉栽培技术，特别是准确掌握农药的施用及防护技术
4703	从事养殖的人员是否熟悉养殖技术
4801	从事加工、包装、检验、仓储管理人员是否定期进行健康检查，至少每年一次。患有传染病、皮肤病或外伤性疾病等的人员不得从事直接接触中药材的工作
4802	是否配备专人负责环境卫生及个人卫生检查
4901	对从事中药材生产的有关人员是否定期培训与考核
5001	中药材产地是否设有厕所或盥洗室，排出物是否对环境及产品造成污染
5101	生产和检验用的仪器、仪表、量具、衡器等其适用范围和精密度是否符合生产和检验的要求
5102	检验用的仪器、仪表、量具、衡器等是否有明显的状态标志，并定期校验
5201	生产管理、质量管理等标准操作规程是否完整合理
5301	每种中药材的生产全过程均是否详细记录，必要时可附照片或图像

续表

条款	检查内容
5302	记录是否包括种子、菌种和繁殖材料的来源
5303	记录是否包括药用植物的播种时间、数量及面积；育苗、移栽以及肥料的种类、施用时间、施用量、施用方法；农药（包括杀虫剂、杀菌剂及除莠剂）的种类、施用量、施用时间和方法等
5304	记录是否包括药用动物养殖日志、周转计划、选配种记录、产仔或产卵记录、病例病志、死亡报告书、死亡登记表、检免疫统计表、饲料配合表、饲料消耗记录、谱系登记表、后裔鉴定表等
5305	记录是否包括药用部分的采收时间、采收量、鲜重和加工、干燥、干燥减重、运输、贮藏等
5306	记录是否包括气象资料及小气候等
5307	记录是否包括中药材的质量评价（中药材性状及各项检测）
5401	所有原始记录、生产计划及执行情况、合同及协议书等是否存档，至少保存至采收或初加工后5年
5402	档案资料是否有专人保管

附录四　禁限用农药名录

《农药管理条例》规定，农药生产应取得农药登记证和生产许可证，农药经营应取得经营许可证，农药使用应按照标签规定的使用范围、安全间隔期用药，不得超范围用药。剧毒、高毒农药不得用于防治卫生害虫，不得用于蔬菜、瓜果、茶叶、菌类、中草药材的生产，不得用于水生植物的病虫害防治。

一、禁止（停止）使用的农药（50种）

六六六、滴滴涕、毒杀芬、二溴氯丙烷、杀虫脒、二溴乙烷、除草醚、艾氏剂、狄氏剂、汞制剂、砷类、铅类、敌枯双、氟乙酰胺、甘氟、毒鼠强、氟乙酸钠、毒鼠硅、甲胺磷、对硫磷、甲基对硫磷、久效磷、磷胺、苯线磷、地虫硫磷、甲基硫环磷、磷化钙、磷化镁、磷化锌、硫线磷、蝇毒磷、治螟磷、特丁硫磷、氯磺隆、胺苯磺隆、甲磺隆、福美胂、福美甲胂、三氯杀螨醇、林丹、硫丹、溴甲烷、氟虫胺、杀扑磷、百草枯、2，4-滴丁酯、甲拌磷、甲基异柳磷、水胺硫磷、灭线磷

注：2，4-滴丁酯自2023年1月23日起禁止使用。溴甲烷可用于"检疫熏蒸处理"。杀扑磷已无制剂登记。甲拌磷、甲基异柳磷、水胺硫磷、灭线磷自2024年9月1日起禁止销售和使用。

二、在部分范围禁止使用的农药（20种）

通用名	禁止使用范围
甲拌磷、甲基异柳磷、克百威、水胺硫磷、氧乐果、灭多威、涕灭威、灭线磷	禁止在蔬菜、瓜果、茶叶、菌类、中草药材上使用，禁止用于防治卫生害虫，禁止用于水生植物的病虫害防治
甲拌磷、甲基异柳磷、克百威	禁止在甘蔗作物上使用
内吸磷、硫环磷、氯唑磷	禁止在蔬菜、瓜果、茶叶、中草药材上使用
乙酰甲胺磷、丁硫克百威、乐果	禁止在蔬菜、瓜果、茶叶、菌类和中草药材上使用
毒死蜱、三唑磷	禁止在蔬菜上使用
丁酰肼（比久）	禁止在花生上使用
氰戊菊酯	禁止在茶叶上使用
氟虫腈	禁止在所有农作物上使用（玉米等部分旱田种子包衣除外）
氟苯虫酰胺	禁止在水稻上使用

参考文献

[1] 国家中医药管理局《中华本草》编委会. 中华本草 [M]. 上海：上海科学技术出版社，1998.

[2] 南京中医药大学. 中药大辞典 [M]. 2版. 上海：上海人民出版社，2006.

[3] 罗光明，刘合刚. 药用植物栽培学 [M]. 2版. 上海：上海科学技术出版社，2013.

[4] 郭巧生. 药用植物栽培学 [M]. 3版. 北京：高等教育出版社，2019.

[5] 张永清. 药用植物栽培学 [M]. 北京：中国中医药出版社，2021.

[6] 巩振辉，申书兴. 植物组织培养 [M]. 2版. 北京：化学工业出版社，2013.

[7] 宋顺，许奕，王必尊，等. 不同培养基成分对铁皮石斛组织培养的影响 [J]. 中国农学通报，2013，29（13）：133–139.

[8] 范洁群，吴淑杭，褚长彬，等. 无土栽培营养液废液循环利用研究进展 [J]. 农学学报，2014，4（7）：51–53.

[9] 马作东，李建强，客绍英. 紫苏种子的萌发和无土栽培研究初探 [J]. 唐山师范学院学报，2003，25（5）：56–57.

[10] 王若冰. 叶面肥及叶面施肥技术 [J]. 现代农业科技，2011，（2）：309–310.

[11] 张玉臣，周再知，梁坤南，等. 不同植物生长调节剂对白木香扦插生根的影响 [J]. 林业科学研究，2010，23（2）：278–282.

[12] 周宜君，周生闯，刘玉，等. 植物生长调节剂对植物愈伤组织的诱导与分化的影响 [J]. 中央民族大学学报（自然科学版），2007，16（1）：23–28.

[13] 董钻，沈秀瑛. 作物栽培学总论 [M]. 北京：中国农业出版社，2000.

[14] 郑汉臣，蔡少青. 药用植物与生态学 [M]. 北京：人民卫生出版社，2003.

[15] 张重义，李萍，齐辉等. 金银花道地与非道地产区地质背景及土壤理化状况分析 [J]. 中国中药杂志，2003，28（2）：114–117.

[16] 张重义，李萍，陈君等. 金银花道地与非道地产区土壤微量元素分析 [J]. 中国中药杂志，2003，28（3）：207–213.

[17] 谢彩侠，张重义，谢慧玲，等. 不同产地山药氮磷钾吸收规律研究 [J]. 河南农业大学学报，2003，37（3）：253–256.

[18] 黄国勤. 中国耕作学 [M]. 北京：新华出版社，2001.

[19] 郭巧生. 中药材规范化生产与品种化 [J]. 中药研究与信息，2001，3（6）：10–11.

[20] 郗荣庭. 果树栽培学总论 [M]. 3版. 北京：中国农业出版社，2000.

[21] 张金霞. 食用菌菌种生产与鉴别 [M]. 北京：中国农业出版社，2002.

[22] 程惠珍，丁万隆，陈君. 生物防治技术在绿色中药材生产中的应用 [J]. 中国中药杂志，2003，28（8）：693-695.
[23] 秦民坚，周荣汉. 日本药用植物栽培和品质评价研究、管理概况 [J]. 中药研究与信息，2000，2（10）：14.
[24] 陈青云，李成华. 农业设施学 [M]. 北京：中国农业大学出版社，2001.
[25] 徐永艳. 我国无土栽培发展的动态研究 [J]. 云南林业科技，2002（3）：90-94.
[26] 高文远，肖小河，范磊，等. 略论21世纪的药用植物栽培研究 [J]. 中国中药杂志，2002，25（3）：133-135.
[27] 巢建国，张永清. 药用植物栽培学 [M]. 北京：人民卫生出版社，2019.
[28] 龚福保. 药用植物栽培技术 [M]. 3版. 北京：中国农业大学出版社，2021.

彩 图

彩图 9-1　人参

彩图 9-2　丹参

彩图 9-3　当归

彩图 9-4　百合

彩图 9-5　黄连

彩图 9-6　菘蓝

彩图 9-7　浙贝母

彩图 9-8　薯蓣

彩图 10-1　金银花

彩图 10-2　菊花

彩图 11-1　宁夏枸杞

彩图 11-2　五味子

彩图 11-3　吴茱萸

彩图 11-4　酸橙

彩图 11-5　山楂

彩图 11-6　决明

彩图 11-7　薏苡

彩图 11-8　草豆蔻

彩图 12-1　薄荷

彩图 12-2　石斛

彩图 13-1　牡丹

彩图 13-2　杜仲

彩图 13-3　厚朴